樹木環境生理学

永田　洋
佐々木惠彦
編

現代の林学 13

文永堂出版

はじめに

　和辻哲郎は『風土』の中で，次のように述べている．
　"日本は蒙古シベリアの漠々たる大陸とそれよりもさらに一層漠々たる太平洋との間に介在して，きわめて変化に富む季節風にもまれていて，大雨と大雪の二重の現象において日本はモンスーン域中最も特殊な風土を持ち，それは熱帯的・寒帯的の二重性格と呼ぶことができる．温帯的なものは総じて何ほどかの程度において両者を含むものではあるが，しかしかくまで顕著にこの二重性格を顕わすものは，日本の風土を除いてどこにも見いだされない．この二重性格はまず植物において明白に現われる．熱帯地方とほとんど変わらない熱帯的な草木が旺盛に繁茂する夏と，寒帯的な草木が旺盛に繁茂する冬であり，夏冬の交代し得ない樹木はそれ自身に二重性格を帯びてくる．南洋（熱帯多雨林）にとってはかかる秋冬春を含まざる単純な夏が，言い換えれば夏でない単調な気候が存在するのみである．かかる単調な，固定せる気候は，絶えず移り行く季節としての「夏」とは同じものではない．"
　この『風土』は，気候や植物分布を論じたものではないが，温帯から熱帯にかけての樹木の生理および生態を考えるには参考になる著書であろう．
　現在，各地に生育している樹木には，高温多湿な熱帯環境から，氷点下の気温や乾燥を伴う生育環境の多様化に対応する樹木の多様化，適応進化の歴史が秘められていると考えられる．この適応変化の過程を知るためには，熱帯に生育する樹木と対比して低温や乾燥を伴う厳しい環境に生きる樹木の適応様式を理解することが必要であると考える．長く厳しい環境に対応して進化し生き残ってきたこれらのたくましい樹木は，現在の生育環境で起こりうる環境変化に対応できる能力をも持ち合わせていることになる．
　日本列島は亜寒帯から亜熱帯へと南北に広がり，熱帯へとつながっていく．そこで，多年生植物である樹木は，各地の気候変化に対応した，夏体制から冬体

制へ，冬体制から夏体制への転換を欠かすことはできない．春成長を開始したあと晩霜にあうように，1年365日のうち1日でもそのときの樹木の状態に不適な日があると，そこに分布できない．平均気温で分布限界が決まるものではない．樹種の持つ温度に対する生理的特性によって，生存限界が異なってくる．したがって，生存できる最高限界温度または最低限界温度によって分布限界が定まってくる．

　ある特定の場所に生育している樹木は，観察しただけではどのようにその自然環境に適応してきたかを教えてくれるものではない．生理的実験によってのみ，彼らの本性を垣間みせてくれることになる．

　このような考えから出発した『樹木環境生理学』は，Ecological Tree Physiology，あるいは Physiological Tree Ecology とでも表現した方が適切であるのかもしれない．是非，植物生態学，植物生理学の基礎的参考書とともに，本書を活用していただきたいと考えている．また，本書の出版については，文永堂出版（株）編集企画部の鈴木康弘氏の長期間にわたるご援助と忍耐に心から御礼申しあげる．

2002年10月　　　　　　　　　　　編集者　永　田　　　洋
　　　　　　　　　　　　　　　　　　　　佐々木　惠　彦

編　集　者

永　田　　　洋　　三重大学名誉教授
佐々木　惠　彦　　日本大学生物資源科学部教授
　　　　　　　　　東京大学名誉教授

執　筆　者（執筆順）

永　田　　　洋　　前　掲
小　池　孝　良　　北海道大学北方生物圏フィールド科学
　　　　　　　　　センター教授
山　本　福　壽　　鳥取大学農学部教授
森　川　　　靖　　早稲田大学人間科学部教授
池　田　武　文　　京都府立大学大学院農学研究科助教授
佐々木　惠　彦　　前　掲

目　　次

I．樹木の季節適応 ……………………………………（永田　洋）… 1
　1．連続成長型樹木の年成長サイクル ……………………………… 4
　　(1) ポプラの主軸の年成長サイクル ……………………………… 4
　　(2) 長日連続成長型を示すポプラ ………………………………… 11
　　(3) 日長反応に及ぼす温度の影響 ………………………………… 14
　　(4) 休眠の深さと低温感応性 ……………………………………… 17
　　(5) 冬休眠解除に及ぼす凍結の影響 ……………………………… 21
　　(6) 高温による休眠の再導入現象 ………………………………… 22
　2．固定成長型樹木の年成長サイクル ……………………………… 23
　　(1) アカマツの主軸の年成長サイクル …………………………… 23
　　(2) アカマツにおける土用芽の発生 ……………………………… 27
　　(3) アカマツにおけるフォックステイル ………………………… 30
　　(4) リュウキュウマツでみられるフォックステイル …………… 32
　　(5) 成長パターンに及ぼす日長の影響 …………………………… 33
　3．常緑広葉樹の休眠特性と分布域 ………………………………… 36
　　(1) 常緑広葉樹の休眠特性 ………………………………………… 36
　　(2) タブノキにみる分布域拡大と休眠特性の変化 ……………… 38
　4．休眠の季節適応機能（メカニズム） …………………………… 42

II．生物季節現象 ………………………………………（永田　洋）… 47
　1．ウメとサクラ（'ソメイヨシノ'）の開花前線と気候 ………… 48
　　(1) 開花前線 ………………………………………………………… 48
　　(2) 開花前線の日本海側と太平洋側での北上状況 ……………… 48
　　(3) 1月の平均気温とウメの開花日との関係 …………………… 49
　　(4) 3月の平均気温とサクラ（'ソメイヨシノ'）の開花日の関係 ……… 50

2．開花メカニズム …………………………………………… 51
　　(1) サクラ（'ソメイヨシノ'）の開花メカニズム ………………… 52
　　(2) ウメの開花メカニズム ……………………………… 58
　3．気候変動の兆候と開花日の変動………………………… 63
　　(1) 温暖化でサクラの開花は早まるか ………………………… 65
　　(2) この10年間の温暖化, 暖冬化傾向によってウメの開花は早まったか … 69
　4．終霜時期と開花時期 …………………………………… 72
　5．花が先か, 葉が先か …………………………………… 74
　6．サザンカの開花特性 …………………………………… 76
　7．イロハモミジの紅葉と落葉 …………………………… 78
　8．狂い咲きや不断ザクラについて……………………… 79

III．垂直分布における環境適応 ……………………（小池孝良）… 81
　1．高山域の森林 …………………………………………… 81
　　(1) 山岳環境の特徴 ……………………………………… 81
　　(2) 気象条件と樹木の分布 ……………………………… 83
　2．生育環境と成長反応 …………………………………… 87
　　(1) 樹型と生活型 ………………………………………… 87
　　(2) 積雪の影響 …………………………………………… 88
　　(3) 生育期間とフェノロジーの適応 …………………… 89
　　(4) 針葉樹の冬季乾燥耐性 ……………………………… 99
　　(5) 光合成機能 ……………………………………………101
　　(6) 呼吸機能 ………………………………………………110
　　(7) 紫外線に対する適応 …………………………………111
　3．遺伝的多様性 ……………………………………………113
　　(1) 高度と種の多様性 ……………………………………113
　　(2) 特殊化 …………………………………………………116

IV．樹木の形成層活動と幹の成長 ……………………………（山本福壽）…123

1．形 成 層 ……………………………………………………………123
　(1) 伸長成長と肥大成長 ………………………………………………123
　(2) 形成層における細胞分裂と肥大成長機構 ………………………126
　(3) 形成層活動の制御機構 ……………………………………………128

2．形成層活動の周期性 ……………………………………………130
　(1) 形成層活動の周期性と年輪 ………………………………………130
　(2) 組織構造からみた形成層活動の季節変化 ………………………131
　(3) 季節変化の生理機構 ………………………………………………133
　(4) 早材から晩材への移行 ……………………………………………135
　(5) 形成層の休眠 ………………………………………………………137

3．形成層活動に及ぼす環境ストレスの影響 …………………138
　(1) 環境がもたらすストレス …………………………………………138
　(2) 重　　　力 …………………………………………………………139
　(3) 冠水と土壌の酸素欠乏 ……………………………………………148
　(4) 水 分 欠 乏 …………………………………………………………152

V．水環境への適応 ……………………………………………………157

1．蒸 散 と 抵 抗 ……………………………………（森川　靖）…158
　(1) 蒸　　　散 …………………………………………………………158
　(2) 抵　　　抗 …………………………………………………………161

2．水 ス ト レ ス ……………………………………………………164
　(1) 含　水　量 …………………………………………………………165
　(2) 相対含水率と水欠差 ………………………………………………166

3．水ポテンシャル …………………………………………………167
　(1) 水ポテンシャルの概念 ……………………………………………167
　(2) 水ポテンシャルの表示 ……………………………………………169

(3) 細胞の水ポテンシャル ……………………………………170
　4．土壌から葉への水フラックス ………………………………173
　5．水環境への適応 …………………………………………………175
　　　(1) 乾燥適応 ……………………………………………………176
　　　(2) 低温適応 ……………………………………………………179
　6．樹液の上昇 ……………………………………（池田武文）…181
　　　(1) 樹木の水分通導組織 ………………………………………181
　　　(2) 樹体内における水の上昇機構 ……………………………183
　　　(3) 水の通りやすさ ……………………………………………184
　　　(4) 水の通導部位 ………………………………………………186
　　　(5) 水分通導機能の喪失 ………………………………………188

VI．熱帯林樹種の生理・生態的特性 ………………（佐々木惠彦）…201
　1．熱帯林の特徴 ……………………………………………………202
　　　(1) さまざまな熱帯林の形態 …………………………………202
　　　(2) 熱帯多雨林樹種の分布限界 ………………………………206
　　　(3) 熱帯多雨林種の更新維持 …………………………………209
　　　(4) 特殊な条件に成立する森林の維持機構 …………………219
　2．フタバガキ科樹種の分布と生理・生態的特性 ………………224
　　　(1) フタバガキ科樹種の分類と分布 …………………………224
　　　(2) フタバガキ科樹種の染色体数 ……………………………229
　　　(3) フタバガキ科の生理的特性 ………………………………231
　　　(4) フタバガキ科の分化，分布と樹種特性 …………………240
　　　(5) 分布と生理的特性からみた植栽適種 ……………………243

参　考　文　献 …………………………………………………………245

索　　　　　引 …………………………………………………………251

I．樹木の季節適応

　地表に根をはって動くことのできない植物の分布を決めている最大の要因は気候である．現在そこに生育している植物には，気候や季節変化との長い間の相互作用，適応進化の歴史が秘められている．特に，多年生植物である樹木にとっては，厳冬期を生き抜くことができるだけでなく，季節変化に対応できなければ生きていくことはできない．

　すなわち，樹木は自然環境のわずかな変化を正確に識別し，季節変化にみごとに対応していることになる．

　この自然環境の変化のシグナルとしての2大要素が日長と温度である．日長の変化には年による変動がないのに対し，気温の変化には年による変動がある．多くの落葉広葉樹での，夏から秋にかけての成長停止，休眠導入は日長(短日)によっているので，毎年正確に同じ時期にみられる．しかし，紅葉，落葉から開花，開葉までの冬から春にかけては，気温が大きな影響を及ぼしているので，年による変動が大きいことにもなる．そして，暖帯から寒帯に生育する樹木の年成長サイクルとして，絶対に同調させなければならない季節変化のポイントは，初霜，厳冬，そして終霜である．

　植物では生長と表現されてきたが，学術用語として成長 (growth) に統一されたので，成長と表現していく．しかし，その意味するところは，生長と同じく，不可逆的な容積の増大，すなわち，単に長さや容積の増大とそれに伴う重量の増加である．すべての成長は分裂組織における組織，器官の形成 (formation) を伴っている．成長における組織器官の形成との関係から成長のタイプをみてみた．

　樹木のシュート (苗条) は茎 (stem) と葉からなる．この茎は，伸長成長 (樹高成長) と肥大成長 (直径成長) によってその大きさを増し，幹 (trunk) となる．伸長成長は頂端分裂組織である茎頂 (shoot apex) に起源を持つ組織の増

加によって行われ，肥大成長は木部と樹皮の間にある側生分裂組織である形成層に起源を持つ組織によって行われる．

樹木の樹高成長をもたらす伸長成長は，厳密に定義するのは難しいが，成長帯のある場所によって，頂端成長と節間成長の2つのタイプに分けられる．

①頂端成長…ポプラでみられるように，茎頂でのシュート原基が形成（以下，葉原基形成（leaf-primordia formation）と述べる）され，引き続き，その下部の成長帯で葉原基の展開と節間成長とが連続的に起こるのが頂端成長であり，節間成長を停止した節間から順次木化していく．また，葉の大きさは先端部の小さなものから順次大きくなっている（図I-1左）．

図I-1 頂端成長を示すポプラ（左）と節間成長を示すアカマツ（右）の先端部

②節間成長…アカマツでみられるように，前年にすでに全部の葉原基が形成されている各節間にある成長帯が，同時的に成長するので，春先の短期間に早い速度で成長することができる．また，針葉（以下本葉と呼ぶ）の長さは上下でほとんどかわらず，節間は上下同時的に木化する（図I-1右）．

同じ生育環境のもとでも樹木は同じ成長パターンを示すのではなく，大別すると3つの成長パターンがみられる．連続成長型（continuous growth），固定

成長型（fixed growth），断続成長型（recurrent growth）と呼ぶことにする．

三重県津における平均無霜期間，平均気温，日長と成長パターンは図Ⅰ-2のようになる．

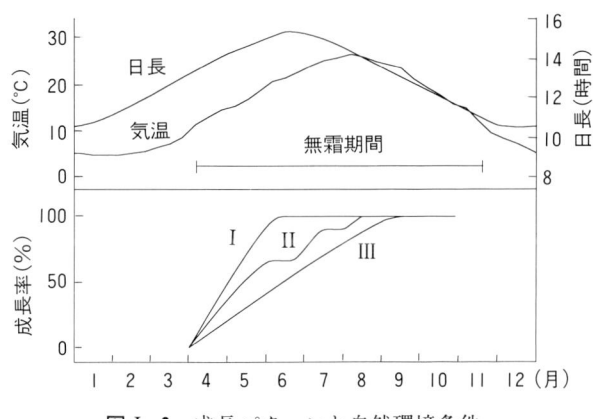

図Ⅰ-2 成長パターンと自然環境条件
Ⅰ：固定成長，Ⅱ：断続成長，Ⅲ：連続成長．

①連続成長型…ポプラのように春に冬芽の中に存在する葉原基を展開したあと，成長に好適な条件が続くと，新しい葉原基を形成しながら葉を展開していくため，いつまでも成長を続ける．展開する葉の数が定まっていないこのような芽を未定芽という．自由成長ともいわれるが，連続成長と呼ぶことにする．シラカンバ，ユーカリ，ヤナギなどが連続成長を示す．

②固定成長型…アカマツのように，春には冬芽の中に，その年の1成長季節に展開するすべての葉原基が完成している．春に冬芽に含まれる全葉原基を展開し，節間成長を完了すると伸長成長は止まる．夏前には伸長成長を完了し，冬芽の形成を始める．このような芽を既定芽という．好適条件下においても，すでに形成されている葉原基を展開すると，もう展開する葉原基が存在しないために成長が停止してしまう限定的な成長なので，固定成長と呼ぶ．アカマツでは，葉原基形成は6〜9月に行われ，伸長成長は翌年4〜5月にみられる．これは，葉原基形成と伸長成長が完全に分離された成長である．クロマツ，チョウセンゴヨウ，ナラ，ブナなどが固定成長を示す．

③断続成長型…コナラのように,春に冬芽の中に存在する葉原基を展開し,成長が終わると新しい頂芽を形成するが,この頂芽が再び展開する.1成長季節に数回断続的に成長するものもある.このような断続的に成長する芽を断続的成長既定芽という.断続的固定成長型で,本質的にはアカマツなどの固定成長型の変形と考えられる.以下,断続成長と呼ぶことにする.クスノキ,タブノキ,ヤマモモなど常緑広葉樹も断続成長を示す.

自然状態における固定成長を示すアカマツで,固定成長をみせる内的・外的要因を解析,検討して,枝なし連続成長であるフォックステイルを誘導するまでの経過を考えるに当たって,混乱を防ぐためにも,連続成長での葉原基形成を同時的に伴う伸長成長は"成長"と表現し,固定成長を示すアカマツのように,前年の葉原基形成と完全に分離した春の伸長成長のような節間成長帯の細胞'伸長 (elongation)'による成長は"伸長"と表現して進めていきたい.

どの成長パターンでも,春の成長開始は,まだ,霜の危険のある平均気温10℃前後であるのに,秋には20℃以上の時期から新しい成長をみせない.越冬体制への準備の慎重さをみる気がする.

なぜ,このような成長パターンがみられるのか,考えてみたい.さらに,亜熱帯の琉球列島から東北地方まで分布しているタブノキの分布特性にもふれていきたい.

1. 連続成長型樹木の年成長サイクル

(1) ポプラの主軸の年成長サイクル

長日成長型で北方系樹種であるポプラ(イタリアポプラ)の主軸の年成長サイクル(周期)をみると,図Ⅰ-3のようになる.

津では4月上旬に冬芽(頂芽)は開芽し,長日条件が持続する間は成長を続ける.すなわち,長日条件であると新しい葉原基を形成,展開しながら連続的に成長をしていく(成長期, growth).そして,9月上旬には成長を停止し,冬芽を形成する.連続成長を持続する日長条件は14〜14時間15分(限界日長)以

I. 樹木の季節適応　　　　　5

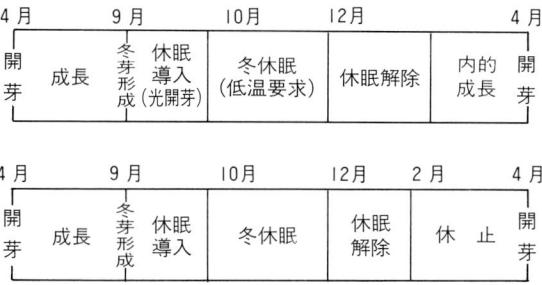

図 I-3 連続成長するポプラの主軸の年成長サイクル（上）と従来の考え方（下）

上の長日条件であり，4月20日頃から8月20日頃までの約5カ月間である．8月20日頃からの短日条件下において葉でつくられた休眠物質（アブサイシン酸など）が茎頂に送られ，成長停止，冬芽形成へと進んでいく．冬芽形成から開芽までの7カ月は広い意味での休眠期，一時的に組織の成長が低下または停止した状態といえる期間である．

　この休眠状態はどのように変化し，どのような働きをしているのであろうか．

　従来，秋から春にかけての休眠導入や解除の過程の研究は，25℃のような比較的高い温度で行われてきた．そこで，開芽の温度条件が著しく変化する休眠導入や解除の過程での冬芽の微妙な温度に対する反応の変化を捉えることは困

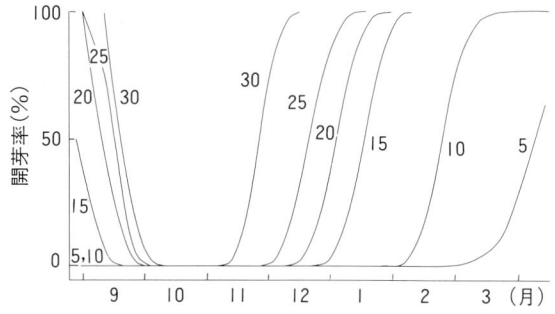

図 I-4 連続光下で異なる温度に置かれたポプラ冬芽の50日間の開芽率の季節変化

難であった．そこで，ポプラの休眠導入から解除の過程で，5〜30℃での50日間における開芽率の変化から，冬芽の休眠状態の変化を考えてみた（図Ⅰ-4）．

従来のように，25℃だけでの開芽率の変化から冬芽の休眠状態を分類すると，9月は開芽率の低下していく休眠導入（前休眠）期，10，11月は25℃でも開芽できない冬休眠（真性休眠）期，12月上旬から1月上旬までは開芽率が上昇していく休眠解除（後休眠）期，そして1月中旬から3月下旬の開芽までは，休眠は完全に解除されているが気温が低いため開芽できない休止（強制休眠）期ということになる（図Ⅰ-3下）．しかし，25℃以外の温度での開芽率からも，各温度ごとに長さの違う休眠導入期（dormacy），冬休眠期（winter dormacy），休眠解除期（postdormacy），休止期（quiescence）が考えられる．

そこで，図Ⅰ-4の各温度での開芽率の変化から，総合的に休眠状態の変化を考える方法として，80％の開芽率をもたらす最低の温度を開芽可能温度として捉え，気温の変化と組み合わせて図Ⅰ-5のようにまとめてみた．

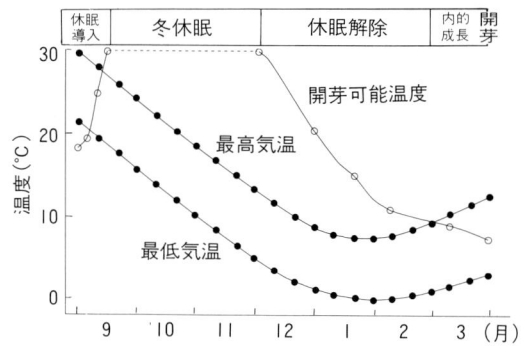

図Ⅰ-5　ポプラの冬芽の開芽率(図Ⅰ-4)から求めた開芽可能温度(80％開芽温度)と気温の変化

すると，休眠導入期は開芽可能温度が急激に上昇している過程であることがわかる．形成されて間もない冬芽の開芽可能温度が，すでに20℃近い．そして，9月下旬には開芽可能温度が30℃以上になり冬休眠状態にある．冬休眠にある冬芽は夏になっても開芽できない．12月上旬から冬の寒さによって開芽可能温

度は低下していく，冬休眠が解除される過程である．この休眠解除過程で，1月上旬には開芽可能温度は20℃程度まで低下している．従来の考え方では，完全に休眠は解除されて休止期に入っていることになる．しかし，このあとも開芽可能温度は15，10，5℃と低下し続けている．すなわち，休眠解除過程が続いていると考えられる．最高気温がこの開芽可能温度を上回る日が続くようになると，冬芽の中にある葉原基が開芽に向けて成長を始める．この開芽までの過程を内的成長（inner growth）と呼ぶことにする（図I-3上）．

この休眠導入から開芽までの過程をみると，まず，平均気温25℃前後のときに成長を停止して冬芽を形成する．この休眠導入期初期の開芽可能温度は20℃以下なので，台風などで異常落葉があると，葉から休眠物質が送られなくなり，休眠導入過程が中断されて開芽してくる．この時期に開芽すると，再び冬芽を形成するまでに初霜にあって傷害を受けることにもなる．冬休眠期に入ると，開芽可能温度は30℃以上になっており，このまま夏になっても冬芽は開芽することはできない．厳しい冬への適応として冬芽は冬休眠に入ることで，今度は，冬休眠を解除するために一定期間の低温が必要になり，これが満たされないと春に正常な成長はみられないことになった．そこで，冬休眠期は低温要求段階ともいわれる．11月中旬の初霜の頃から冬休眠の解除過程が始まり，12月上旬からは開芽可能温度は低下していく．休眠解除に最適の低温は実験的には2〜7℃である．冬休眠に入った冬芽の中に保護された茎頂は，初霜にあっても枯死することはなく，その後の冬の寒さで耐凍性を増していって，厳冬期には−30℃にも耐えられるようになっている．休眠解除過程は耐凍性増大過程でもある．そして，最高気温が開芽可能温度を上回る日が続くようになると，外見的な変化はみられないが，冬芽の中で葉原基が成長を始める内的成長期である．内的成長の開始は，冬芽の含水率上昇と耐凍性の低下に現れてくる（図I-6）．この年の開芽は遅かったが，3月10日頃から最高気温が開芽可能温度を上回る日が現れ，冬芽の含水率の上昇が始まる頃から−30℃での凍結によって枯死する冬芽が出始め，−10℃での凍結に全く耐えられなくなった頃から含水率が急激に上昇して開芽してきた．

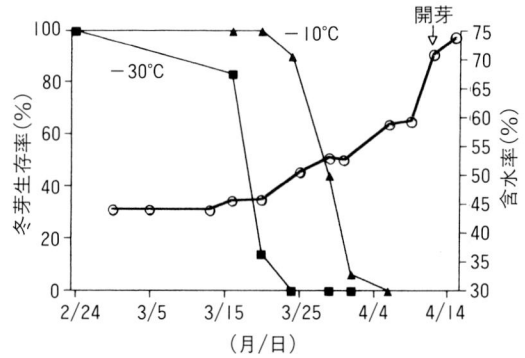

図Ⅰ-6 ポプラの冬芽の耐凍性と含水率の関係（櫛田達矢，2000）

　休眠が深いときに耐凍性が高いということはないので，両者の間には関係はないともいわれている．カマブチポプラの冬芽（頂芽）の休眠状態の変化と幹の耐凍性の関係をみると，図Ⅰ-7のようになる．短日条件下で成長を停止して冬芽を形成する．この冬芽は休眠導入過程を経て，10月上旬には冬休眠状態に入っている．そして，10月下旬に最低気温が10℃を下回るようになると，耐凍性を獲得する．これで初霜が早めにきても対応できるようになっている．11月中旬からは霜の降りる時期になり，休眠解除過程になっていくが，同時に耐凍性は急激に増大していき，1月中旬の厳冬期には耐えられる体制ができあがっている．ところが，気温の上昇が始まる2月中旬には，耐凍性はすでに低下し始めている．1月下旬からの最高気温が15℃を上回る中で，内的成長は始まっていたと考えられる．

　耐凍性に及ぼす0℃と5℃の影響をみながら，休眠状態との関係をみてみたい（図Ⅰ-7）．0℃は休眠導入過程でも，耐凍性獲得，増大効果はあるが，この時期の気温が0℃まで低下することはないので，自然状態で耐凍性獲得効果を発揮することはないが，急激な気温低下への対応機能は持っていることになる．冬休眠から休眠解除過程での耐凍性増大効果と，内的成長過程での耐凍性維持効果は明らかである．

　5℃では，冬休眠期に入ったあとの耐凍性獲得効果を持っている．5℃での耐

I. 樹木の季節適応　　　　　　　　　9

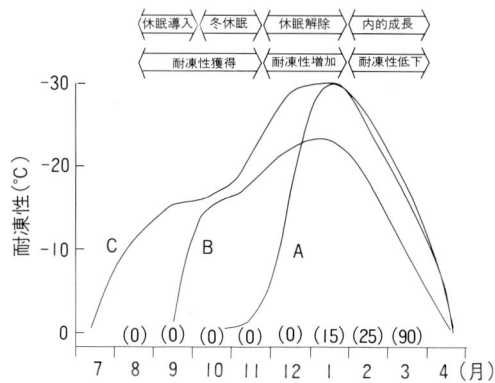

図 I-7　カマブチポプラの休眠と耐凍性との関係（武田明正，1975より作図）

A：自然条件下の耐凍性，B：各時期から4週間5℃条件下に置いたあとの耐凍性，C：各時期から4週間0℃条件下に置いたあとの耐凍性，（　）内は各時期の冬芽を5℃条件下に10週間置いたときの開芽率．

凍性増大効果はそれほど大きくはない．1月中旬は自然状態の耐凍性が最高に高い．しかし，それまで5℃で開芽する冬芽はなかったが，1月中旬の冬芽は5℃で10週間後には開芽するものが現れ始め（図 I-7），5℃-4週間処理で耐凍性の低下もみられるようになっている（図 I-7）．すなわち，自然状態では1月中旬において内的成長は始まっていないが，5℃-4週間処理中には内的成長が始まったとみられる．この内的成長が進んでいく過程が，冬芽だけでなく幹においても耐凍性の低下過程である．

このように，冬芽の休眠導入，冬休眠，休眠解除，内的成長の各過程が気温変化に対応して，幹の耐凍性を変化させる機能を果たしていると考えられる．すなわち，耐凍性の獲得，増大，低下消失が休眠状態と深い関連を持っていることは明らかである．また，冬芽の休眠状態から，植物体全体の生理状態の変化を読み取ることができることにもなる．

　1年のうちに熱帯的・寒帯的気候の両方を体験するわが国の樹木は，その転換期に体制の変化を必要とする．冬体制への転換が成長停止や休眠導入であり，夏体制への転換が休眠解除や成長開始である．この体制変化を生育地特有の季節

変化に同調させているのが，休眠といえる．すると，広範囲に分布する樹木は分布地ごとに多様な休眠現象をみせることになる．すなわち，休眠の導入，解除について多様な生態型が存在することになる．

　生育に適さない寒い期間が存在する地域に分布する多年生植物である樹木は，夏から冬にかけて体制を転換し，生育に不適な期間を休眠状態で過ごし，氷点下の温度に生きられる能力（耐凍性）を獲得した．この耐凍性を獲得した樹木は，冬でも生理機能を維持できるため生存可能温度を著しく広げた．しかし，年成長サイクルの中の低温要求段階ともいえる冬休眠が解除されるためには，相当期間の低温（冬の寒さ）が必要となった．この低温要求が，これらの樹木が分布南限を持つことになった．

　さらに，樹木の自己の年成長サイクル，特に休眠導入，耐凍性の獲得，増大そして休眠解除，耐凍性の低下消失の過程を，生育地の自然環境周期に同調させていなければならない．厳冬期に耐えられなければならないのは当然であるが，年による変動の大きい初霜，厳冬，終霜が，樹木の生死や分布限界を左右することにもなる．すなわち，自然環境周期のうち，初霜，厳冬，終霜に代表される生育に不適な季節変化に，樹木の年成長サイクルを同調させることが樹木の生存にとって不可欠なのである．

　日本列島の冬のある暖帯，温帯，亜寒帯地域においては，初霜，厳冬，終霜が季節変化の3大ポイントである．そこで，まず初霜までには成長を停止し，冬芽を形成して冬休眠に入っていき，初霜には耐えられるようになっている．そして，厳冬期までには最大の耐凍性を獲得していて，生育地の最低気温に耐えられる．また，終霜前には開芽しないことである．しかし，多くの場合，開芽，成長開始は，まだ終霜の危険がある時期に始まっている．

　また，秋口の急激な気温低下や，暖冬のあとの厳しい冬の戻り，時期はずれの遅霜など，毎年変化する気候にも同調できなければ生育していくことはできない．

　多くの環境要因の中でも，主として日長と温度の2要因を情報として読み取って季節変化を感知し，どのように年成長サイクルを同調させているのだろ

うか．各地で異なる気温，日長の変化に対応する休眠体制にも違いが考えられる．また，自生地から移されたときにはどのような反応を示すことになるのだろうか．

(2) 長日連続成長型を示すポプラ

長日条件で連続成長を示すポプラを短日条件下に移すと，成長を停止して冬芽を形成する．また，冬芽を形成したての植物体を長日条件に戻すと，開芽して連続成長を始める．ポプラは連続成長に関しては長日植物，冬芽形成に関しては短日植物ということになる．そして，その限界日長は14～14時間15分で，30分長くなると明らかに長日条件で，30分短くなると明らかに短日条件である．

地球上では昼と夜，すなわち明と暗の光の周期的変化がある．この明と暗の長さは季節的に変化している．多くの植物は，この自然の光周期に反応し，毎日の日の長さを読み取って花芽形成，休眠導入，落葉，成長開始など多くの形態的・生理的転換をみせている．光周期に依存する植物のこのような反応を光周性（photoperiodism）という．

光周性については，開花を中心に多くの研究がなされており，開花に一定時間以上の明期を必要とする長日植物（long day plant）と，一定時間以上の暗期を必要とする短日植物（short day plant），開花が光周期に関係のない中性植

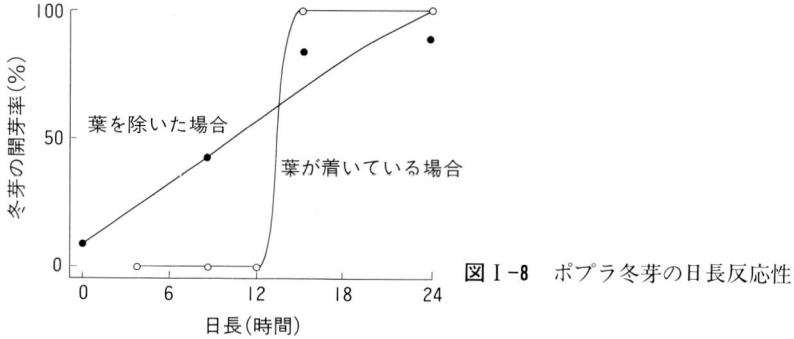

図I-8 ポプラ冬芽の日長反応性

物（day neutral plant）とがある．なお，日長は12時間より長いとか短いという問題ではなく，一定の限界日長（critical day length）よりも長い日長になるか，短い日長になるかで花芽形成が支配される．

また，光中断（light break）処理の研究の進展などにより，花芽形成には明期の長さよりも，むしろ連続した暗期の長さが重要な影響を与えることがわ

図 I-9 ポプラ冬芽の形成と再開芽
左上：連続成長中の頂端部，右上：短日条件下で形成された冬芽，左下：葉の着いている状態での長日条件下で再開芽した状態，右下：葉を除いた状態の短日条件下で再開芽した状態．

かってきた。光中断とは，一定の暗期を与えて短日植物に短日処理をしているときに，暗期の中央で数分の光を与えること，すなわち暗期を短時間の光によって中断することで短日処理効果が消滅し，花芽形成は起こらない。

この光周性反応は，日長に感応する器官である葉が着いているときにのみみられる。そして，ポプラの葉の着いている状態での連続成長，および形成されて間もない冬芽の開芽は，長日条件下においてのみみられる限界日長のはっきりした長日反応である（図Ⅰ-8）。しかし，日長に感応する器官である葉を除去して，形成されてすぐの休眠導入過程（光開芽段階）までの冬芽を種々の日長条件下に置くと，これまでと異なって明期に比例して開芽するようになる（図Ⅰ-8,9）。冬芽には明期に反応する系のみが存在すると考えられる。

したがって，光周性反応は明期に反応する系と暗期に反応する系が葉に共存し，その両系のバランスによって長日条件になるか短日条件になるかが決定されると考えられる。

事実，長日条件下でも明期の温度を下げることによって，短日植物が開花することが明らかになっている。昼夜の温度変化や温暖化における温度上昇の影響を検討することも参考になると考えられるので，日長と温度との関係を考えてみた。

ポプラにおける光周性反応をみると，図Ⅰ-10のようになる。短日条件と長日条件の差異は，共通の明期（主明期，強光）9時間に6時間の明期（補光期，弱光でもよい）を加えるかどうかにかかっている。すなわち，共通の主明期のあとの補光期と暗期にどのように反応するかによって，連続成長するか冬芽を形

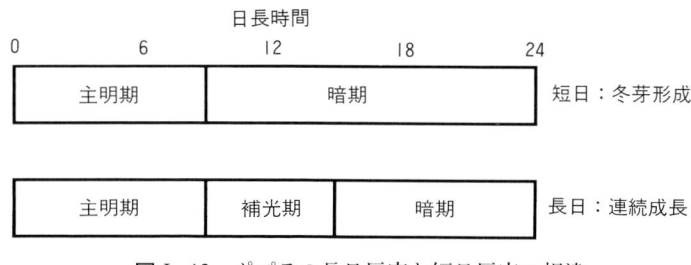

図Ⅰ-10　ポプラの長日反応と短日反応の相違

成するかを決定している．そこで，補光期と暗期を中心に温度の影響をみてみる．

　温度と日長の関係をみた多くの研究では，温周性を光周性とを独立した反応とみることで，例えば16時間日長に昼温25°C-12時間，夜温15°C-12時間変温を組み合わせるように，温度変化リズムと，明期と暗期の切換えリズムとを無関係にみていることが多くみられる．しかし，明期と暗期の温度が明期効果（長日効果）と暗期効果（短日効果）に大きな影響を及ぼしていることも明らかにされている．そこで，昼夜の温度較差効果を温周性的見地からでなく，明期と暗期の効果に温度がどのような影響を及ぼすかをみることにする．

(3) 日長反応に及ぼす温度の影響

　自然における昼夜（明暗）の交代は，常に昼夜の温度較差を伴っている．したがって，光周性反応は温度の昼夜の周期的変化と密接に関連していることが考えられる．実際，自然における夜温は常に昼温より低く，樹木の成長に好適な変温条件は一般には夜温が昼温よりも低い．

　気温の昼夜における周期的変化，すなわち温周性が樹木の成長に大きな影響を及ぼしているにしても，温度が光周性反応過程に積極的に関与することによって成長を制御している可能性も高い．

　ポプラの成長停止，冬芽形成をもたらす短日効果を誘導する重要な過程は暗期であり，連続成長をもたらす長日効果を誘導する重要な過程は補光期であり，それぞれに最適温度を持っている．

　ポプラの成長停止をもたらす暗期の短日効果，連続成長をもたらす明期の長日効果の最適温度を示したのが図Ⅰ-11である．

　短日で冬芽を形成するポプラで，明期の温度を25°Cにして暗期の温度をかえていくと，暗期の短日効果は最適温度からずれるに従って減少し，図Ⅰ-12に示すように，成長停止，冬芽形成を誘導する短日効果をもたらすのに必要な暗期の長さが長くなり，逆に明期の長さは相対的に短くなる．成長停止，冬芽形成に，より長い暗期を必要とするようになる．より短い日長でも連続成長がみら

I. 樹木の季節適応

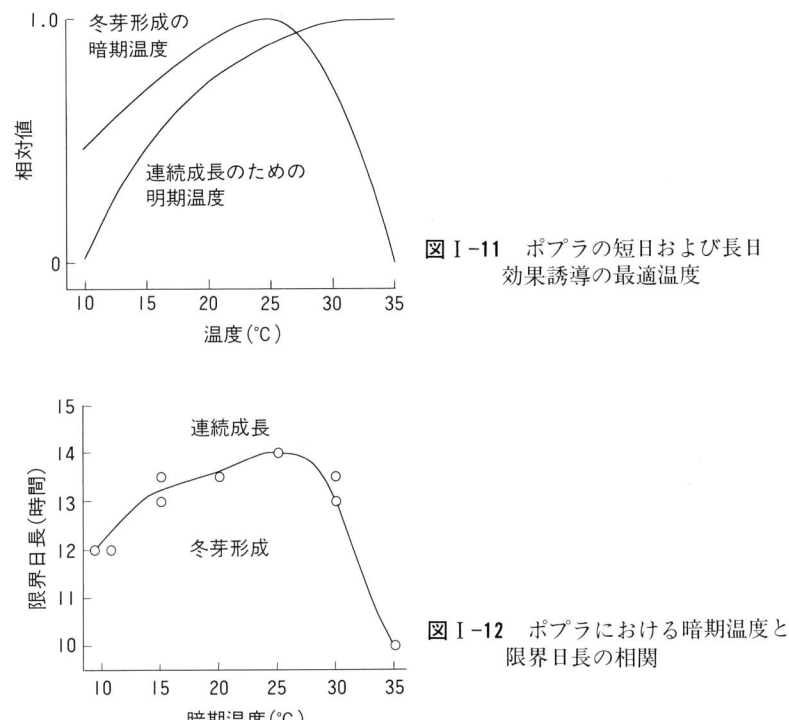

図 I-11 ポプラの短日および長日効果誘導の最適温度

図 I-12 ポプラにおける暗期温度と限界日長の相関

れるようになる．すなわち，連続成長をもたらす限界日長は短くなる．

また，暗期温度を25°Cにして明期温度をかえていくと，明期の長日効果は最適温度からずれるに従って減少する（図 I-13）．連続成長を誘導する長日効果をもたらすのに必要な明期の長さは長くなる．連続成長に，より長い明期を必要とするようになる．すなわち，長日効果をもたらす明期の温度を不適な温度に保つと，あたかも長日条件と考えられるような日長で成長を停止することになる．

このようにみてみると，光周性反応は，日長に感応する器官，すなわち葉において短日（暗期）と長日（明期）の両方に応答する系が共存するときにのみ成立し，その反応結果，連続成長か成長停止は両者のバランスによって決まっ

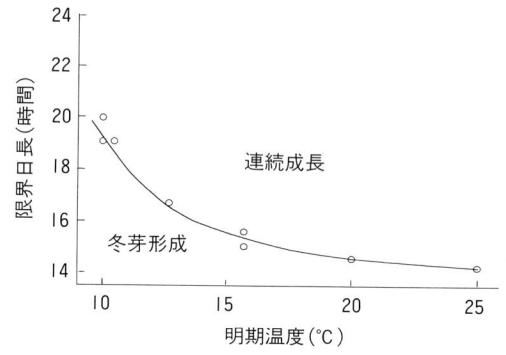

図 I-13　ポプラにおける明期温度と限界日長の相関

てくると考えられる．

定温条件下における 14 時間 15 分日長条件下でのポプラの冬芽形成経過をみると，15℃では冬芽形成率 80％以上と短日効果をみせたが，それより低い 10℃でも，高い 20，25，30℃でも長日効果がもたらされた（表 I-1）．必ずしも高温が長日効果をもたらすものではないことを示している．

表 I-1　ポプラの 14 時間 15 分日長での 10，15，20，25，30℃定温条件における冬芽形成過程

	処理開始後日数（日）						（試供個体）
	20	25	30	35	40	45	50	
10℃							0%	(30)
15℃					30	80	83	(30)
20℃			7	11	7*	4*	7	(28)
25℃							0	(24)
30℃							0	(27)

*1 個体が再開芽．　　　　　　　　　　　　　　　　　　　（櫛田達矢，2000）

また，ポプラの連続成長と成長停止の限界日長付近において，補光期と暗期の温度が日長の効果にどのような影響を及ぼしているかをみてみる．

14 時間日長（強光の主明期 8 時間と弱光の補光期 6 時間）において 6 時間 10℃にする時期を変化させると，補光期 6 時間 10℃にすると強い短日効果，暗期 6 時間 10℃にすると明らかな長日効果をもたらしている（表 I-2）．そして，

10°C-6時間を補光期から暗期にかけて与えると，10°Cで時間が長い方の効果が抑制されている．

表I-2 ポプラの25°Cでの14時間日長の6時間補光期と10時間暗期にかけて6時間連続して10°Cにしたときの冬芽形成過程

10°C挿入時間		処理開始後日数（日）									(試供個体)
補光期	暗期	20	25	30	35	40	45	50	55	60	
0	0									2	(5)
0	6									0	(5)
2	4						1	0*	0	0	(5)
4	2		1	1	1	1	2	3	4	5	(5)
6	0	1	2	4	5	5	5	5	5	5	(5)

*1個体が再開芽．

秋の気温低下過程において，まず夜温（暗期温度）の低下は短日効果の低下を，夕方の薄明期の気温（明期温度）低下は長日効果の低下をもたらすことになる．

14時間日長でも，暗期の短日効果を抑制すると長日に，補光期の長日効果を抑制すると短日になる．昼夜の温度が光周性反応過程に積極的に関与することによって，成長を制御していることになる．温周性と考えられている現象の中の相当部分は，光周性反応過程に昼夜の温度較差が関与したものが含まれていると考えられる．

(4) 休眠の深さと低温感応性

ポプラの休眠導入過程，休眠が深くなる過程では25°C光照射下における冬芽の開芽率は低下していき，やがて開芽できなくなる（図I-14）．しかし，休眠解除効果のある温度(12°C以下)においては図I-15に示すように，休眠が深くなるほど冬芽は早く開芽するようになる．ポプラだけでなくブナにおいても同様に，短日処理を長くしたグループほど低温下においては早く開芽してくる(図I-16)．冬休眠が深くなるほど低温に対する感応性がよくなる．すなわち，開芽可能温度の低下が早く大きいことがわかる．すると，休眠の深さは冬の低温の休眠解除効果に影響を及ぼし，春の開芽時期を左右している可能性があると

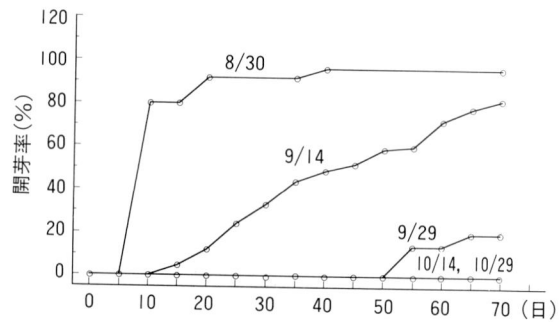

図Ⅰ-14 ポプラの休眠導入過程における冬芽での25℃での開芽経過の変化

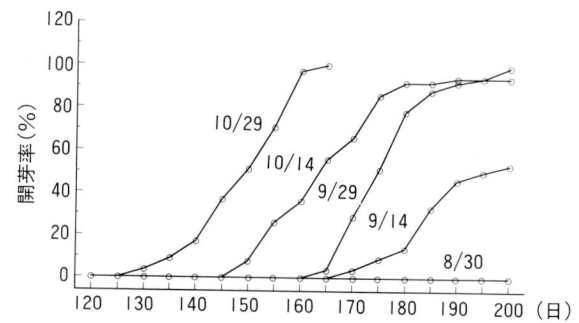

図Ⅰ-15 ポプラの休眠導入過程における冬芽での12℃での開芽経過の変化

考えられる．

　ポプラで確認してみたが，人工的に除葉することによって早めに休眠導入を中止させた冬休眠の浅い方が，春の開芽が遅くなる傾向がみられた．長期間，葉を着けて短日に反応し，休眠物質を冬芽に送り続けていた方，すなわち，冬休眠が深くなった方が冬の低温に対する感応性が高まり，開芽可能温度が低下して，低い気温で早く開芽できるようになった．

　ただし，冬の低温が十分にある場合で，たまたまその年の低温が不足するような場所では冬休眠が十分に解除されないことになり，冬休眠が深いと開芽が

I. 樹木の季節適応

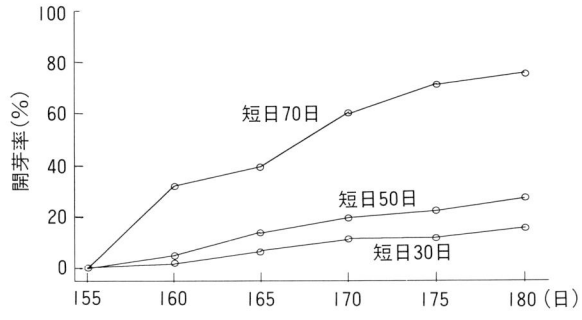

図 I-16 ブナの短日処理日数の変化と10℃での開芽経過

遅れたり，開芽しないことになる．ソメイヨシノの開花日温度が種子島，鹿児島で高くなったり，沖縄でポプラの頂芽が開芽できないなどといった現象は，低温不足が原因である．

自然状態で，このような現象が実際にみられるのが，原産地から北方や南方に移されて植栽された場合である．特に，北海道のように十分な冬の低温がある地方においてみられる．典型的な例が，グイマツ，カラマツや，日本各地から集められて北海道で育てられたブナにおいてみられる．北海道において，グイマツは早霜には強いが遅霜には弱い傾向があり，カラマツは早霜には弱いが遅霜には強い傾向があるのはそのためである．また，北海道において，九州産のような南のブナが落葉せずに越冬しやすい傾向があったり，春の開芽が北海道のブナに比べて遅かったりする傾向も同じである．

北海道におけるカラマツ，グイマツの冬芽形成，開芽，耐凍性などをまとめたのが表 I-3 である．南から北海道に持ち込まれたカラマツは，夏の間の北方の長い日長のもとで成長停止し，冬芽形成は明らかに遅れている．カラマツとグイマツを比較すると，夏の間の日長は長いが冬の寒さが早くくる地域，樺太，千島に生育していたグイマツは，カラマツと比較すると，早く成長停止し冬芽を形成するという特質を持っている．また，シベリアカラマツなど，より北方のものはもっと長い日長（18～20時間日長以上）でなければ成長できない．すなわち，長い日長で成長停止し，冬芽を形成することになる．

表Ⅰ-3 カラマツおよびグイマツの平均冬芽形成日,平均黄葉日,平均開芽日および耐凍性

	冬芽形成	黄葉	開芽	耐早霜性	耐晩霜性
2年生カラマツ	10-2	10-29	5-8	弱	強
2年生グイマツ	9-2	10-23	5-3	強	弱

耐凍性

	9月下旬	10月下旬	11月下旬
カラマツ	-5℃	-5℃	-25℃
グイマツ		-15℃	-25℃

(倉橋昭夫,1988)

一方,本州中部に生育していたカラマツは,夏の間の日長は短いが冬の寒さがくるのは遅いので,成長停止し冬芽を形成する日長は,グイマツに比べてずっと短いことになる.すると,本州中部より夏の間の日長が長く,夜間気温の低下が早い北海道におけるカラマツの成長停止,冬芽形成は,寒さの早くくる北方に移されたのに,原産地よりも遅れることになる.初霜に対する被害の危険性は著しく増大することになる.しかし,この時期を無事に経過すると,耐凍性の増大は急激で,厳冬期にはグイマツとかわらない耐凍性を獲得している.

また,成長停止,冬芽形成はずっと早いが,黄葉時期はあまり違わないグイマツの方が休眠導入期間は長くなり,冬休眠は深いことになる.すると,グイマツの方が低温感応性が高くなり,開芽可能温度の低下が大きく,ポプラでみられたように,春に早く開芽する傾向がみられるようになる.わずかであるが,春の遅霜に対する被害の危険性は大きくなる.

北海道における日本各地産ブナのうち,北海道産と九州産のブナを比較すると,表Ⅰ-4のようになる.北海道産ブナに比べて,九州産ブナは明らかに2次伸長率が高い.これは,九州の日長と気温変化に同調した年成長サイクルを持っている九州産ブナにとって,北海道の夏(春分から秋分)の日長が長いために2次伸長が多く発現したのである.九州産ブナは新しい葉が遅くまで展開してくるが,寒さは早くくる.そのとき,まだ離層が発達していないと,葉は枯れるが落葉しにくい.また,北海道産ブナに比べて休眠導入開始が遅れるために,

表 I-4 北海道における各地産ブナの2次伸長発生率と平均開芽日

	2次伸長発生率(%)	平均開芽日
大平山	8	5-18
白井川	18	5-17
木古内	18	5-17
矢　部	38	5-24
八　代	54	5-23

(倉橋昭夫, 1988)

冬休眠の浅いことが春の開芽を遅らせることになった.

(5) 冬休眠解除に及ぼす凍結の影響

冬休眠の解除過程において, 凍結 (-5℃) と低温 (5℃) との間にどのような違いがみられるのだろうか. 長期間, 凍結に耐えるようになったポプラで, 25℃と10℃で開芽経過に及ぼす凍結と低温の影響をみると, 図 I-17 のようになる. 夏の平均気温に近い25℃での開芽経過では, 凍結と低温に違いはみられなかった. しかし, 春に開芽する頃の平均気温である10℃では, 明らかに違いがみられた. 休眠解除過程において開芽可能温度の低下をもたらす働きでは, 凍結と低温とは異質であるといえる.

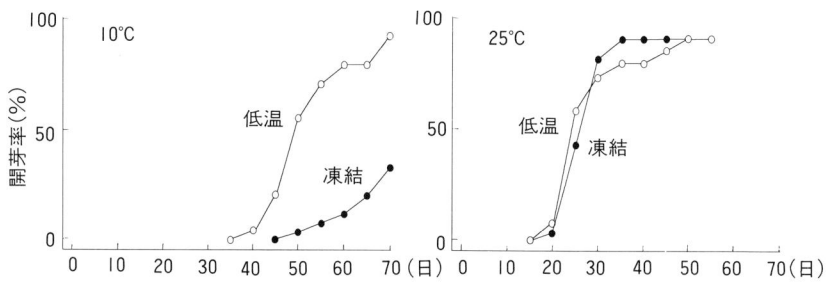

図 I-17 ポプラの休眠解除過程における40日間の低温 (5℃) および凍結 (-5℃) 処理後の25℃および10℃での開芽経過

(6) 高温による休眠の再導入現象

多くの樹木では，休眠解除過程において開芽可能温度は低下していく．すなわち，休眠解除過程の初期においては，高い温度ほど開芽しやすい．しかし，休眠解除過程の樹木を野外から高温条件下に移すと，逆に休眠が深まることがある．休眠解除過程のサザンカの冬芽において，18, 28℃における開芽経過をみると，18℃では休眠解除が進むにつれて開芽率は明らかに増加している（図Ⅰ-18）．しかし，18℃で90%近く開芽した3月24日でも，28℃では20%程度しか開芽しなかった．28℃程度の高温で再び休眠が深まった結果であり，3～5日間，28℃で生育させたのち18℃に戻しても休眠は深まっているので，最初から18℃に入れたサザンカのような開芽はみられない．十分に休眠が解除されていると28℃でも開芽してくる．

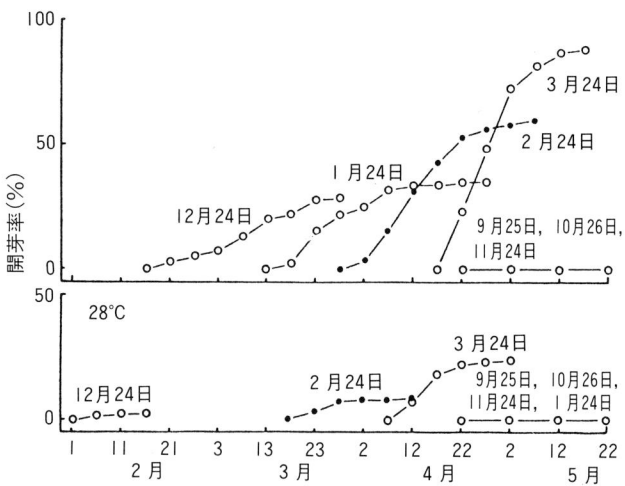

図Ⅰ-18　各時期に野外から18℃および28℃に移したサザンカ冬芽の開芽経過

2. 固定成長型樹木の年成長サイクル

(1) アカマツの主軸の年成長サイクル

　発芽した年の当年生苗は，種子が発芽するとすぐに子葉を展開し，その上部に初生葉が数十枚から百数十枚展開する．この初生葉の葉腋から一対の本葉を展開するものがあるが，自然状態でのその様子は個体ごとに大きく異なる（図Ⅰ-19）．この本葉は腋芽から直接伸び出したのではなく，茎頂（成長点）を持つ短枝から展開したものである．また，成長を停止したときの先端の冬芽の様子もさまざまである（図Ⅰ-19）．この冬芽の芽鱗は，初生葉の変化したものである．2年目以降の苗の成長が前年に形成された冬芽の展開による固定成長であるのに対し，当年生苗の成長はシュート原基を形成しながらの連続成長である．

図Ⅰ-19 アカマツ当年生苗の秋成長停止したときの状態

　2年目以降の成長は，冬の間に十分低温にあった冬芽が3月下旬に節間伸長（以下，伸長）を始め，本葉を展開して6月初めには冬芽を形成して伸長成長を停止する（図Ⅰ-20）．この冬芽形成とは，冬芽の発現，冬芽の形成開始が目視で確認できる時点を意味している（図Ⅰ-21左）．その後，土用芽の発生以外は，

冬芽の発育がみられるだけである．この冬芽の茎頂での短枝や本葉原基の形成過程をみると（図Ⅰ-20），伸長開始に少し遅れて茎頂は活性化され，芽鱗は形成され始めるが，伸長期間中にその葉腋には短枝が形成されない．すなわち，その葉腋に本葉を展開させない芽鱗（ステライル芽鱗）が各年枝の下部にみられる（図Ⅰ-22）．伸長を停止し冬芽を形成したあと，小さな茎頂において一対の

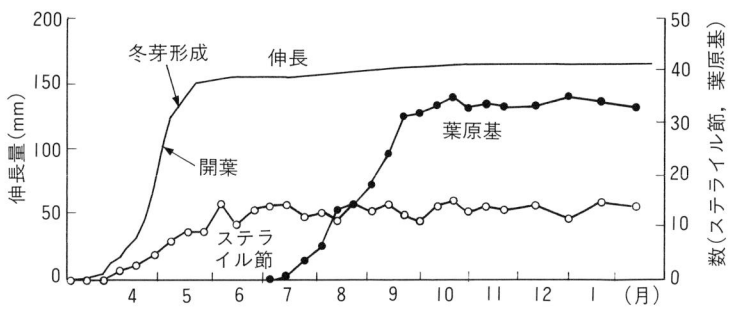

図Ⅰ-20　自然状態のアカマツの主軸の伸長経過と冬芽中のステライル部の節数と葉原基（短枝原基）の数（櫛田達矢，2000）

図Ⅰ-21　2年生アカマツの冬芽の発育
左：冬芽が形成された状態，右：越冬時の冬芽．

本葉原基を持った短枝原基の形成が本格的に始まる(図Ⅰ-20)．この冬芽は，10月には翌年の伸長期に展開する全シュート原基を形成した越冬芽として冬を迎える（図Ⅰ-21右および図Ⅰ-23）．一対の本葉を展開した短枝は，2〜3年後には枯れ落ちてしまう．しかし，若いうちにシュートが切り取られると，切り口に近い短枝の茎頂からシュートが伸び出してくる（図Ⅰ-24）．主軸に事故が起これば，短枝の茎頂も主軸に発達する能力を持つ．

今後，正確には冬芽の茎頂において節間，芽鱗，一対の本葉を持つ短枝など

図Ⅰ-22　2年生アカマツのステライル部

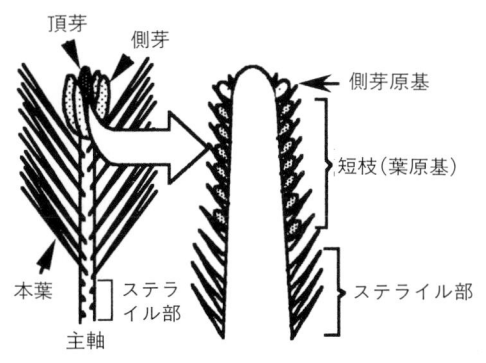

図Ⅰ-23　アカマツ頂芽と側芽とその構造（櫛田達矢，2000）

図 I-24 短枝の茎頂から伸び出したシュート
主軸が切り取られたとき、切り口付近の4本の短枝が伸び出し、長枝になった状態.

の全シュート原基が形成されるのであるが，冬芽の日長反応性を中心にアカマツの成長パターンを考えていくので，日長感応性 (photoperiodic sensitivity) を持つ本葉原基に代表させて，"葉原基"形成と表現して進めていくことにする．

　三重県におけるアカマツの年成長サイクルをみると（図 I-25），冬芽の中に存在する全葉原基を展開し伸長を終了して冬芽を形成すると，これからも日長が長くなり気温の上昇する6月上旬には伸長成長を停止してしまう（伸長期，elongation）．これは，冬芽に存在する葉原基を展開してしまうと，葉原基の存在しないステライル芽鱗は形成されているが，日長感応部位でもある葉原基が存在しないので伸長できない．この状態を夏休眠と呼ぶこともあるが，成長する組織がないだけのことで休眠状態と考えるべきではない．冬芽を形成した6月から9月下旬までが葉原基形成 (leaf-primordia formation)，すなわち，冬

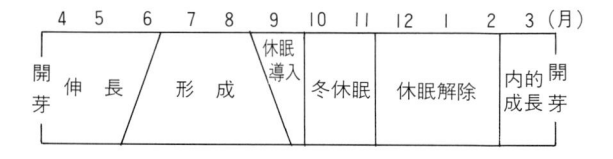

図 I-25 固定成長するアカマツの1年生苗以降の主軸の年成長サイクル

芽の発育がみられる時期である（形成期，formation）．この期間の後半である8月下旬からは短日条件下で，葉原基形成が停止に向かう休眠導入期（predormacy）である．この葉原基形成には14〜16時間の中間日長が適している．

10月上旬には葉原基形成も停止して，休眠が最も深い冬休眠に入っている（冬休眠期，winter dormacy）．この冬休眠状態でもアカマツは日長感応性を持っているので，長日条件下では開芽してくる．ただし，アカマツの場合，日長感応部位は冬芽自身であり，形成され始めたばかりの若い葉原基が日長感応性を持っている．

アカマツの冬休眠も低温によって解除されていき，1月中旬には25℃短日条件下でも冬芽は開芽し，伸長してくる．冬休眠の冬芽は長日条件下でのみ開芽していくが，低温によって休眠が解除されてくると，開芽は温度依存反応になる．アカマツの休眠はその後も解除過程が進んでいき，開芽可能温度は低下していって，2月下旬には10℃以下でも開芽できるようになる（休眠解除期，post-dormacy）．そして，3月上旬には内的成長（inner growth）が始まり，4月上旬には開芽してくる．

アカマツの年成長サイクルは7月上旬の葉原基形成に始まり，秋までには翌年春に伸長展開する冬芽を完成させ，短日により冬休眠に導入されて低温感応性を獲得し，冬の低温によって冬休眠は解除される．この休眠解除過程において冬芽の長日開芽特性は失われ，伸長量増大効果がもたらされる．そのため，アカマツは春1回の伸長期が短いにもかかわらず大きな樹高成長をもたらす．伸長成長の終了で年成長サイクルは終了する．アカマツの成長サイクルは，形成期と伸長期の間にある冬を伸長量増大に活用している．

(2) アカマツにおける土用芽の発生

アカマツの形成期，休眠導入期，そして冬休眠期の冬芽は，長日条件下で開芽し伸長してくる．このときの日長感応部位は冬芽の若い葉原基であるので，葉原基が形成されて増加していく過程で日長反応性が変化していく．

1年生アカマツでみると，それまで連続光下でも開芽しなかった冬芽が7月

下旬葉原基数40〜50程度までになると，16時間日長以上で冬芽は伸長し，本葉を展開するようになる（図Ⅰ-26左）．さらに，8月下旬葉原基数が100程度までになると16時間日長での冬芽の伸長量は大きく増加し，14時間日長でも冬芽は伸長して本葉を展開してくる（図Ⅰ-26右）．

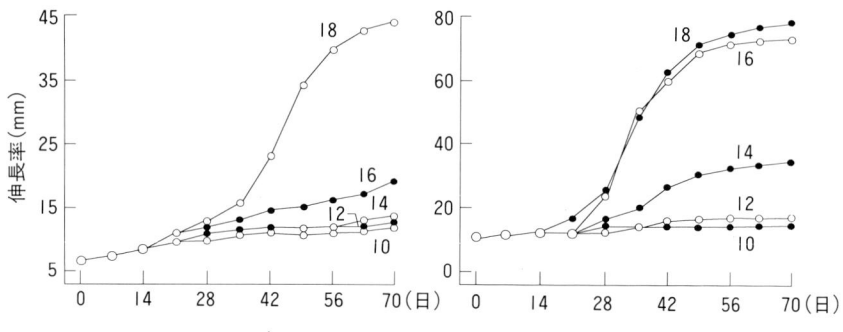

図Ⅰ-26 アカマツ冬芽の葉原基数過程における日長反応性
左：葉原基40〜50，右：葉原基100以上．

この過程の冬芽の日長反応性の変化をまとめると表Ⅰ-5のようになる．そこで，自然日長が14時間以上である8月中旬までに葉原基数が100程度まで進んでいると，冬芽は伸長し，針葉を展開してくる．しかし，この2次伸長が可能な時期は短いので，伸長は途中で停止してしまう．これが土用芽（Lammas shoot；秋伸び）である．個体によって2次伸長停止時の伸長，本葉展開の程度が異なるので，多様な土用芽がみられることになる（図Ⅰ-27）．

15〜16時間日長が持続すれば，アカマツにも2度目の伸長がみられることになり，コナラのような断続成長を示す（図Ⅰ-28）．コナラが1成長季節に断続

表Ⅰ-5 アカマツ冬芽の日長反応性の変化

日長（時間）	葉原基形成期			冬休眠期
	40以下	40〜80	100以上（葉原基数）	
8〜10	葉原基形成	休眠導入	休眠導入	冬休眠
12〜14	葉原基形成	葉原基形成	休眠導入	冬休眠
14〜16	葉原基形成	葉原基形成	開芽	開芽
18〜24	葉原基形成	開芽	開芽	開芽

図 I-27　アカマツ土用芽の典型例

成長をみせるのは，再開芽に必要な葉原基形成がアカマツよりも短期間に終了するためである．アカマツ，コナラとも伸長期と形成期とが分離している成長を示すことでは本質的には同じである．しかし，アカマツの1成長季節は，春の伸長期と長い1形成期に，土用芽発生をみせる短い2次伸長の開始程度で終わってしまう．

	4	5	6	7	8	9	10	11	12	1	2	3 (月)
	開芽	伸長	形成	伸長	形成	伸長	休眠導入・形成	冬休眠		休眠解除		内的成長開芽

図 I-28　断続成長するコナラなどの主軸の年成長サイクル

(3) アカマツにおけるフォックステイル

　熱帯産のマツ，カリビアマツ，メルクシイマツなどでは，枝を作らずに主軸が連続的に成長し，着葉した幹（主軸）がキツネの尾のような様相を示すことがある．このような枝なし状態をフォックステイル(foxtail)と呼んでいる．この現象では，頂端部に常に未展開の葉原基が存在し，本葉の展開は下の部分のみである．すなわち，頂端部では常に新しい葉原基を形成して先へ移動し，その下部では，本葉を展開して成長を行うために連続成長を続ける（図 I-29）．したがって，これらのマツにおいて連続成長をさせることがフォックステイルをもたらすことになる．自然条件下では，このフォックステイルは日長の年変化，気温の日・年変化の少ない赤道付近で多発している．つまり，葉原基形成と，そ

図 I-29　連続成長を示すアカマツの頂端部（万木　豊，1998）

の展開と伸長とが両立できる条件があり，それが続くとフォックステイルになる．このように考えると，自然状態では決してみられない北方系のアカマツでもフォックステイルの誘導は可能であると考えられる．

ポプラなど長日条件下で連続成長を示す樹木は，先端部において常に葉原基を形成し，展開すると同時に成長を行っているため連続成長を続けることができる．

しかし，アカマツの場合は，葉原基形成とその展開および伸長が同時に進行しないために，形成期と伸長期が分離している．

では，アカマツはなぜ自然状態で連続成長しないのか．葉原基形成と伸長との相互関係をみてみると，冬芽の伸長が盛んな4月中旬から6月中旬までは，葉原基の形成が完全に抑制されている．この間に形成されるのは芽鱗のみで，その葉腋には葉原基の形成はみられない．そこで，主軸，側枝ともその基部には針葉の着いていないステライル部分 (sterile-scale zone，図I-22) が必ず存在することになる．

また，低温にあっていない形成期から冬休眠期の冬芽は長日条件下で開芽するが，葉原基を形成中である形成期の冬芽よりも，葉原基形成が停止した冬休眠状態の冬芽の方が開芽しやすい(表I-5)．また，形成期の冬芽は短日処理によって葉原基形成を抑制すると開芽しやすくなる．

すなわち，アカマツの冬芽においては葉原基形成と伸長との間に相互抑制 (correlative inhibition) が存在していると考えられる．この相互抑制を緩和させる条件をみつけ出し，両立させることによって連続成長が可能になるのではないだろうか．葉原基形成には14〜16時間の中間日長が適しており，伸長には22時間以上の長日長が適している．そして，その中間の18〜20時間日長でフォックステイルがみられるのではないかと考えた．事実，20時間日長でフォックステイルが多発した（図I-30）．では，連続成長をすると，なぜ枝なしになるのだろうか．

長枝，すなわち側枝に発達する側芽原基が形成されるのは，自然条件下では休眠導入過程の最後に葉原基形成が側芽原基形成に転換したときである．側芽

図Ⅰ-30　20時間日長条件下でみられた
アカマツのフォックステイル

原基の形成を最後に冬休眠に入る．また，長日状態で断続成長を示しているときは，葉原基形成から伸長過程に転換するときに側芽原基を形成する．どちらにしても，葉原基形成を停止するときに側芽原基が形成されるようである．すなわち，連続成長を続けさせることが，枝なし連続成長になるわけである．連続成長は葉原基形成と本葉の展開，節間伸長が両立している成長である．

　アカマツが生育している地域においは，フォックステイルを示す自然条件は存在しない．アカマツのフォックステイル現象がみられるのは，葉原基形成と伸長成長が同時にみられる条件，すなわち 20〜25℃で 18〜20 時間日長の人工的条件を設定したときだけである．

(4) リュウキュウマツでみられるフォックステイル

　亜熱帯マツであるリュウキュウマツは，アカマツと違い冬休眠に入ることはない．すなわち，休眠導入する短日条件は存在しない．8, 16, 24 時間日長のいずれでも断続成長を示す．断続成長を示すことは，葉原基形成（形成期）と伸長展開（伸長期）が分離していること，つまり，葉原基形成と伸長の間に相互

抑制が存在することを意味する．熱帯，亜熱帯産のマツがフォックステイル状態になると，頂端部では常に新しい葉原基を作り，その下部では本葉を展開して成長を行うため，連続成長をする．そして，このフォックステイルは低緯度にいくほど多発するといわれている．すなわち，熱帯，亜熱帯産のマツで葉原基形成と伸長展開が共存できる自然日長条件は，13時間前後（天文日長では12時間日長前後）と考えられる．事実，リュウキュウマツでは12〜13時間前後の日長でフォックステイルが多発した．つまり，側枝の形成が減少するのである（図Ⅰ-31）．しかし，日長効果には温度条件が大きな影響を及ぼすので，温度，特に気温の日較差の大きい高地では，夜間の低温が暗期効果を減少させて長日的反応，すなわち成長促進に働き，フォックステイルは減少することになる．

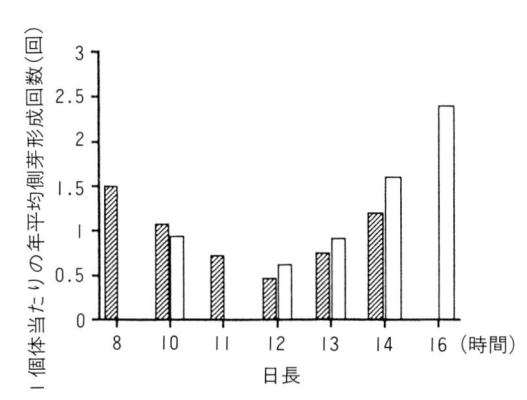

図Ⅰ-31 リュウキュウマツの各日長条件下における1個体当たりの年平均側芽形成回数（万木 豊，1998）

(5) 成長パターンに及ぼす日長の影響

植物の光周性の研究が開花（花芽形成）現象を中心になされていたため，短日植物，長日植物，中性植物のように，開花条件からみた比較的単純な分類がされてきた．

このことが樹木の成長パターンにも適応され，基本的には，長日条件は成長を促進し持続するもの，短日条件は成長を抑制し休眠に導入するものと考えら

れるようになった．そして，長日条件下でも成長を停止するアカマツ，断続成長を示すコナラ，リュウキュウマツなどの成長停止期間を自発休眠と呼ぶようになってきた．しかし，Downs などが以前から指摘しているように，日長は伸長と葉原基形成のバランスに大きな影響を及ぼしている．このバランスが乱れると成長停止をもたらすことになる．

　リュウキュウマツ，コナラとも1成長季節に断続成長を示すが，これは頂端部に存在した葉原基がすべて展開し終わって，もはや伸長するものがなくなったのである．すなわち，自然日長下でも葉原基形成と節間伸長のバランスが乱れ，伸長期に葉原基形成が停止していたためである．しかし，伸長停止後，再伸長に必要な葉原基が形成されると2次伸長がみられる．すなわち，断続成長をみせるのである．この葉原基形成と節間伸長のバランスがとれていると，連続成長をすることになる．

　リュウキュウマツの典型的な成長パターンをみると図Ⅰ-32のようになる．12時間日長前後でフォックステイルがみられ，8，16時間日長では葉原基形成と伸長のバランスの乱れ方が異なるので，同じ断続成長でも異なった樹形になる．

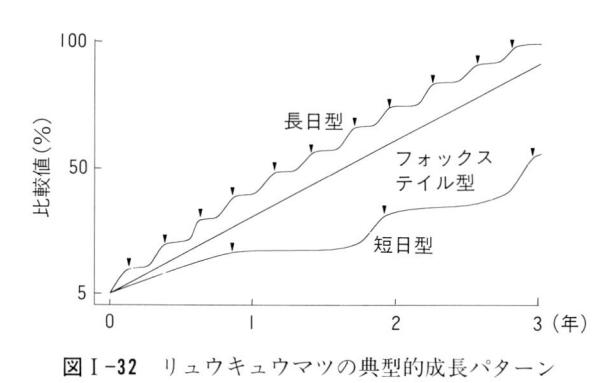

図Ⅰ-32　リュウキュウマツの典型的成長パターン

　また，短日でも冬休眠に入ることのない沖縄本島産タブノキで8〜20時間日長における断続成長のパターンをみると，葉原基形成と伸長のバランスが日長の影響を受けていることがわかる（図Ⅰ-33）．

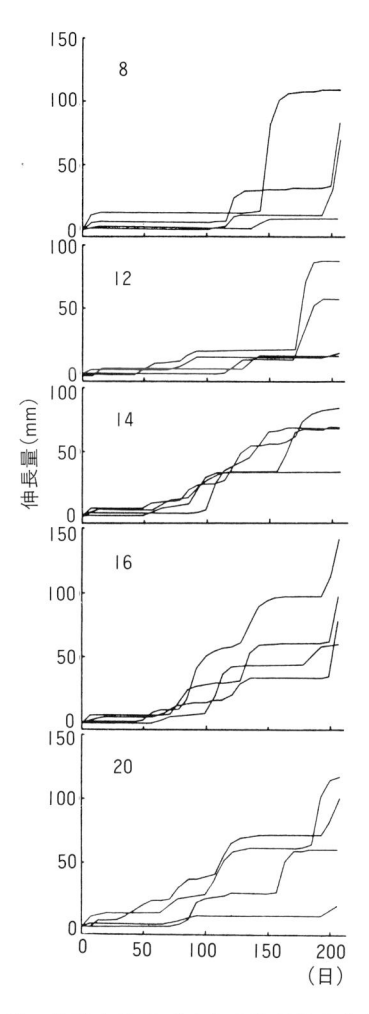

図Ⅰ-33 沖縄本島タブノキの各日長の成長パターン

3. 常緑広葉樹の休眠特性と分布域

(1) 常緑広葉樹の休眠特性

　北方樹木の季節適応において休眠は重要な役割を果たしているが，温帯に分布する常緑広葉樹においても休眠獲得が分布拡大をもたらす大きな要因となっている．クスノキ，ヤマモモ，アラカシ，タブノキなどの常緑広葉樹は凍結の危険がない亜熱帯から，冬には凍結を伴う九州以北にまで分布している．これらについて，三重県産種子から育てた2～3年生の苗木で，日長と休眠導入の関係を調べてみた．すると，20～25℃に制御された人工気象室内で，8，12，16および20時間のいずれの日長条件下でも断続的な成長を示すことが確かめられた．すなわち，これらの4種類の常緑広葉樹は，最低気温20℃以上の温度では短日条件下でも冬休眠には入らないことになる．
　この温度条件下において，8および12時間日長では，ポプラは成長を停止し，冬芽を形成して冬休眠，冬の低温にあわないと春に正常な成長がみられない休眠に導入される．
　しかし，厳冬期には−5℃以下にもなる地域に分布しているこれらの常緑広葉樹が，冬休眠ほど深くないにしても，冬芽が全く休眠的状態に入らないとは考えられない．
　ポプラの頂芽，カラマツの頂芽および'ソメイヨシノ'の花芽などは秋には冬休眠に入り，25～30℃でも開芽，開花できないが，2～3℃で低温処理を続けていって6～10カ月くらい経過すると，開芽，開花してくる．低温処理によって冬休眠が十分に解除されると，開芽可能温度は2～3℃程度まで低下してくることを意味する．この状態まで冬休眠の解除が進んでいると，ポプラもカラマツも1～2月に野外で開芽してくるし，'ソメイヨシノ'も開花してくる．すなわち，冬休眠が完全に近い状態まで解除されたり，休眠に入らない状態では，1，2月の平均気温がそれぞれ4.5，4.8℃の三重県津あたりでは，開芽，開花がみられるのは当然のことである．

I. 樹木の季節適応

　このように考えると，三重県産常緑広葉樹の4種が，少なくとも3月中旬までは開芽してこないというのは，冬休眠に入らないとしても，厳冬期には開芽しないという仕組みである広義の休眠を獲得してきていることが考えられる．

　事実，三重県産のヤマモモ，クスノキ，タブノキ，アラカシにおいて，秋から春にかけての18°Cでの開芽をみると，樹種によって差はあるが，10月中旬には開芽しにくかった冬芽が，冬の低温にあうことによって開芽しやすくなっていく．

　すなわち，秋には広義の休眠，相対休眠 (relative dormancy) とでも呼べる休眠に入ることによって，冬の間には開芽しなくなるとともに，耐凍性を獲得していると考えられる．また，この相対休眠は低温によって解除され，開芽可能温度が低下することを示している．冬休眠にまで入らない"深まらない"タイプの休眠という意味で相対休眠と呼ぶ．

　ポプラでは，"開芽可能温度の上昇する"休眠導入過程，"25°Cでも開芽できず，冬の低温にあわないと休眠解除が不可能な"冬休眠期と，"開芽可能温度の低下する"休眠解除過程がある．このように，冬休眠期が存在する樹木を冬休眠型樹木と呼ぶ．一方，タブノキ，アラカシなどは，休眠が最も深いときでも25°Cで容易に開芽してくる．すなわち，冬休眠期は存在しない．これらの常緑広葉樹は，冬休眠期がないという意味で相対休眠型樹木と呼ぶことにする．三重県産常緑広葉樹の相対休眠の深さは，ヤマモモ，クスノキが比較的浅く，アラカシ，タブノキが比較的深い．これは，4樹種の分布北限と相関が深いとみられる．また，三重県産の4樹種とも，相対休眠が最も深いときでも最低気温が20°C以上では容易に開芽してくるので，亜熱帯に戻しても生育可能である．

　三重県産常緑広葉樹の4種をみると，ポプラ，アカマツのような短日による冬休眠導入体制は確立されていない．すると，亜熱帯から暖温帯にかけて広く分布するこれらの樹種は，分布拡大過程にある樹種とも考えられる．そこで，冬のある地域での生残り機構としての休眠の獲得，進化がどのようになっているのかを考えるには，最適の樹木といえる．この4種の中で最も北まで分布しているタブノキについて，冬のある地域への分布拡大の過程における休眠特性の

(2) タブノキにみる分布域拡大と休眠特性の変化

まず，石垣島，西表島から岩手，山形，秋田各県までに分布するタブノキの種子を各地から集め，3～4年生の実生苗の頂芽の越冬試験を三重大学校内で行った(表Ⅰ-6)．その結果，亜熱帯地域の奄美大島以南のタブノキの枯死率は高かった．特に，石垣島・西表島産の苗は全滅に近かった．一方，千葉・宮城・岩手・山形・秋田県産の苗の冬芽（頂芽）は枯れることなく越冬できた．この結果から，タブノキは，亜熱帯の全く休眠には入らない樹種から，ポプラやアカマツなどの冬休眠ほど深くはないが，初霜がくる1～2カ月前には成長を停止して冬芽を形成し，降霜期間内には開芽しない仕組み（相対休眠）を獲得した樹種へと進化していったといえる．タブノキの主軸はコナラと同じく断続成長を示すが，仮軸分枝（頂芽は落ちない添伸）を示す樹種である．そこで，図Ⅰ-35にみられるように，冬芽（頂芽）が勢いよく成長してくるが，その中心のシュートが最も成長がよいのではなく，側枝が大きく伸びて主軸にとってかわる成長型をみせる．

表Ⅰ-6 各地産タブノキの冬芽の越冬生存率（%）

西表島，石垣島	0～ 10
沖縄本島	0～ 20
奄美大島	20～ 50
鹿児島（指宿）	70～ 90
三　　重	90～100
高　　知	90～100
千　　葉	100
宮　　城	100
山　　形	100
岩　　手	100

西表島・沖縄本島・奄美大島産タブノキは，野外では冬の間に冬芽が枯死するものが多くみられたので，野外に比べて気温はいく分高くなるが，霜よけのために両側のガラス戸を開け放したガラス室内での開芽経過を調べた（図Ⅰ-34）．

Ⅰ. 樹木の季節適応

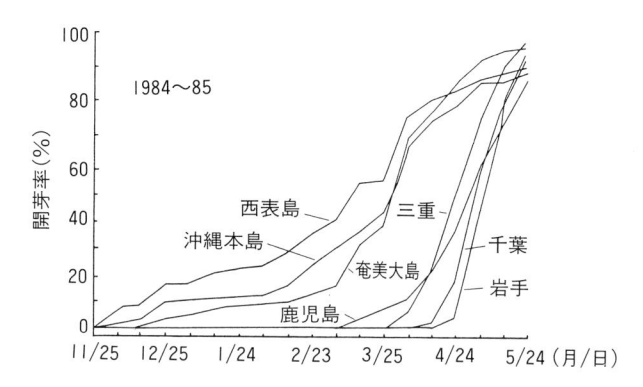

図Ⅰ-34 各地産のタブノキ冬芽の両側のガラス戸を開け放ったガラス室内での開芽経過

　西表島，沖縄本島，奄美大島の亜熱帯地域産タブノキの開芽は，鹿児島県以北のタブノキに比べて著しく早く，津地方の平均降霜期間内(11月19日〜4月8日)にほとんどの冬芽が開芽している．このように，亜熱帯地域のタブノキは休眠状態に入っていないため，冬の間に開芽して凍死してしまい，越冬できな

図Ⅰ-35 石垣島タブノキ
三重大学校庭で1月上旬に開芽し（左），霜にあって枯死（右）.

いことになる（図Ⅰ-35）．しかし，亜熱帯地域の中でも北にいくに従って2月下旬までの開芽が減少傾向にあるのは，相対休眠獲得の初期段階の変化が，すでに亜熱帯において始まっているとも考えられる．

亜熱帯地域に比べて，冬には氷点下になる鹿児島県以北の冬芽の越冬率は急激に上昇している（表Ⅰ-6）．また，鹿児島県から三重県あたりまでは，津の平均降霜期間中に開芽して枯死するものもある．しかし，津において千葉県，東北各地のタブノキは，降霜期間が終わったのちに開芽している．鹿児島県以北のタブノキは程度の差こそあるが，降霜期間には開芽しない仕組み（相対休眠）を獲得していて，北方のタブノキの相対休眠は深まっていると考えられる．

このタブノキにおける相対休眠の実態を，石垣島と東北地方（宮城県）産の3～4年生実生苗で各時期の開芽経過を異なる温度条件で比較してみると，表Ⅰ-7のようになる．

表Ⅰ-7 石垣島および宮城県産タブノキの各時期の開芽経過

	処理開始後日数（日）											（試供個体）
		0	10	20	30	40	50	60	70	80	90	100	
石垣島タブノキ													
16時間日長（25～20℃）													
処理開始日	10月22日		0	9	11								(11)
	12月26日	0	9	9	9	10	11						(11)
16時間日長（18～13℃）													
処理開始日	10月22日		0	1	5	12							(12)
	12月26日	0	4	10	10	10	12						(12)
宮城タブノキ													
16時間日長（25～20℃）													
処理開始日	10月22日		0	3	10	11							(11)
	12月26日		0	2	10	12							(12)
	3月6日	0	1	11									(11)
16時間日長（18～13℃）													(12)
処理開始日	10月22日										0		(12)
	12月26日					0	1	3	7	11	12		(12)
	3月6日		0	5	12								(12)

25～20℃処理では，石垣島・東北産タブノキとも，どの時期でもほとんどかわらない開芽経過を示している．しかし，18～13℃処理では，石垣島産タブノ

キは 25〜20°C処理区とほとんどかわらない開芽経過を示すのに，東北産タブノキは 25〜20°C処理区と全く異なる開芽経過を示す．18〜13°C処理区では，10月22日に処理を開始したものは 100日間置いたあとでも開芽するものがなかったが，12月26日に処理を開始したものでは 100日以内に 100％開芽するようになり，3月6日に処理を開始したものでは 50日以内に 100％開芽するようになった．冬の低温によって相対休眠が解除されて，開芽可能温度が低下していったと考えられる．

東北地方のタブノキは，ポプラやアカマツのような冬休眠，すなわち，冬の低温にあわないと春に正常な成長がみられない休眠とは明らかに異なるが，冬の間には開芽せず耐凍性を獲得し，冬の低温で解除される比較的深い相対休眠に入ると考えられる．また，冬のない琉球大学の演習林で育てると，ポプラの頂芽は開芽しないが，東北地方のタブノキは平均気温が 20°C以上になる 5月には開芽してきて，正常な成長を示した．開芽時期は自生のタブノキに比べると大きく遅れるが，まだ亜熱帯に戻しても生育できる程度の休眠状態といえる．相対休眠に導入されることで開芽可能温度幅が狭くなり，低い温度では開芽できなくなって耐寒性を獲得し，北方への分布の拡大が可能になった．休眠の獲得，適応進化の過程を解明するのに最適な樹木の 1つであろう．

東北タブノキでは，低温（18〜13°C）での短日では断続成長がみられず，成長を停止する．低温での短日によって相対休眠に導入され，耐凍性を獲得していると考えられる．

各地のタブノキの相対休眠の深さと，ポプラ，アカマツの冬休眠との関係を表 I-8にまとめてみた．冬のない沖縄県では，冬休眠に入るポプラの冬芽は春に開芽できないが，東北タブノキは沖縄県においても 5月には開芽できる．このような違いはあるが，相対休眠も冬休眠も各自生地での季節適応における役割はかわらない．

表 I-8　タブノキの相対休眠と冬休眠の関係

休眠の深さ	
0	石垣島，西表島タブノキ（三重の冬の間にも開芽可能）
	沖縄本島タブノキ
20	奄美大島タブノキ
40	
	鹿児島タブノキ
60	三重タブノキ
	千葉タブノキ
80	東北タブノキ
	相対休眠（最も深いときでも高温（20〜25℃）で開芽可能）
100	
	ポプラ，アカマツ
	冬休眠（春の開芽に低温が必要）

4. 休眠の季節適応機能（メカニズム）

　休眠は，最も厳しい季節を無事に越すためだけでなく，季節変化に樹木の生育プロセスを同調させる機能も持っている．したがって，分布地域の季節変化に同調できる樹木だけが生育している．南方の温暖な地域の樹木では，この同調に多少のずれがあったとしても生育可能であるが，北方の厳しい冬の地方では同調のずれは生死に関わる．

　日本列島でみると，氷点下になることのない石垣島，西表島といった亜熱帯から暖帯，温帯，そして厳冬期には氷点下数十度にもなる亜寒帯と変化に富んだ季節変化をみせる．

　暖帯，温帯，亜寒帯など，多かれ少なかれ生育に適さない寒い期間が存在する地域に分布する樹木は，霜の降り始めるかなり前から越冬体制（休眠状態）に転換し，氷点下の温度においても生きられる能力を獲得した．この休眠体制への転換は，単なる成長停止ではなく，形態的・生理的・生化学的転換を伴った成長停止および冬芽形成である．

　休眠体制への転換プロセスは,寒さがきたときに1日で行われるのではなく,

I. 樹木の季節適応

比較的高温の時期に長期間（2～5週間）をかけて行われる．

　三重県（津付近）のポプラは，8月下旬の最高気温が30℃以上の短日条件下で休眠導入が始まり，約2週間後の平均気温25℃以上の9月上旬には冬芽（頂芽）を形成し，9月下旬には冬休眠に入り，真夏の気温が戻っても再び開芽することはない．そして，初霜が例年より1ヵ月以上早い10月中旬にきても枯死することはない．

　初霜の早く訪れる地域のものほど，早く成長を止めて冬芽を形成する．その初霜は年によって10～20日早くなることがある．そこで，成長停止，冬芽形成のタイミングの決定には，自生地での長年の初霜による凍害の淘汰圧が重要な役割を果たしてきている．すなわち，同一種の樹木でも，変化に富んだ各自生地の気象条件に対応した成長停止，冬芽形成のための限界日長を持つことで，その地域での季節変化に適応している．信州カラマツを北海道に植林すると，信州の気象条件に対応した限界日長で成長停止し，冬芽形成することになり，北海道の初霜までに冬芽形成がみられず，凍霜害にあって枯死することになりかねない．

　一方，休眠解除から開芽までの過程は，11月中旬から4月上旬にかけて低温下でゆっくりと進んでいく．休眠解除過程は開芽可能温度が低下していく過程であり，3ヵ月以上の休眠解除過程で開芽可能温度は10℃以下まで低下しており，3月上旬には冬芽の中での内的成長が始まり，平均気温10℃程度で，まだ終霜の危険のある4月上旬には開芽してくる．内的成長は平均気温が5～10℃で進んでいるので，この時期の気温変動が大きい場所では，急激な気温上昇で開芽したのちの遅霜による凍霜害で枯死する危険性は高い．厳冬期には生存できても，開芽して成長を開始したあとの遅霜で枯死するようでは分布できない．気温が成長開始に決定的な影響を及ぼす春の成長開始時期においては，変化に富んだ各自生地の気象条件に対応して開芽しているというよりも，開芽して盛んに成長をするようになったあとに遅霜がこない地域にのみ生育，分布できる．春の開芽時期は季節変化に適応しているというよりも，むしろ，季節変化に生き残ったものが生育，分布しているといった方が適切である．ブナは奥羽山地

南部の同じ高度でも，開芽期に積雪量が少なく気温変動の大きい地域では分布できない．しかし，積雪量が多く気温変動の少ない地域には分布している．

北海道のように十分に寒さのある地域では，冬休眠と開芽期との関係は，カラマツ，グイマツでみられたように，早く休眠に入り休眠が深くなるグイマツの方が，早く開芽して遅霜にあいやすい．秋の休眠導入が遅く初霜の危険の高

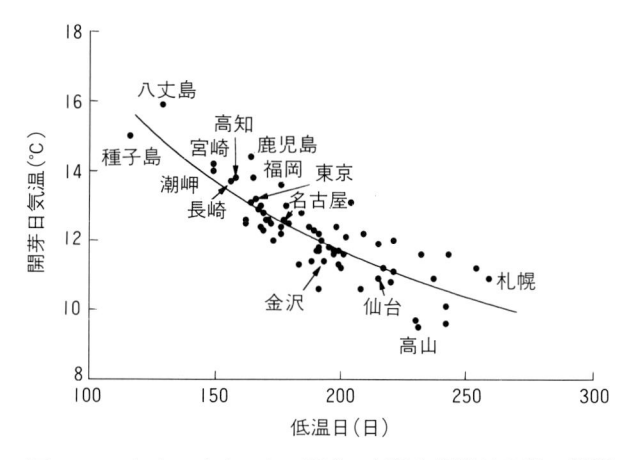

図Ⅰ-36　各地のイチョウの開芽日気温と低温日日数の相関

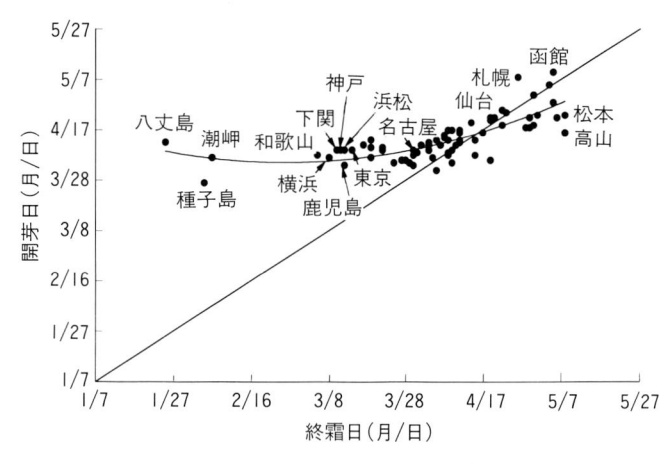

図Ⅰ-37　各地のイチョウの開芽日終霜日の相関

いカラマツの方が，春の開芽は遅く遅霜には比較的強いということになる．

　しかし，この休眠解除過程の進行は，各地の冬の気温によって異なってくる．すなわち，各地で進行する開芽可能温度の低下も，内的成長の開始温度も，開芽日の温度も異なってくる．そこで，気象庁で観測している各地に植栽されているイチョウの開芽をみると，低温日（平均気温15°C以下の日）の多い寒さが長期間にわたる地域ほど，低い気温で開芽している（図Ⅰ-36）．寒い地域ほど冬休眠の解除過程が進んで，より低い気温で開芽できるようになっている．これを終霜日との関連でみると，暖かい地方では霜の危険がなくなってから開芽していることがわかる（図Ⅰ-37）．自生していない樹木では，日本各地で休眠解除の進行状態が異なった時期に開芽してくる．植栽されて長年経過しても，各地の季節変化に適応した開芽をみせることはない．これは，開芽や開花が各地で休眠解除過程の異なる段階で起こっていることを意味する．各地のイチョウでみると，休眠解除過程（すなわち開芽可能温度の低下）の異なる段階で開芽に向かって動き出し，内的成長が始まってきて，開芽する温度も異なってくる．冬の気温の変化，春先の温度の上昇が各地で異なるので，休眠解除過程から内的成長に移行する温度，時期，終霜期との関連も各地で異なってくる（Ⅱ章参照）．

II. 生物季節現象

　長期にわたって観測が続けられている気象庁の生物季節観察の結果をみていると，日本列島は実に変化に富んだ開花，開葉，紅葉，落葉などの生物季節現象をみせていることがわかる．また，同じ場所でも年ごとの変化の大きい地域と，年による変動の小さい地域があることに驚かされる．種子の時代しか移動できない植物，特に冬は寒風や雪の中に，夏には酷暑の中に身を置く樹木は，この自然環境の周期的変動，ときには年によって変動の大きい気温の変化に，どのように適応しているのだろうか．身近な生物季節現象であるサクラ，ウメの開花からみていきたい．

　全くといってよいほど，異なる開花のメカニズムを持ったサクラ（'ソメイヨシノ'）とウメが，気候の異なる地域でどのように季節の変化に同調した咲き方を示しているのだろうか．遺伝的に決定されている開花メカニズムと自然環境との複雑な関係を解析することは，すなわち，われわれが自然の中でみている現象，みかけの現象の裏に隠されている本性を解析することでもある．

　そうすることで，初めて，温暖化などの気候変動がもたらすであろう生物季節現象に対する予測も可能になるし，地域ごとの毎年の開花予想もより科学的になるであろう．気象庁の観測の中心は，ウメは'白梅'，サクラは'ソメイヨシノ'と指定されている．ここでは，ウメとサクラの別の品種の実験の結果をもとに，気象庁の生物季節の観察結果を解析していく．しかし，広く本州各地に植栽されているカンヒザクラのような亜熱帯樹種を除き，寒さの厳しい本州中部以北にも植栽可能な品種は，ウメ，サクラとも，それぞれの開花メカニズムは基本的には同じなので，比較検討に問題はないと考えられる．

1. ウメとサクラ（'ソメイヨシノ'）の開花前線と気候

(1) 開 花 前 線

ウメとサクラの開花前線（平均開花日）の北上の様子をみると，ウメは1月中旬から咲きだして5月上旬に北海道に到着する（図II-1）。一方，サクラは3月下旬から咲きだして，5月上旬にウメと同じ頃に北海道に到着している。ウメは約100日かけて札幌まで到着するのに対して，サクラは約40日で札幌まで到着する。

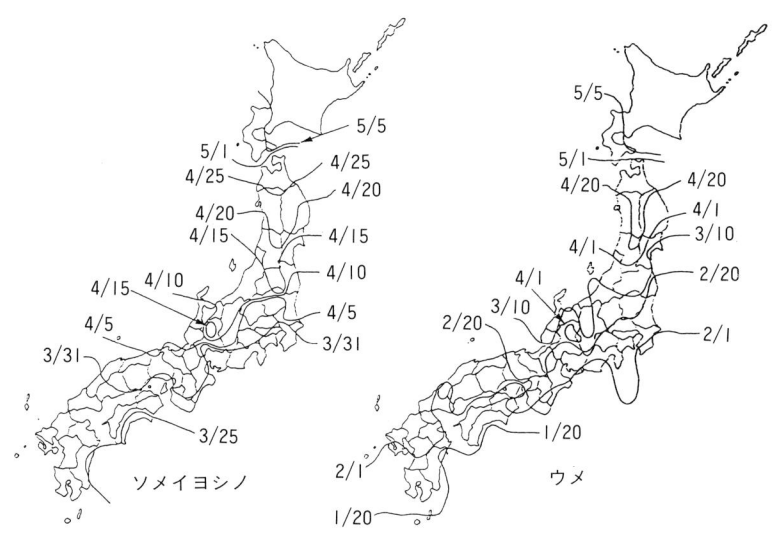

図II-1　ソメイヨシノとウメの開花前線北上状況

(2) 開花前線の日本海側と太平洋側での北上状況

この開花前線の北上状況を，日本海沿岸と太平洋沿岸で比較してみると図II-2のようになる。サクラでは，日本海・太平洋側ともほとんどかわらないペースで北上している。

II. 生物季節現象

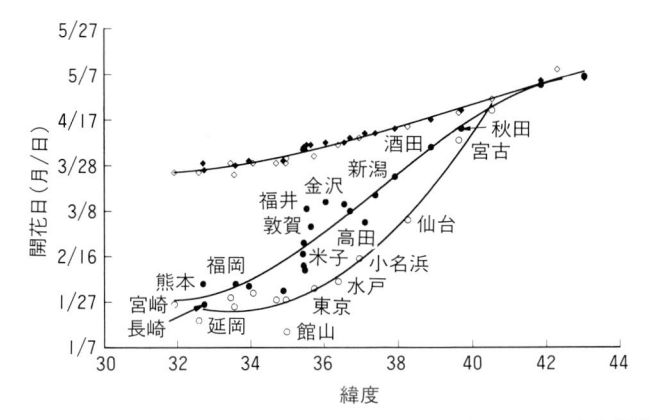

図II-2 ウメとサクラ（'ソメイヨシノ'）の太平洋沿岸および日本海沿岸での開花日北上状況
●：日本海側ウメ，○：太平洋側ウメ，◆：日本海側サクラ，◇：太平洋側サクラ．

しかしウメについては，日本海側の北緯35°付近である浜田の開花日は2月1日であるが，北緯35°30'付近の鳥取（2月10日），松江（2月12日），米子（2月17日），舞鶴（2月22日），敦賀（3月1日）と開花日は一気に遅れていき，北緯36°03'の福井での開花日は3月9日になってしまう．

一方，太平洋側では，北緯36°23'にある水戸（開花日2月5日）あたりから徐々に開花日は遅れていくが，北緯38°16'の仙台でも3月4日には開花する．北緯35°以南と北緯39°以北では，両海岸側での開花日の差は少ない．

開花日が大きく遅れだして3月以降になるのは，日本海側では福井付近，太平洋側では仙台付近と，早春に咲くといわれるウメにとって開花を遅らせる寒い気候，北日本的気候は，この付近から始まっている．

ウメとサクラの開花日は，開花メカニズムの違いと気候が，どのように関係して決まってくるのであろうか．

(3) 1月の平均気温とウメの開花日との関係

太平洋側に比べ，日本海側においてウメの開花日が大きく遅れだす北緯36～37°での1月の気温と開花日をみてみると，太平洋側の水戸は平均気温

2.4°Cで開花日が2月5日であるのに,日本海側の福井は2.6°Cで3月9日,金沢は2.9°Cで3月11日と,平均気温が高めの日本海側の方が1カ月以上遅れている.1月の気候については,日本海側は太平洋側や内陸地域に比べて日照時間が少なく,最高気温の低いことが開花に影響していることが考えられる.

また,気象庁観測地96地点中,82地点で立春までに開花した記録があるので,1月の最高気温と平均開花日との関係をみると,平均気温が5°C未満の地域では,相関が非常に高いことがわかる(図Ⅱ-3).また,1月の平均気温が5°C以上の地域では,最高気温が高くてもそれほど開花は早くなっていない.なぜ1月の最高気温との相関が高く,また,気温の高い地域でもそれほど開花日は早くならないのだろうか.

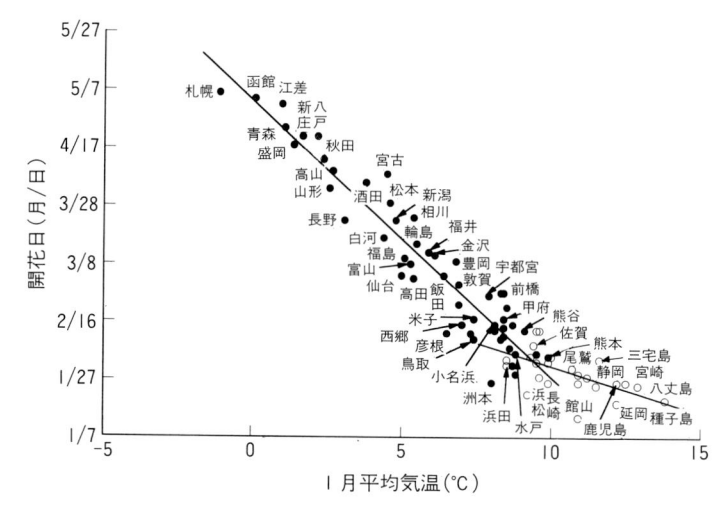

図Ⅱ-3 各地の1月の最高気温とウメ開花日の相関
───●───:平均気温5°C未満, ───○───:平均気温5°C以上.

(4) 3月の平均気温とサクラ('ソメイヨシノ')の開花日の関係

サクラは3月の下旬から咲き始めるので,3月の平均気温と平均開花日との関係をみると,日本海側,太平洋側,内陸地域ともほとんどかわらない傾向を

示している(図II-4)．ウメの開花日が水戸より1カ月以上遅かった福井，金沢でもサクラの開花日はほとんどかわらなくなり，水戸で4月6日，福井，金沢で4月7日である．サクラの開花には平均気温の影響が強いことがわかる．また，サクラは平均気温の高い地域でも，それほど開花日が早くならない．

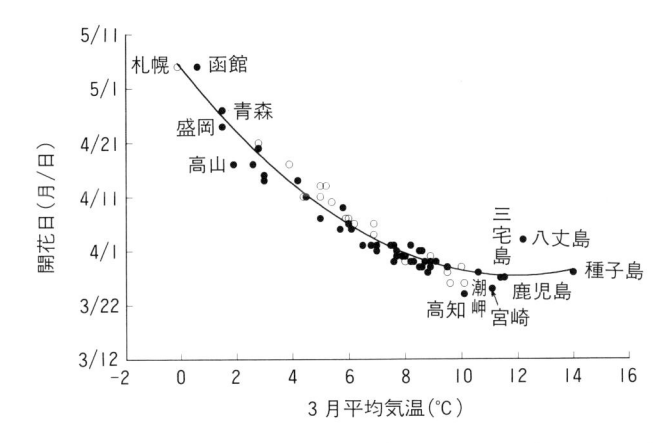

図II-4　各地の3月の平均気温とサクラ('ソメイヨシノ')開花日の相関
○：日本海側サクラ，●：内陸および太平洋側サクラ．

このような1月と3月との気候の変化が，ウメとサクラの開花にどのような影響を及ぼしているのであろうか．ウメとサクラにおける開花メカニズムの違いと気候との関係をみていきたい．

2．開花メカニズム

ウメとサクラの開花をみていると，ウメは多くの地域で気温の低下している時期，厳冬期に向かっている時期，すなわち立春までに咲いている．事実，気象庁の1953年からの観測をみると，ウメが立春までに咲いたことのない地域は，北海道を除くと青森，秋田，盛岡，八戸，宮古，酒田，新庄，山形の東北各地と，輪島，相川，新潟，長野，高山，松本の14地点だけである．仙台，福島，白河の東北各地を含めて82地点では，立春までに咲いた記録がある．一方，

サクラは気温が上昇し始めて1カ月以上経過しないと咲くことはない．サクラは気温の上昇過程で徐々に花芽を膨らませ（花芽の中での花原基の成長）ているのに対し，ウメは気温の低下過程において，すでに花芽が膨らみ始めているのである．明らかに開花メカニズムに違いがあるのである．共通点は，ウメ，サクラとも秋までに形成されている花芽は，低温や冬の寒さにあわないと咲けないという点で，この状態が冬休眠である．

(1) サクラ（'ソメイヨシノ'）の開花メカニズム

　樹木は秋になると成長を停止し，冬芽は芽鱗で保護されて冬休眠の状態で冬を迎える．日本を代表するサクラ'ソメイヨシノ'も，花芽や葉芽が冬休眠に入り，葉を落としている．この冬休眠から覚めて，花が咲き葉を開くためには，冬の寒さが必要なのである．

　'ソメイヨシノ'の開花までの経過，開花プロセスを津地方でみると，7月下旬から本格的に花芽形成が始まる(図II-5)．この花芽形成過程の途中である8月

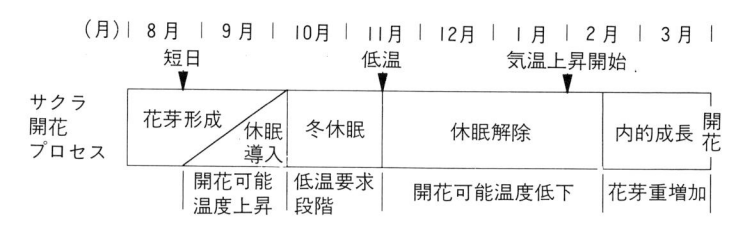

図II-5　津地方におけるサクラ（'ソメイヨシノ'）の開花プロセス

下旬から，花芽は休眠に導入されていく．花芽が休眠に導入されるのは，日長が短くなっていくのを葉で感じとって，葉で休眠物質が形成されて花芽に送られていくためである．この休眠状態は徐々に深まっていき，10月上旬には花芽は冬休眠に入っている．冬休眠状態の花芽は真夏の平均気温（25〜30℃）でも開花することはできない．しかし，花芽形成過程において，台風や毛虫の大発生などでほとんどの葉がなくなってしまうような異常事態が起こるとか，花芽の芽鱗を除去して強制的に花芽を開花させると，花芽が途中から葉芽に戻るよ

II. 生物季節現象

図 II-6 サクラ('アサヒヤマ')の形成過程にある花芽を途中で強制的に開花させたとき2個の花を咲かせたあと葉芽に戻った状態

うなことが起こる(図 II-6)．また，花芽はいちおう完成しているが，休眠導入過程にあり，まだ冬休眠に入っていないときに葉が除かれると，休眠導入過程の途中で休眠物質の形成が停止するので，まだ休眠が浅い花芽は秋に咲くことがある．狂い咲きといわれる現象である．気象異常によるといわれることがあるが，10本あるサクラの木の中で1～2本咲いているのは気温の影響ではなく，樹木自身の異常事態によることを示している．そのときに，少なくとも春に開いた葉は，ほとんどないことに気付くであろう．そして，花だけでなく新しい葉も開いているはずである．花芽も葉芽も，休眠導入過程は同じなのである．冬ザクラ，十月ザクラ，不断ザクラなども，開花している様子をみると，春に開いた葉はほとんど落ちていることがわかる．

　この冬休眠は，霜の降りる11月中旬からの冬の寒さにあうことで覚めていく．これが休眠解除である．休眠解除過程では，まず25°Cで開花できるようになり，20°C，15°C，10°Cと開花できる温度，つまり開花可能温度が低下していく．開花可能温度は，2月下旬には10°C程度にまで低下している．一方，気温は徐々に上昇を始めており，最高気温が開花可能温度を上回る日が数日続くと，

花芽の中で花原基が成長を始める．花芽の重さが徐々に重くなっていく時期である．この過程を内的成長と呼ぶことにする．そして，津地方では，内的成長を開始してからの日平均気温の積算が260℃くらいになると開花する（図II-5）．この開花プロセスにおいて，休眠解除には2〜7℃の温度が適しており，内的成長には暖かい方が適している．

a．低温日

'ソメイヨシノ'は平均気温が10℃ぐらいになると開花するといわれているが，各地の平均開花日と，その日の平均気温（平年値）は次のようになっている．仙台4月14日（9.7℃），宇都宮4月5日（9.8℃），津4月2日（10.5℃），鹿児島3月27日（12.9℃），八丈島4月3日（14.7℃），種子島3月27日（15.0℃）である．

南北に細長い日本列島では，場所によって開花するときの温度がかなり違うことがわかる．冬の寒さ（低温）によって休眠解除過程が進むことは，開花可能温度の低下を意味するとすると，日本列島各地の冬の長さにかなりの違いがあることから，当然，開花する頃の気温にも違いのあることが考えられる．休

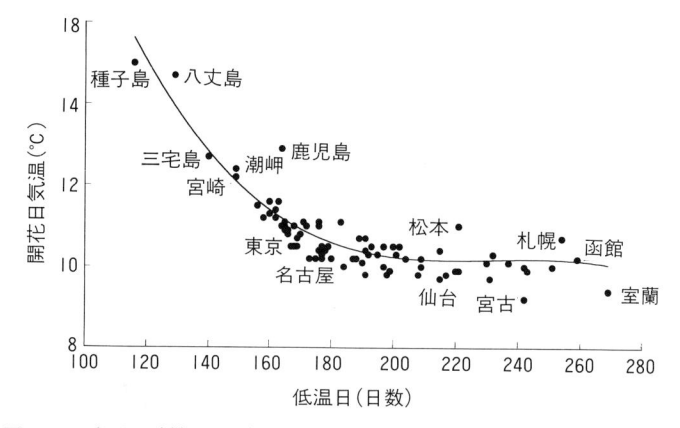

図II-7　各地の低温日日数とサクラ（'ソメイヨシノ'）の開花日気温（平均気温）の相関

眠解除には5°C前後の低温が最適であるが，13～15°C程度までは休眠解除効果がある．

そこで，各地の平均気温15°C以下の日（低温日）と平均開花日の平均気温（開花日気温）の関係をみると図II-7のようになる．低温日の少ない地域の開花日気温が高く，冬が早くきて長い地域や，寒い地域の方が低い温度で開花していることがわかる．

さらに，この休眠解除から開花までの経過を，気象庁の資料を参考にしながらみてみたい．平均気温15°C以下の日を低温日として休眠解除に有効であるとしてきたが，次のようなことを考えてみた．

b. 低温指数

低温日の内容をみると，平均気温は10°Cの日も5°Cの日も同等になっている．そこで，休眠解除効果も温度によって異なることを考慮した，低温指数という考え方を導入した．0°C付近まで休眠解除効果があるので，旬間ごとの平均気温を15°Cから引いた数値をその旬間の低温指数として，平均気温15°C以下の全旬間の総計をその低温指数とした．ただし，旬間の平均気温が氷点下の場合は0°C

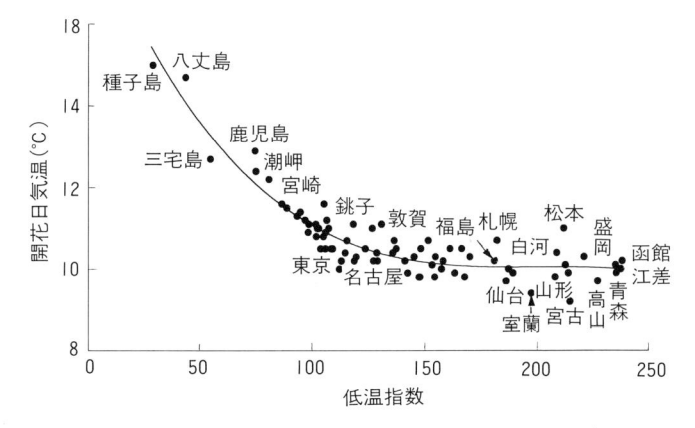

図II-8　各地の低温指数とサクラ（'ソメイヨシノ'）の開花日気温（平均気温）の相関

として扱い，最高気温が0℃未満（真冬日）の旬間は除いた．すると，低温指数と開花日温度との相関は高まる傾向を示した（図II-8）．

c．低温指数と積算温度

花芽の休眠解除が進むと開花可能温度が低下していき，十分に休眠が解除されると2～3℃でも開花できるようになる．このとき，①休眠解除が進むほど開花可能温度が低下して低い温度で内的成長が始まるだけでなく，②内的成長開始から開花までに必要な積算温度（内的成長積算温度）も少なくてよい．

このことを，気象庁の開花予想に使われていた"花芽の重さと開花日までの日数"の関係式を用いて明らかにしよう．5地点の低温指数と内的成長積算温度の関係は，表II-1および図II-9のようになる．ここでは，花芽重の増加が明ら

表II-1 各都市における低温指数と'ソメイヨシノ'の内的成長の開始から開花日までの日平均気温の積算

	低温指数	花芽重0.4g日（平均，最高，最低気温）	開花日（平均，最高，最低気温）	積算温度（0.4g～開花日）
松 本	212	2-21 (0.0, 5.8, -5.0)	4-14 (10.0, 17.0, 3.9)	206
仙 台	186	3- 1 (2.2, 6.4, -1.6)	4-14 (9.7, 14.4, 5.2)	240
東 京	109	2-18 (5.8, 9.9, 2.0)	3-29 (10.5, 14.8, 6.3)	297
和歌山	105	2-23 (6.3, 10.6, 2.5)	3-29 (11.0, 15.7, 6.3)	280
八丈島	44	3- 8 (11.3, 14.4, 8.5)	4- 3 (14.7, 17.7, 11.9)	330

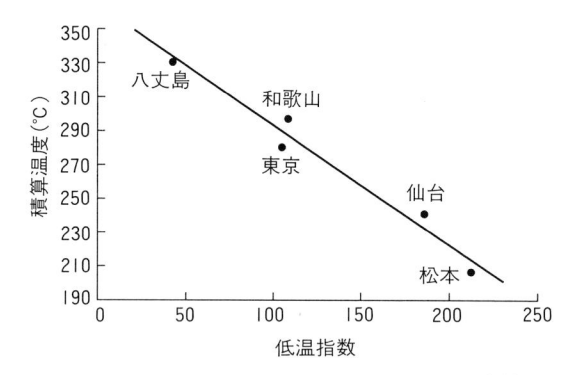

図II-9 5地点の低温指数とサクラ（'ソメイヨシノ'）の内的成長積算温度の相関

かになる花芽10個重0.35g時を内的成長開始日とした．

　平年の様子を仙台と八丈島でみてみると，低温指数186の仙台では内的成長は3月1日，平均気温2.2℃のときに始まり，この時点からの日平均気温の積算が240℃・日になる平均気温9.7℃の4月14日に開花する．

　一方，低温指数44の八丈島では内的成長は3月8日，平均気温11.3℃のときに始まり，この時点からの日平均気温の積算が330℃・日になる平均気温14.7℃の頃に開花する．寒い地方の方が花芽の休眠解除が進み，低い気温でも内的成長が開始され，かつ少ない積算温度で開花にまで到達していることがわかる．

　仙台，八丈島に松本，東京，和歌山の5地点における低温指数と内的成長積算温度の相関をみると，図II-9が示すように，明らかに低温指数が大きく，低温期間の長い地方ほど休眠解除が進み開花可能温度が低下し，低い気温で内的成長が開始され，かつ，少ない積算温度で開花していることがわかる．

　松本と仙台とを比較すると，低温指数が大きい松本の方が高い気温で開花している(図II-7)．これは，松本では，開花日前後の気温の上昇が急激であるために起こる現象で，松本の方が少ない内的成長積算温度で開花している．

　サクラ'ソメイヨシノ'の開花プロセス，特に内的成長期の気温の上昇過程は各地で異なるので，本来は開花日気温で比較するよりも，内的成長積算温度で比較するべきである．しかし，内的成長期の開始時期を確定することが困難であるため，開花日気温で比較するしかなかった．

　表II-1および図II-9で取り上げた5地点は，気象庁のデータから得られた結果であり，内的成長期の花芽の重さを長期間にわたって地道に測定していた貴重な資料があったおかげである．

　そこで，サクラが早く咲く条件は，①低温日が150日以下の暖かい地方（種子島，八丈島，潮岬，宮崎など）では冬が早くきて寒いこと，②低温日150～190日の地方（高知，大阪，名古屋，東京など）では冬が早くきて寒く，2月中旬からの春が暖かいこと，③低温日180日以上の地方（福井，金沢以北の日本海側，水戸，仙台以北の太平洋側，高山，松本，宇都宮以北の内陸地方など）では冬の寒さが十分なので，春が暖かいことである．

このことは，冬が寒い年と暖かい年で，場所によっては必ずしも暖かい年の方が早く咲くとは限らないことを意味している．

冬休眠状態が解除されなければ，花芽も葉芽も開くことはできない．休眠解除には低温が必要なので，低温日のほとんどない地域では開花も開葉もできない．すなわち，生育可能地域に南限があることになる．実際，低温日が150日以下の地域では，開花日気温が急激に上昇している（図Ⅱ-7）．この地域，特に南限に近い種子島，八丈島では暖冬のときには開花が大幅に遅れるという，一見矛盾した現象が生じる．

(2) ウメの開花メカニズム

サクラの花芽が気温の上昇期に膨らみだす（内的成長）のに対して，秋までに形成されて冬休眠状態にあるウメの花芽は津地方では11月下旬には膨らみだしてくる．

サクラは，花芽がいったん膨らみだすと，休眠解除効果のない15℃以上の温度でも咲くことができる．しかし，ウメは花芽が膨らみだしてくるこの時期に，休眠解除効果のほとんどない暖かい15℃条件下に移すと，花芽はすでに膨らみだしているのに，多くの花芽は咲くことができず落ちてしまう時期がある．花芽が膨らみだすこと，すなわち内的成長が始まることが必ずしも開花には結び付かないことになる．

サクラは休眠解除過程が終了したあとに内的成長が始まるのに対して，ウメは冬の寒さで休眠解除が始まると，少し遅れて花芽は膨らみだし，花芽の休眠解除と内的成長が，厳冬期に向かって気温が低下している時期に同時的に進行している．そのため，冬の気温が開花プロセスに大きな影響を及ぼすことになる．

冬休眠の状態では，温室の中でもウメの花は咲くことができない．冬の寒さにあって休眠の覚めることが，開花にとって必要不可欠である．そこで，サクラと同様に各地の低温日と開花日温度の関係をみると，サクラの場合と全く様相が異なっている（図Ⅱ-10）．

II. 生物季節現象

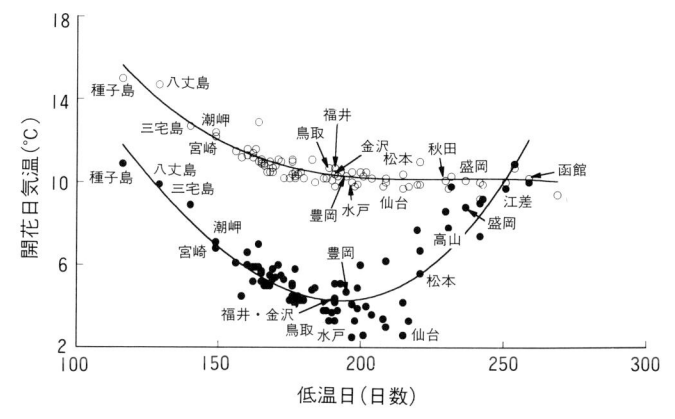

図II-10 各地の低温日日数とウメの開花日気温（平均気温）の相関
●：ウメ，○：サクラ（'ソメイヨシノ'）．

ウメの開花について，特徴的なことをあげてみると，①冬休眠の解除には低温が必要である，②休眠解除と内的成長は同時的に進行する，③冬の厳しい地方は低温日が多いにもかかわらず開花日気温が大きく上昇していく（図II-10），④1月の最高気温が開花に大きな影響を及ぼす地方（平均気温5℃以下）がある（図II-3），⑤1月の平均気温が5℃以上になる地方では最高気温の影響は少なくなる（図II-3）．

最高気温の影響について典型的な地方をあげてみると，平均気温が2℃台の金沢と水戸では，平均気温が低めの水戸で1カ月以上早く咲いている（表II-2）．明らかに，最高気温と日照時間が開花に決定的な影響を及ぼしている．

休眠解除と内的成長が同時的に進行しているウメでは，休眠解除には夜間の

表II-2 4都市における1月の気温と日照時間とウメの開花日，および3月の気温と日照時間とサクラ（'ソメイヨシノ'）の開花日

	1月				3月			
	平均気温	最高気温	日照時間	ウメ開花日	平均気温	最高気温	日照時間	サクラ開花日
金沢	2.9	6.1	55.5	3-11	6.0	10.5	133.7	4- 7
水戸	2.4	8.8	180.5	2- 6	6.0	11.7	172.5	4- 6
浜田	5.5	8.5	59.5	2- 1	8.0	12.2	148.2	3-30
尾鷲	5.7	10.7	181.9	1-31	9.1	14.3	183.2	3-29

低温，内的成長には日中の高温が促進的に働くので，水戸の高い最高気温が開花を1カ月以上早めることになった．

また，平均気温が5℃以上の浜田と尾鷲でみると，最高気温と日照時間がほとんど影響していないことがわかる（表II-2）．平均気温が5℃以上では，休眠解除と内的成長の同時的進行にはほとんど影響がないことがわかる．

金沢でみられたように，最高気温が低いところでは内的成長に抑制的に働くことが考えられる．その典型的な例が，仙台においてみられる．仙台はウメの開花日の年変動が最も大きいところである．すなわち，冬の気温変動が激しい地方であることになる．最も開花が早く1月9日に咲いた1979年と，最も遅く4月に咲いた1975年と1984年の最高気温と最低気温をみると，最高気温が5℃台以下の期間だけ開花日が遅れている（図II-11）．

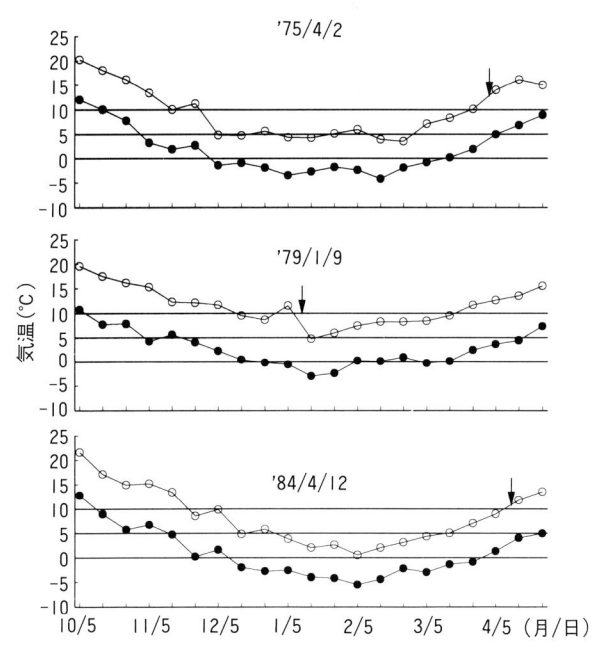

図II-11 仙台におけるウメの開花日変動と最高，最低気温の変動経過
○：最高，●：最低，↓：開花日．

最高気温が5℃未満の日は内的成長，すなわち花芽の中での花原基の成長はほとんど停止状態になるので，開花を抑制している日"開花抑制日"と考えた．最高気温が5℃未満になる地域を除くと，低温日と開花日気温の関係は図II-12のようになる．開花抑制日のない地域においては，低温日の多い地方，寒い地方でもウメの花芽は真冬でも内的成長がゆっくりと続いており，平均気温でみると水戸で2.5℃，鳥取で3.3℃，福井で5.1℃の頃には咲きだしてくる．日本海側の北緯35°30′付近で急激に開花日が遅れてくるのは，北緯35°付近(浜田)までは1月の平均気温が5℃以上なのに，米子，鳥取付近から平均気温が4℃以下になるので，最高気温が開花に決定的な影響を及ぼす地域になる．そして，日照時間の少ない地域なので，最高気温も低下していき，急激に開花日が遅れることになる．

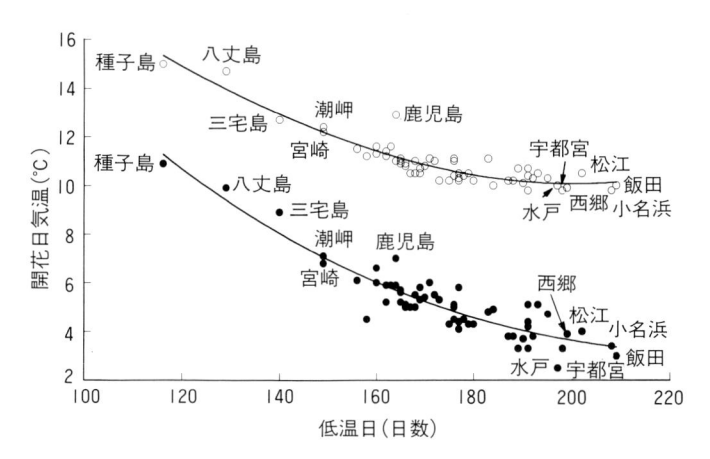

図II-12 ウメにおける開花抑制日のない地域での低温日日数と開花日気温(平均気温)の相関
● : ウメ，○ : サクラ('ソメイヨシノ').

開花抑制日のある地方だけについて，開花抑制日と開花日気温の関係をみると，内陸，太平洋側と日本海側での違いはあるが，開花抑制日の増加につれて開花日気温は上昇していき，サクラの開花日気温とかわらなくなっていることがわかる(図II-13)．開花抑制日が50日以上ある地方(酒田，山形，盛岡以北

と高山,松本など)でのウメの開花は4月になってからになり,立春までに咲いた記録はない.

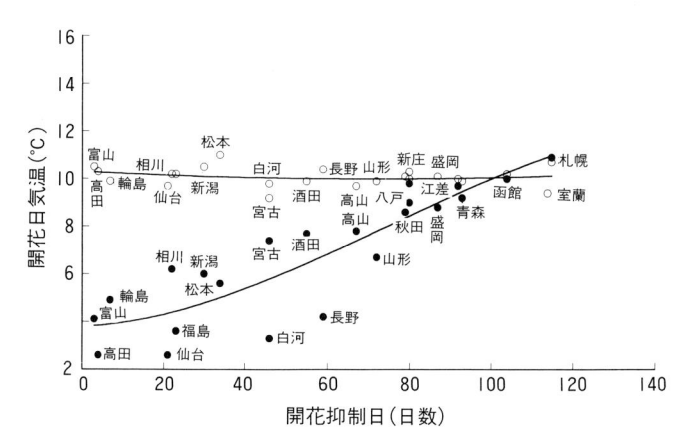

図II-13 ウメにおける開花抑制日日数と開花日気温(平均気温)の相関
●:ウメ,○:サクラ('ソメイヨシノ').

ウメは,休眠解除と内的成長の両過程が初冬から同時的に進行するので,冬の気候が開花に決定的な影響を及ぼす.図II-14Aのような開花プロセスが典型的な形である.休眠解除と内的成長が初冬から同時的に順調に進行して,立

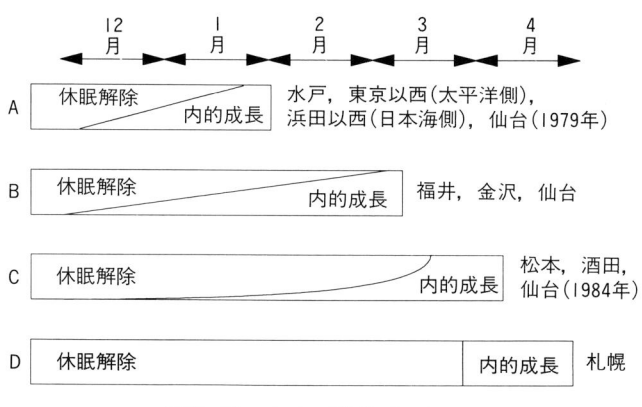

図II-14 ウメの開花プロセス

春くらいまでに開花する形がみられる地域は，1月の平均気温が5℃以上になる地域か，水戸のように平均気温は4℃以下であるが最高気温が9℃程度まで上昇する地域だけである．

このウメの典型的な開花プロセスが，冬の間の厳しい気候によって変化して，札幌ではウメとサクラが同時に咲くようになる．すなわち，札幌でも冬の始まりとともに休眠解除が始まるが，急激に気温が低下していくため内的成長がほとんど進まないうちに開花抑制日（最高気温5℃未満）が始まる．しかも，100日以上あり，その中でも約50日は真冬日（最高気温0℃未満）なので，3月中旬までは内的成長が完全に停止している．

したがって，札幌におけるウメの開花プロセスは，図II-14Dのように，サクラの開花プロセスとかわらなくなると考えられる．そして，札幌ではウメもサクラも同時に，ときにはウメの方が遅れて咲くことにもなる．その中間に開花抑制日はないが，1月の平均気温3℃未満，最高気温も7℃未満で内的成長のゆっくり進む福井・金沢タイプ（図II-14B），開花抑制日が30〜60日あり，その間は内的成長がほとんど停止している松本・酒田タイプ（図II-14C）がある．仙台の平年はBタイプであるが，1979年にはAタイプ，1975年や1984年にはCタイプが現れた．

3．気候変動の兆候と開花日の変動

ウメとサクラにおける開花日の年変動は，開花プロセスの休眠解除と内的成長の両過程が分離しているため4〜5カ月の気候が反映されるサクラよりも，冬の気候がそのまま直接，休眠解除と内的成長の両過程に反映するウメの方が大きいと考えられる．

事実，サクラとウメの開花日（1953〜1994）から求めた開花日の標準偏差をみると，サクラでは全国平均で5日以下，変動の大きいのは種子島，八丈島のような低温日の少ない暖地である（図II-15）．これに対して，ウメでは全国平均が15日以上もあり，変動の大きいのは低温日が200日前後の仙台，高田，松

江などである．

このことからも，ウメとサクラの気温に対する反応の違いが相当大きいと予想される．ウメの開花日の標準偏差を太平洋沿岸と日本海沿岸で比較してみる

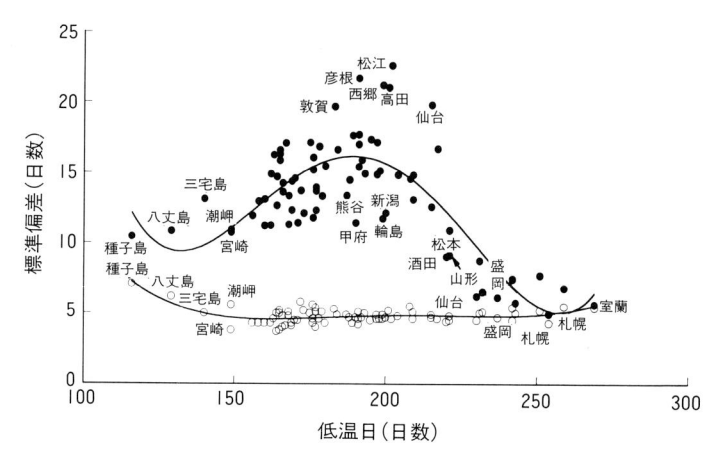

図II-15　各地のウメとサクラ（'ソメイヨシノ'）の低温日日数と開花日の標準偏差の相関
●：ウメ，○：サクラ．

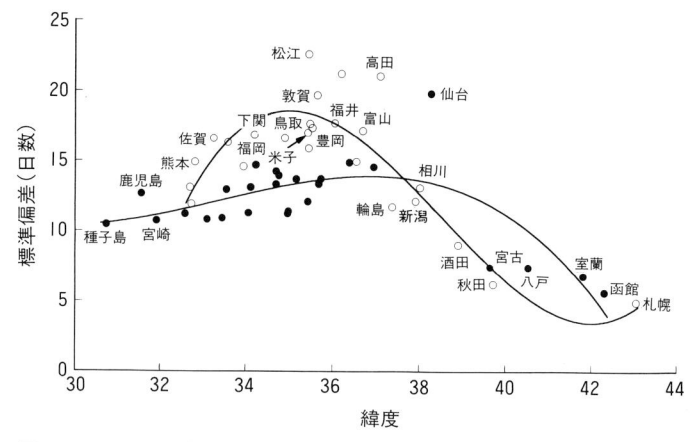

図II-16　ウメの太平洋沿岸と日本海沿岸の開花日の標準偏差の比較
●：太平洋側，○：日本海側．

II．生物季節現象

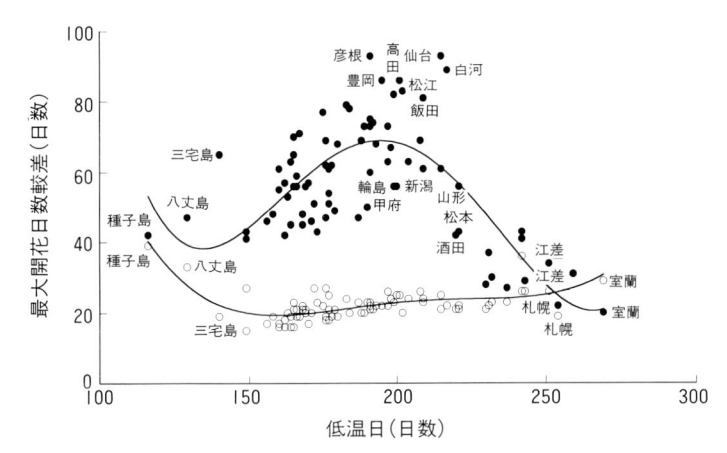

図II-17 ウメとサクラ('ソメイヨシノ')の各地の最大開花日較差
●：ウメ，○：サクラ．

と，日本海沿岸に開花日の変動の大きい場所が多いことがわかる（図II-16）．また，最早日と最遅日の差（最大開花日較差）が最大なのは，サクラでは種子島の 39 日，次は八丈島の 33 日であるが，ウメでは仙台，彦根の 93 日が最大で，3カ月程度の年変動がある地域が多くみられる（図II-17）．

このことからも，冬の気候の年変動が開花日の変動に直接影響していることがわかる．平均気温はかわらなくても，冬の気温が大きく変動する地域と変動の少ない地域があることもわかる．

そこで，両者の特徴を考え，サクラでは特徴的な年について全国の開花状況を，ウメについては最近 20 年間で進む温暖化が及ぼす開花への影響をみてみる．

(1) 温暖化でサクラの開花は早まるか

全国的にみると各地で違いはあるが，傾向として，1979 年は暖冬（12〜2月），1984 は寒冬（12〜2月）で寒春（3月）であった．この両年において全国でのサクラの開花日と平均開花日からの早遅をみると，開花メカニズムの一端が垣間みられる．

典型的な暖冬であった1979年は，'ソメイヨシノ'の開花が3月23日東京から始まり，3月29日に宇都宮，高松，4月1日に飯田，潮岬，4月9日に仙台，4月15日に八丈島，4月18日に秋田，種子島と南北に咲いていった（図II-18 上）．種子島よりも遅く咲いたのは，北海道を除くと青森，八戸，盛岡，新庄，宮古だけであった．

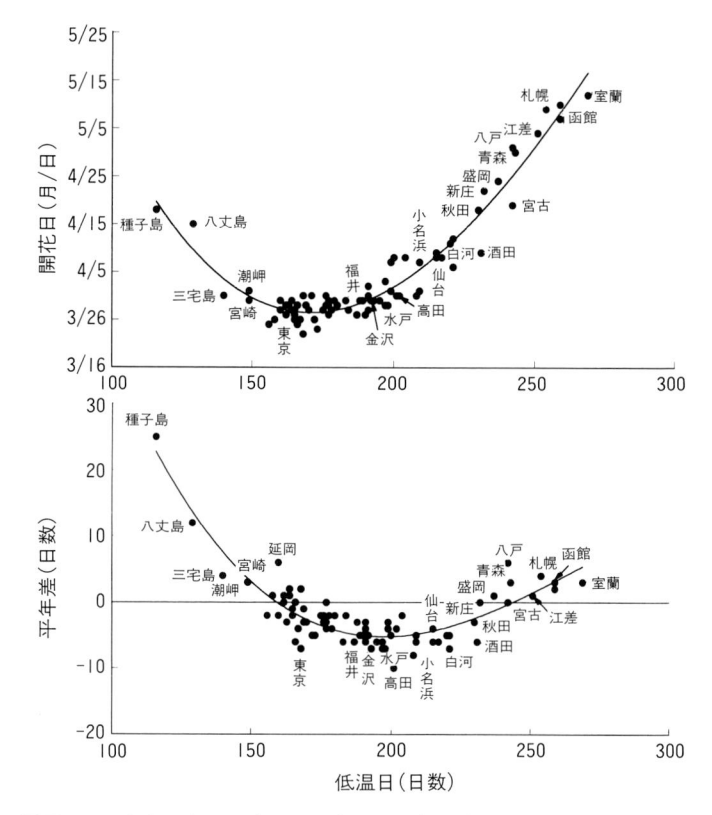

図II-18 サクラ（'ソメイヨシノ'）の1979年の各地の開花日（上）と平年差（下，平均開花日との比較）
−：早い，＋：遅い．

また，当時の平均開花日と比較すると，この暖冬では低温日150日以下の暖地，特に種子島，八丈島では低温不足で休眠解除が進まなかったために，3月は

平年並の気温であったにもかかわらず開花が完全に遅れることになった（図II-18下）．低温日150〜170日の地域では，1,2月の気温による暖冬の程度と，3月の気温による暖春の程度の組合せによって，延岡では6日遅れ，福岡では2日早く，東京では7日早い開花の早遅がみられた．低温日170日以上の地域では休眠解除にとって低温不足のことはなく，春の気温によって開花の早遅が決まった．

1984年は全国的に冬も春も寒く開花は大幅に遅れたが，暖かい地域では春が寒かったわりには開花の遅れは少なかった．冬が寒かったことが花芽の休眠解

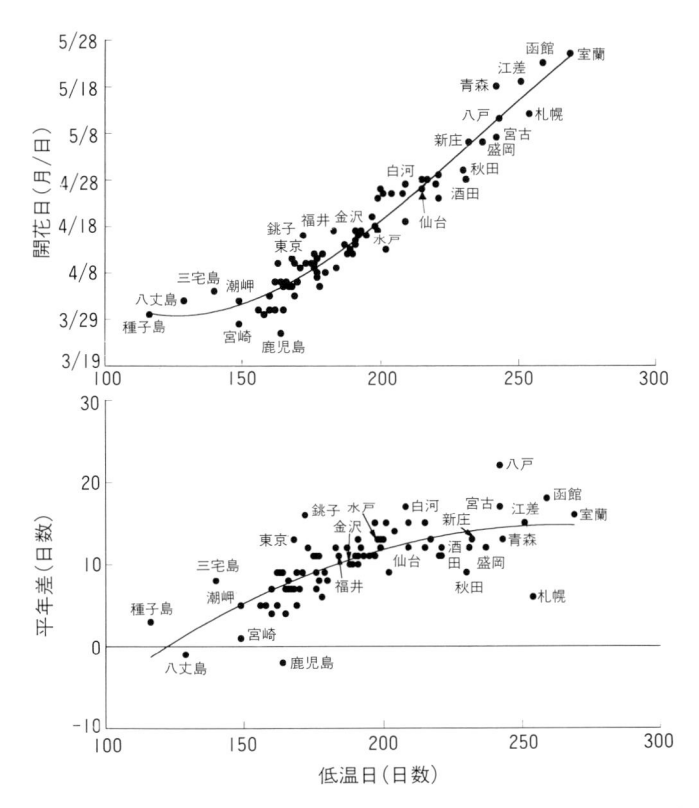

図II-19 サクラ（'ソメイヨシノ'）の1984年の各地の開花日（上）と平年差（下）

除を促進したためと考えられる（図II-19）．

　サクラ，特に'ソメイヨシノ'のように，冬に最低気温が氷点下に下がるような地域に生育できるほとんどの樹種では，花芽も葉芽も冬休眠に入り，その開花，開葉には冬休眠が冬の低温によって解除されることが必要である．このため，冬休眠の解除には，相当期間の冬の低温がなければその地には生育できないことになり，生育の分布に南限があることになる．'ソメイヨシノ'の生育可能な地域は，種子島，八丈島あたりまでである．奄美大島，沖縄本島，石垣島，西表島に咲く'カンヒザクラ'は，冬休眠に入らない種類である．

　最近，温暖化によって日本列島の花暦が一変するような話がでる．例えば，名古屋の'ソメイヨシノ'の平均開花日3月30日の日平均気温は10.2°Cであるから，温暖化が進んで平均気温が3°C上昇すると，名古屋の平均開花日は現在の日平均気温が7.2°Cの3月14日になる．

　しかし，気象庁の気候表によれば，名古屋の日平均気温が3°C上昇すると，177日あった低温日は144日となり，現在，低温日149日の宮崎，潮岬の気候状況になる．したがって，名古屋における冬休眠の覚め方は，両地点と同じ程度になる(図II-7)．平均開花日の日平均気温は12.2〜12.4°Cとなり，名古屋の開花日は，現在の日平均気温9.2〜9.4°Cの3月25〜27日頃となって，'ソメイヨシノ'については"花暦一変"などということにはならない．気象庁のデータがそれを明らかに示している．

　しかし，札幌で平均気温が3°C上昇すると，冬の寒さは仙台，白河，長野程度になり，平均開花日の平均気温は9.8〜10.4°C程度になる．すなわち，札幌の平均開花日は現在の平均気温6.8〜7.4°Cの頃ということになる（図II-7）．したがって，札幌での'ソメイヨシノ'の平均開花日は4月17〜20日頃となり，15〜18日早くなることになる．

　このように，温暖化の影響は開花生理を解明して初めて予想が可能になる．

(2) この10年間の温暖化，暖冬化傾向によって ウメの開花は早まったか

　気象庁が10年ごとに改訂している気温の平年値をみると，少しずつ温暖化が進んでいることがわかる．この20年間で，東京，京都，福岡，鹿児島などの年平均気温が0.5℃以上上昇している．また，気象庁年報をみると，1975～84年（80年期）と1985～94年（90年期）において，ウメの開花が観測されているすべての場所の各月の平均気温を平均すると，図II-20のように90年期の気温の上昇，温暖化，とりわけ暖冬化が明らかである．80年期はいく分低温気味であったが，暖冬が生物季節現象に影響を及ぼすのかどうかを考える手がかりにはなるであろう．

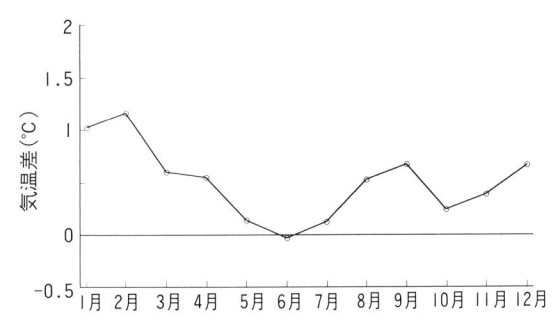

図II-20 種子島以北の10年間の月平均気温の平均の90年期(1985～94)の80年期(1975～84)よりの上昇の様子
　－○－：80期と90期の気温差．

　ウメについては，40年以上前の開花日の記録から，開花日の年変動の大きい地域，開花日の標準偏差が17日以上の地域は，太平洋側では仙台だけである．しかし，日本海側では，平均開花日が急激に遅れだした北緯35°30′付近から北緯37°付近までの範囲だけでも，米子，松江，鳥取，豊岡，敦賀，福井，富山，高田と8カ所もある（図II-16）．年による気温の変動が開花へ及ぼす影響の大きい場所であるといえる．

　そこで，日本海側において，90年期の1～5月の月平均気温が80年期の該当

月よりも1℃以上上昇した月のある場所について，この開花日の変動が大きい地域を中心に南北地域の温暖化が開花日へ及ぼす影響をみてみた．日本海沿岸の各地に，さらに日本海側には低温日の少ない場所がないため種子島，八丈島，三宅島を加えて，低温日と開花日の早まり（開花促進）の関係をみてみると，低温日が少なく暖かい地域の種子島，八丈島，三宅島では，開花日に遅れがみられた（図II-21）．冬休眠に入るウメの花芽では，温暖化によって休眠解除のための低温が不足するようになり，開花を遅らせることになる．低温日が150日以上の地域では温暖化による開花の促進がみられ，低温日が200日付近の地域では温暖化による開花の促進が最も大きかった．しかし，低温日が200日付近でも，開花の促進が小さい場所もある．

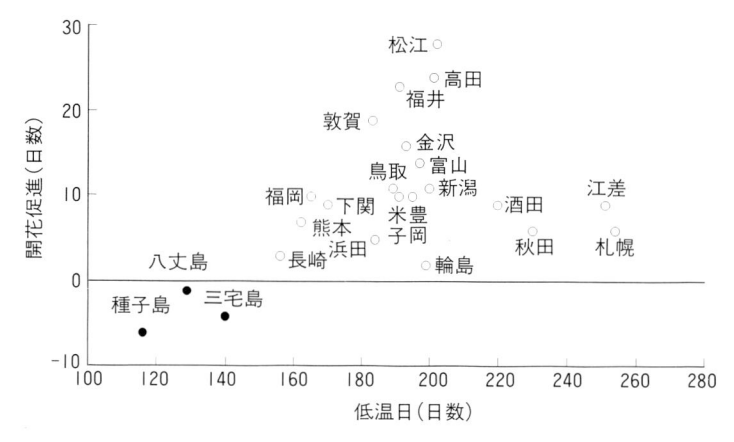

図II-21 ウメの開花日変動の大きかった日本海沿岸の各地の80年期と90年期の開花日較差
－：90年期に遅れ，＋：90年期に早まった．

そこで，開花日の変動（標準偏差）と開花日の早まり（開花促進）との関係をみてみると，開花日変動の大きかった地域で温暖化による開花促進が大きかった（図II-22）．

この程度の温暖化の影響はどこの地域でも同じようにみられるのではなく，気温の変動の大きい地域，気候の転換点，ここではウメの開花からみて北日本

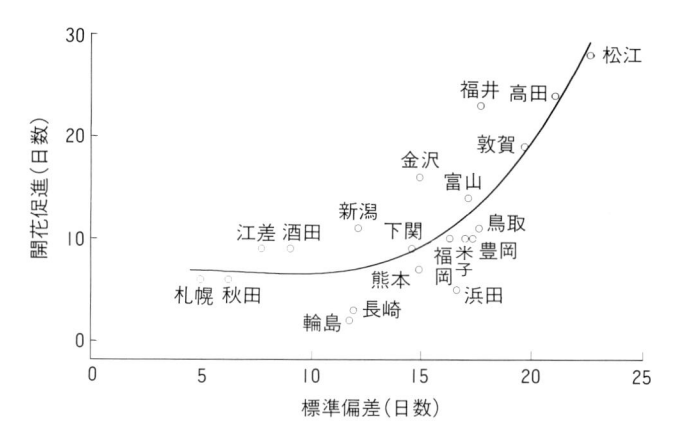

図II-22 ウメの90年期の開花日の早まり(開花促進)と開花日標準偏差との相関

的気候への転換地域において温暖化の影響が大きく,典型的にみられたことになる.

低温日が200日程度の場所は,最高気温が0°C未満の真冬日が現れだす地域でもあるが,真冬日のない年もあり,年により冬の寒さに変動があることでウメの開花の変動が大きくなることにもなる.真冬日が毎年あるような地域において,常に厳しい冬がある地域ではウメの開花の変動が小さくなる.また,常

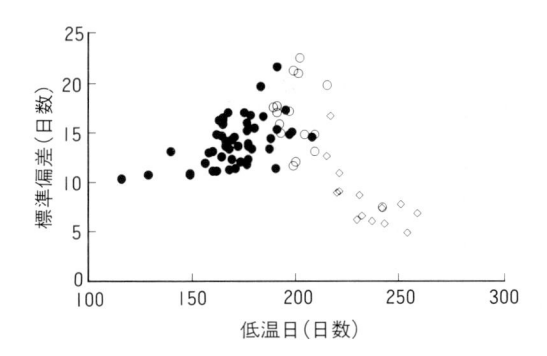

図II-23 ウメの開花日の標準偏差と真冬日との相関
●:真冬日0日, ○:真冬日1～4日, ◇:真冬日5日以上.

に真冬日のない暖かい地域においても，ウメの開花の変動は少ない（図II-23）．

このように，樹種によっても温暖化の影響はかなり異なり，温暖化がどの季節に大きく現れるかによっても，その影響は異なる．

4．終霜時期と開花時期

多くの樹木で，開花・開葉時期は終霜時期の前後にみられている．そのため，遅霜によって傷害が起こることがある．全国に植栽されている樹木（ウメ，サクラ）と自生植物（タンポポ）において，開花時期と終霜時期にはどのような関係があるのかみてみた（図II-24）．

暖かい地域では低温不足により，寒い地域では真冬日，開花抑制日による開花の遅れにより，ウメは終霜日近くになって開花するようになるが，中間地帯，特に水戸，尾鷲，館山，宇都宮のように，夜間は冷えるが日中は日照時間が長く最高気温の高い地域では，終霜の2カ月くらい前に咲くという，寒さに強い早春の花としてのウメの特徴がよく現れている．

原産地は，この中間地帯の気候条件を持つ場所であろう．事実，大理付近では1月に満開になるという．大理は海抜2,000m近くあるにもかかわらず，仙台で1月9日にウメが咲いた1979年のときのように，最低気温の低下が早く，1月には0℃付近まで低下するが，最高気温は15℃以下にならない地域である．気温の日変化の大きい，ウメが早く咲く典型的な気候である．

サクラでは，終霜日が3月25日以前の地域において，暖かい方にいくほど，霜の危険がなくなってから開花までの期間が長くなる．この地域は'ソメイヨシノ'の冬休眠を十分に覚ますには冬の寒さが不足していることになり，葉芽の開きはさらに遅いので，原産地よりも冬が暖かい，本来は生育には不適といえる地域である．

タンポポは終霜日の前，霜の危険がある時期に咲くという性質が全国的にみられ，植栽されたウメやサクラと違って，植栽されたものでなく自生植物であることを証明しているようである．このように，植栽された樹木でなく，自生

II. 生物季節現象

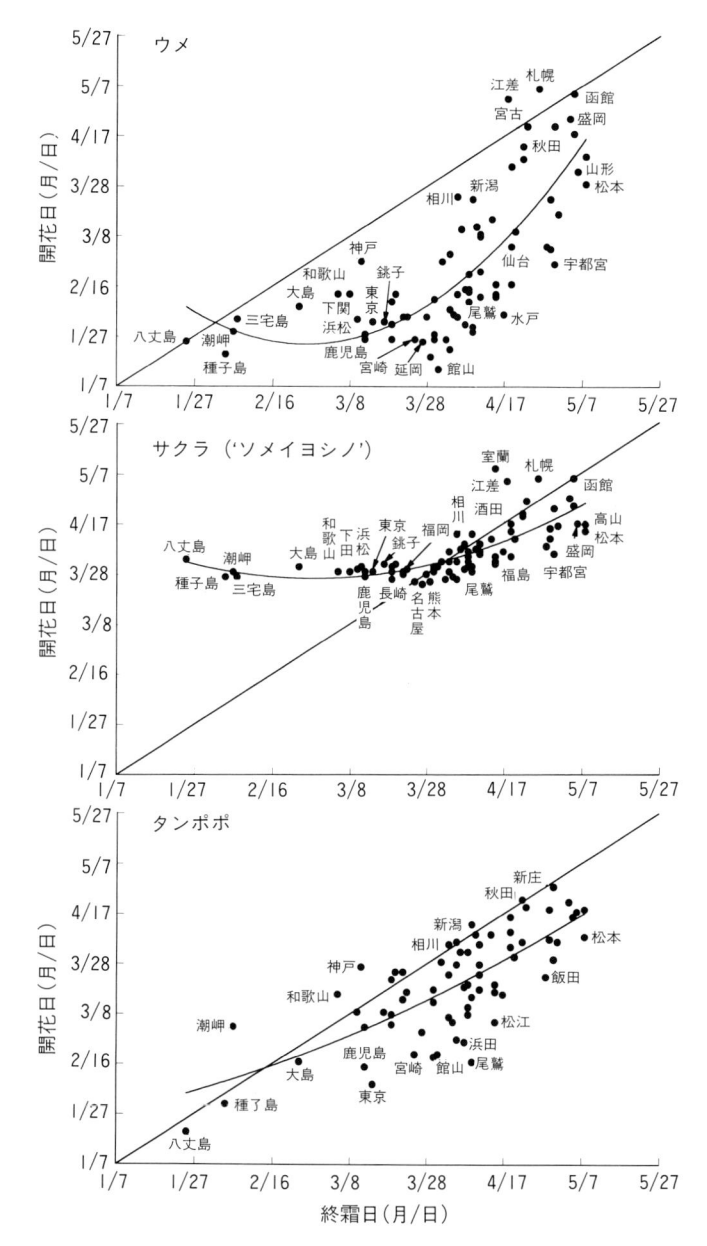

図II-24 ウメ，サクラ('ソメイヨシノ')，タンポポの開花日と終霜日との相関

の樹木における生物季節のデータ集積が期待される．

5．花が先か，葉が先か

開花が先なのか，開葉が先なのかは，遺伝的に決まっているのであろうか．三重大学において野外実験に使ったウメ（'紅梅'，'ミチシルベ'）とサクラ（'八重桜'，'アサヒヤマ'）の開花，開葉の毎年の経過は，図II-25のようである．暖冬の年でも寒冬の年でも，ウメは必ず花が咲きだして満開になる頃から葉が開きだしてくる．一方，サクラは葉が先に開きだして，少し遅れて開花してくる．

図II-25 三重大学校内の野外におけるウメ（'ミチシルベ'）とサクラ（'アサヒヤマ'）の開花と開葉経過(1984年)
―●―：開花，―○―：開葉．

このウメとサクラを1983年11月8日から5℃と12℃で育ててみると，図II-26, 27のような開花，開葉の経過をみせた．サクラでは開花と開葉の順序が完全に逆転している．また，ウメでは逆転とはならなかったが，12℃では完全に開花が先行し，5℃では途中で開花が追い越したが，開葉の方が先行してみられた．

すなわち，開花が先か，開葉が先かは遺伝的に決まっているのではなく，開花・開葉プロセスの進行が環境条件や温度条件によって変化するのである．

ウメでは開花・開葉プロセスが異なり，サクラでは開花・開葉プロセスは同

II. 生物季節現象

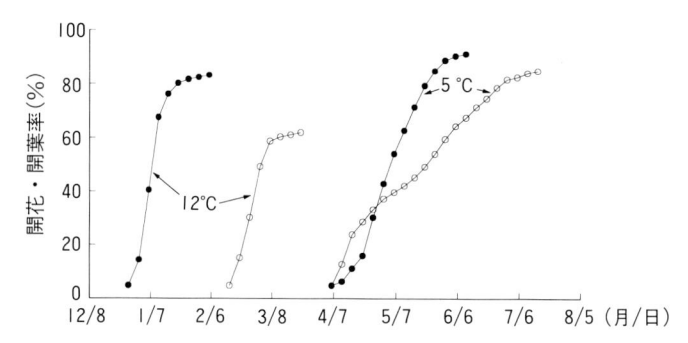

図II-26　5℃および12℃におけるウメ('ミチシルベ')の開花と開葉経過
—●—：開花，—○—：開葉．

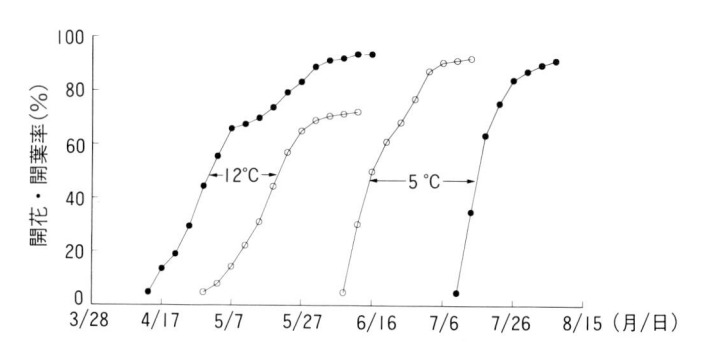

図II-27　5℃および12℃におけるサクラ('アサヒヤマ')の開花と開葉経過
—●—：開花，—○—：開葉．

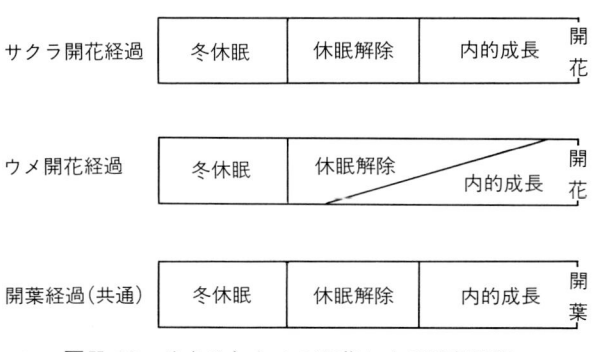

図II-28　サクラとウメの開花および開葉経過

じだが，各プロセス進行の適温が異なる（図II-28）．

　ウメ，サクラの開花・開葉プロセスには，遺伝的に決められた樹種特性がある．また，各プロセスにとっての進行可能温度幅と最適温度も遺伝的に決まっている．しかし，日本各地の気候は異なるので，各地で開花と開葉のタイミングには違いがみられることになる．開花や開葉などの生物季節現象は，遺伝的性質と環境との相互作用の結果である．

6．サザンカの開花特性

　冬に花が咲くサザンカには数多くの園芸品種があるが，その天然分布域と植栽可能地域とは大きく異なっている（図II-29）．天然分布域では，花芽が完成し，開花，結実が可能になってから花が咲き，冬の気候も比較的温暖で結実まで確実にみられる．一方，植栽されて雪の下で開花しているような地域もある．

図II-29 サザンカの天然分布と植栽可能地域（中島敦司，1996を改変）
○：植栽可能地域，●：天然分布．

すなわち植栽可能地域では，花芽が完成しないで開花している可能性もある．また，花芽の完成には夏の高温が関係し，たとえ花芽が完成しても冬に開花するので，開花したあとの気温の低下の著しい地域では結実には至らない．当然，天然分布はみられない．

　サザンカの花芽はサルスベリと同じ夏にできていて，花芽は冬休眠に入らないのに冬まで開花しない．このサザンカ（'立寒椿'）を9月26日から1カ月おきに18，28℃で育てると，図II-30のような開花経過を示す．18℃ではどの時期でもほとんどの花芽が開花するのに，28℃では12月24日以降にならないとすべての花芽が咲かない．この野外で生育しているサザンカを，10月12日から18，28℃の環境に移すと，18℃では開花するが，28℃では2月になっても開花することはない（図II-31）．しかし，50日後に28℃から18℃に移すと，30日程度は遅れるが開花してくる．50日間完全に花芽形成過程が停止していたわけではなく，進行はするが，開花できるまで花芽は完成しないことになる．18℃

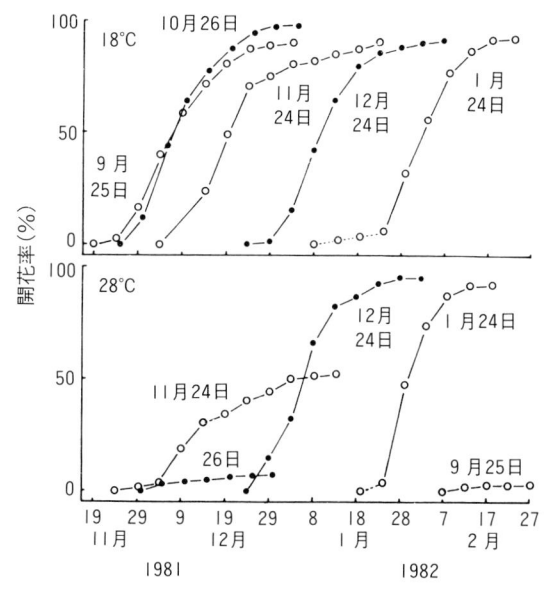

図II-30　各時期に野外から18℃または28℃に移したサザンカの開花経過

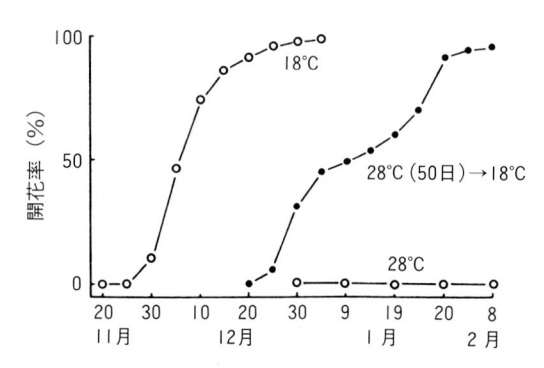

図II-31 10月12日に野外から28℃に入れた50日後に28℃に移したサザンカの開花経過

では開花できることから，冬休眠に入ったとは考えられない．そこで，サザンカの花芽が咲けるようになるには，比較的低い20℃程度にあうことが必要であると考えられる．このことが，仙台などの東北地方でも比較的早く開花することになっているのであろう．しかし，夏の気温が高くならないこと，開花時期の気候が厳しいことなどから，開花が結実に結び付かないので，天然分布には結び付かないと考えられる．

7．イロハモミジの紅葉と落葉

　イロハモミジは，成長停止によって新しい葉が出なくなり，古い葉だけになって低温にあうと，一斉に紅葉し，一斉に落葉する．美しい紅葉がみられるといわれる北国や高地地域は，低温日日数の多いところであるが，比較的低い温度で紅葉している（図II-32）．しかし，実験的にみると，紅葉も生物現象であるので，気温が低い方が紅葉が美しくなるというような単純なものではなく，美しい紅葉になるための最低気温は5℃付近であり，また急激な気温の低下は葉を枯らすことになるので，美しい紅葉になることはない．図II-32にみられるように，紅葉の時期の最低温度からみても，紅葉過程の開始時期の温度は5～10℃であると考えられる．

II. 生物季節現象

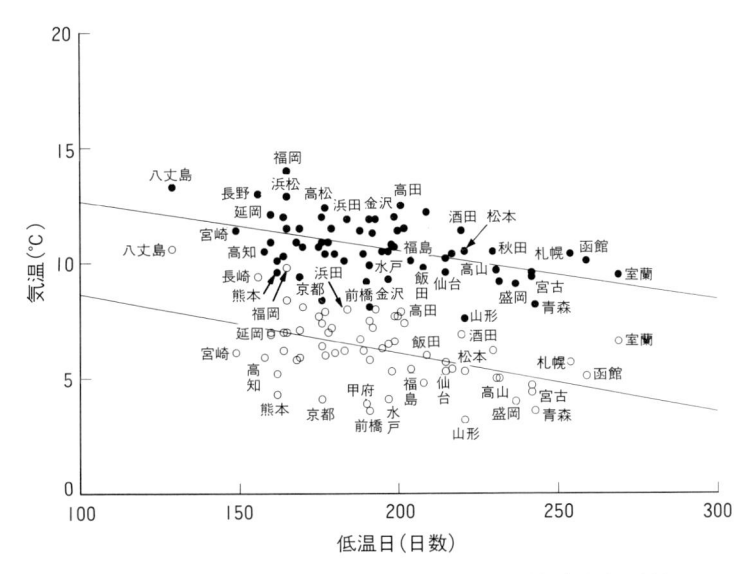

図II-32 イロハカエデの紅葉日気温(平均および最低気温)と低温日との相関
　　─●─:紅葉日平均気温, ─○─:紅葉日最低気温.

紅葉が美しいのは，北国ではゆっくり気温の低下するときで，急激な気温低下があると，紅葉せずに葉は枯れてしまう．高めの気温で紅葉している南国では，気温の低下が遅れて急激に気温が低下したときに美しい紅葉がみられる．

8. 狂い咲きや不断ザクラについて

秋や冬に開花しているサクラをみると，必ずといってよいほど，春に開いた葉は，通常の落葉の時期より2カ月以上早く落ちていることに気付くであろう．
樹木は日長の変化を葉で感じとって，季節変化にさきがけて生育パターンを対応させているので，通常開花する時期でないときに開花しているのは，葉を失うことが原因である．すなわち，花芽はできあがっているが，まだ冬休眠に入っていないときに，台風や毛虫によって葉を失うと開花してくる．まだ花芽

ができあがっていないときに葉を失うと,再び葉が出てくる.このときは誰も不思議に思わないが,花が咲くと時期はずれに花が咲いたと考えるので,狂い咲きと感じることになる.

　狂い咲きがみられるときは,春に開いた葉はほとんど落ちているであろうし,新しい葉も開いているので,よく観察していただきたい.毎年のように,秋に開花がみられる不断ザクラでも,必ずといってよいほど,春に開いた葉はほとんど落ちているので,よく観察していただきたい.しかし,不断ザクラ同様,毎年のように秋に咲くサクラの場合,春に開いた葉がなぜ早めに落ちてしまうのかは不明である.

　参考文献にあげたもの以外に,気象庁公表の農業気象年報,気象月報などのデータを参考にさせていただいた.

III. 垂直分布における環境適応

　樹木の垂直分布と環境適応に関する研究の多くは，西ヨーロッパと北アメリカで進められてきた．しかし，欧米では氷河期に多数の種が絶滅したため，種数の豊富さはアジア地域に及ばない．モンスーンによって形成される湿潤な環境は，アジア地域の植生の高い種多様性を育む．これらを支える一端が樹種の生理学的な適応能力である．この章では，まず高山域における気象の特性について述べ，次いで森林の特性と構成樹種の形態学的，生理学的適応能力について概説し，最後に遺伝的多様性に言及する．

1. 高山域の森林

(1) 山岳環境の特徴

　山岳地帯では標高が上がるにつれて，大気圧や気温が低下し，日射と有害紫外線量は増加する．また，生育期間は短くなり，強風や冬季間の低温，放射冷却などにより樹木の生育にはきわめて厳しい環境になっている．このような環境の特徴は，日長などの変化を除くと緯度の上昇と酷似している（表III-1）．しかし，気圧の低下に比例してCO_2やO_2の分圧が低下するなど，高度による物理量の変化には特有なものが多い．

a. 気温

　気温の低下は大気密度の減少が原因である．垂直的な低下率（逓減率）は，湿度が0%であれば100 mにつき約0.98℃であるが，湿っていると水蒸気が水になるときの放熱があるため，100 mにつき0.4〜0.5℃が目安とされる．これを利用すれば任意地点の気温が推定できる．一方，水平方向での気温0.5℃の逓減率は極地方向への約100 kmの移動に相当する．

表III-1 樹木の垂直・水平分布に関する環境条件

	高山	局地(主に北極)
日長	同一	緯度の上昇に伴い変化大
日射量	多い	少ない
1日当たりの日射量	類似	
日平均気温	類似	
最高気温	高い	低い
最低気温	やや低い	高山よりやや高い
気温の日変化	格差大	格差小
大気圧	高度の上昇に伴い低下	変化なし
大気水蒸気圧	類似	
飽差	大きい	小さい
生育期の土壌冷却	大きい	小さい
生育休止期土壌冷却	大きい	小さい
永久凍土の存在	少ない	東シベリア,北アメリカ
土壌水分	中庸	多い
土壌酸度 (pH)	高い	低い
土壌の有機物蓄積	少ない	多い
土壌の安定性	低い	高い
生育環境の分断	多い	少ない
植生の隔離	多い	少ない

(Körner, Ch., 1995 に加筆して作成)

b．日射量と紫外線量

　光が強いことも高山帯の特徴である．これは高度が上がるにつれて空気の密度が低下し，水分やほこりなどの浮遊物による散乱の度合いが低下するためである．1,000 m 高度が上がるにつれ光合成有効放射束密度（400〜700 nm）は10%，紫外線は75%も強くなる(図III-1)．紫外線は殺菌灯として知られるように，DNA に吸収されて，チミン二量体を形成し突然変異を引き起こす．また，短波長側から UV-C, B, A と呼ばれ (図III-2)，波長が 290 nm 以下の UV-C は大部分が成層圏中のオゾンによって吸収されるため地表には届かない．

　しかし，近年，冷却剤などに用いられたフロンが成層圏で分解され，オゾン層を破壊している．このため，南極と北極にはオゾンホールが形成され，UV-B (280〜320 nm) の到達量の増加が懸念されている．事実，スイス・アルプスの

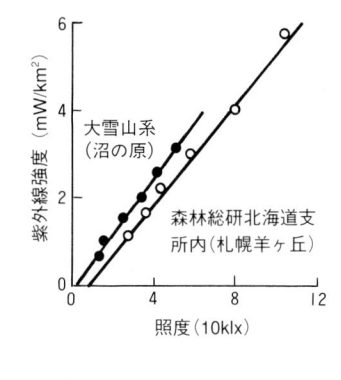

図III-1 大雪山と札幌郊外の紫外線量と照度との関係（田淵隆一 原図）
同じ照度でも，高山の方が紫外線が強い．

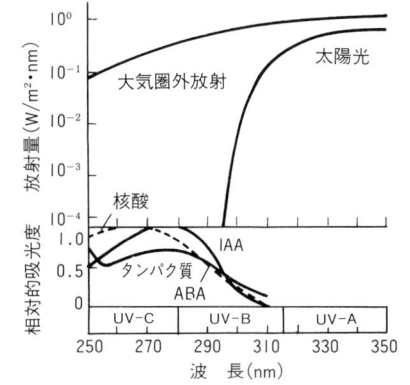

図III-2 紫外線と生物物質の吸収特性（小池孝良，1996）
IAA：インドール-3-酢酸(動物ホルモン)，
ABA：アブシジン酸(植物ホルモン)

海抜約 3,500 m では UV-B 量が毎年 1% ずつ増加しているという．また，低緯度，高所になるほど直達 UV-B，A 量の増加が著しい(柴田 治，1996)．札幌市やつくば市にモニタリングステーションが設けられ，天気予報によって公表されている．

(2) 気象条件と樹木の分布

海抜高度の違いによって生育する木本植物の種類が異なり，景観的には帯状に分布して植生帯を形成する．山岳に違いがあっても同じ高度帯には同種，近縁種が分布するが，赤道から遠ざかるほど各植生帯の海抜高度は低下する（図III-3）．このような森林帯の形成に関わる環境要因を次に検討する．

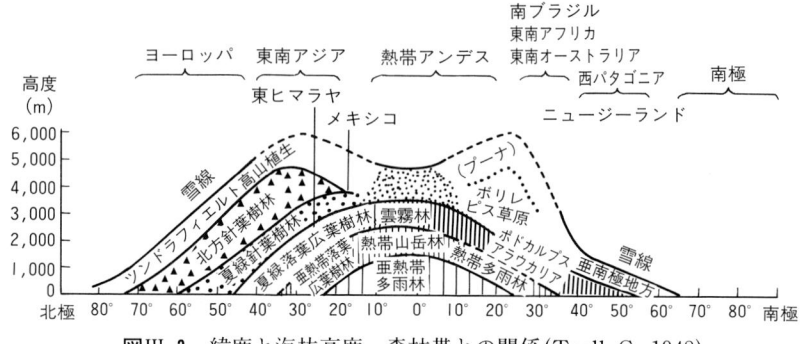

図III-3 緯度と海抜高度，森林帯との関係(Troll, C., 1948)
異なる大陸の高山の植生帯を連結して描いているので，一般的な植生帯は示されたが，厳密な構造までは表現されていない．

a．積算温度

前述の森林植生帯は，積算温度の一種である吉良の温量示数(warmth index, WI) と寒さの示数 (coldness index, CI) で説明される．ここで，WI は成長が5℃以上の温度で始まると考え，毎月の平均気温から5℃を引いた値の和で表される．これに対して，CI は5℃以下の月の平均気温と5℃との差を積算し，マイナス記号を付けた値である．

$$WI = \Sigma(t-5)$$
$$CI = -\Sigma(5-t)$$

ただし，t：月平均気温である．

山岳植生帯を詳しくみると，北アルプス中央部では森林限界の上昇と周辺部孤立峰での下降が認められ，山塊現象と呼ばれている(図III-4)．大山塊ほど熱容量が大きく温度が高く保たれ，その結果，森林限界が上昇する．孤立峰では大地からの逆輻射により熱が放出されて山塊が冷却され，森林帯の高度が低下する．植物の分布を規定する要因としての熱量の重要性を示す例である．

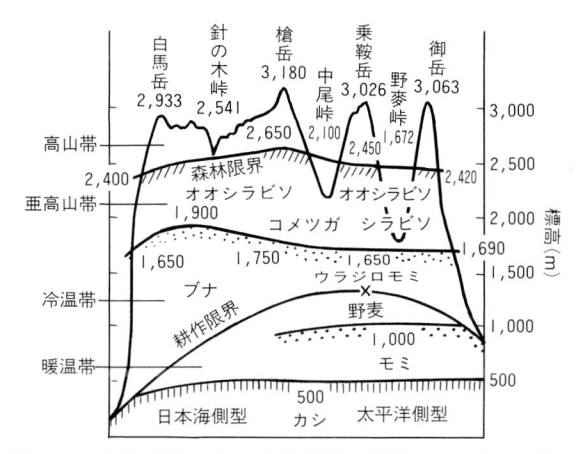

III. 垂直分布における環境適応

図III-4 山塊現象による森林限界の上昇 (今西錦司 原図)

b. 微地形と微環境

　スイス・アルプスでは標高 1,500 m 付近から高度が上がるにつれ，ヨーロッパトウヒ，ムゴマツ，そして鳥散布型のセンブラマツと植生帯が形成される (図III-5)．ヨーロッパトウヒはシュートの成熟に約3ヵ月を要し，センブラマツより遅れるために分布域をより高山に拡大できない．雪崩が頻度高く発生する場所では，ヨーロッパカラマツが優占する．この樹種は材の強度が高いうえに，光の要求度も高く先駆性に富むので，雪崩道周辺に生育する．

　また，高山帯では斜面方面やわずかな立地の起伏が植生タイプを決め，成長はもちろん生存をも左右する．日陰になる斜面や微地形では日射量が少なく，このため地温は上がらず雪融けが遅れる．また，日陰斜面では散光成分を効率よく利用する針葉樹が卓越することがある．北海道中央部の南向き斜面ではエゾマツなどが優占し，北向き斜面には落葉広葉樹のダケカンバが生育する (図III-6)．この分布の仕方には，撹乱 (山火事，雪崩，風倒) や菌害などによる針葉樹の欠如，発芽時の水ストレスや土壌の肥沃度 (貧栄養では針葉樹が優占) に対する反応性の差が指摘されている．一方，生育開始時期の水分条件が樹種の

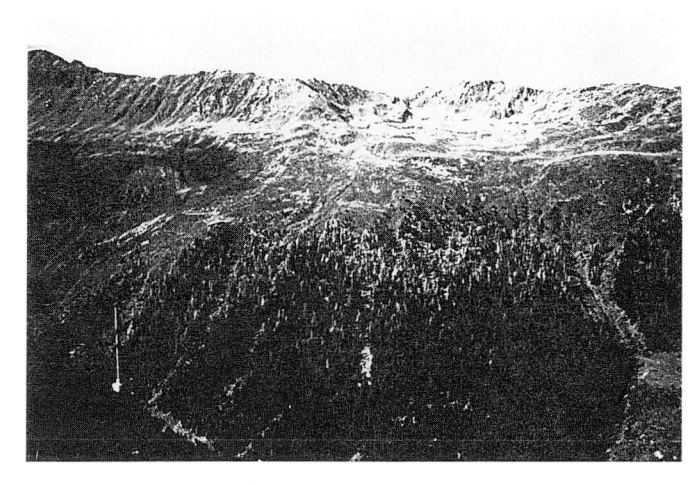

図Ⅲ-5 スイス・アルプスにおける針葉樹4種の垂直分布
谷から山側に向かってヨーロッパトウヒ (*Picea abies*), ヨーロッパカラマツ (*Larix decidua*), センブラマツ (*Pinus cembra*), ムゴマツ (*Pinus mugo*) と分布する. 白く写る雪崩道周辺にはヨーロッパカラマツが生育する.

図Ⅲ-6 亜高山における落葉広葉樹ダケカンバ (北西向) と針葉樹エゾマツ (南東向) の斜面方位別分布 (北海道日高山系) (鮫島惇一郎 原図)

分布を左右することは，温度環境が同一でも水分条件の厳しい永久凍土地帯に落葉針葉樹カラマツ類，水分条件の穏やかな地帯には常緑針葉樹トウヒ類が生育する例で知られる．

地史的年代も山岳地帯の植生に影響する．典型的な例として，富士山にはハイマツが分布しない．これは，噴火してからの時間が短く孤立峰であるので，ハイマツが侵入していないからである(増沢武弘，1997)．そこでは，ハイマツにかわって矮性化したカラマツが生育する．

富士山の樹木限界は矮生化したカラマツで被われているが，最前線のカラマツは砂礫などが吹きつけるために傷ついて，さまざまな形態を呈する．しかし，前線の個体によって砂礫が防がれ，後方の個体が徐々に大きくなることができる（丸田恵美子，1999）．

2．生育環境と成長反応

(1) 樹型と生活型

生育高度が上昇すると，本州中部では低地帯に常緑広葉樹，山地帯に落葉広葉樹，亜高山帯に高木の針葉樹，その上には低木の針葉樹が分布する．さらに，高山域では樹型が大きく変化し，樹高の低下，矮性化，匍匐化がみられる．この移行帯には森林限界，樹木限界，匍匐木限界が存在する(図III-7)．これらの

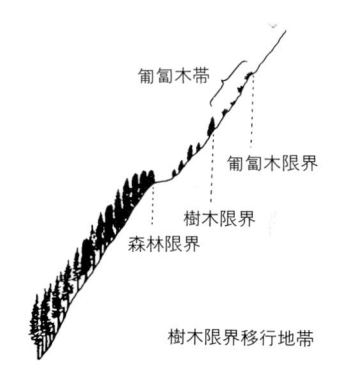

図III-7　ヨーロッパ・アルプスにおける樹木限界移行地帯と匍匐木帯
(Tranquillini, W., 1979)
森林限界：2,100～2,200m，*Pinnus cembra* のほぼ純林．ヨーロッパ・アルプスの例．図III-5を参照．

間を樹木限界移行帯（匍匐木帯，Krummholz zone）と呼ぶ．さらに移行帯上部の無立木地帯が高山帯になり，お花畑へと続く．

わが国の森林帯の特徴は，移行帯に匍匐性のハイマツ群落が被っていることである(沖津　進，1987)．温度条件のみ考慮すると，森林はほぼ山頂まで成立可能であるが，現実には冬季の強風，多雪や岩塊斜面の存在により，樹木限界は下方に位置する．ハイマツ群落はこのように生じた森林の欠陥個所を埋めるようにして広がり，森林構成樹種はわずかに風衝変型樹として存在する．

しかし，中国や朝鮮の山塊植生を参考に，現植生帯区分にブナを中心とする温帯林を加えることで，亜高山帯をダケカンバとハイマツの混交林帯とする考えも Tabata, H.（2000）により提唱された．

(2) 積 雪 の 影 響

樹木限界付近では，しばしば片枝や旗竿型の偏面樹冠になった樹木をみかける(図III-8)．強風と氷粒によって芽が枯死し，樹皮のはがれた個体が多い．しかし，積雪のある場合には下枝の埋雪部分は寒風から保護され，正常に発達す

図III-8　片枝樹冠のカラマツ（林木育種センター　原図）
蔵王山系．

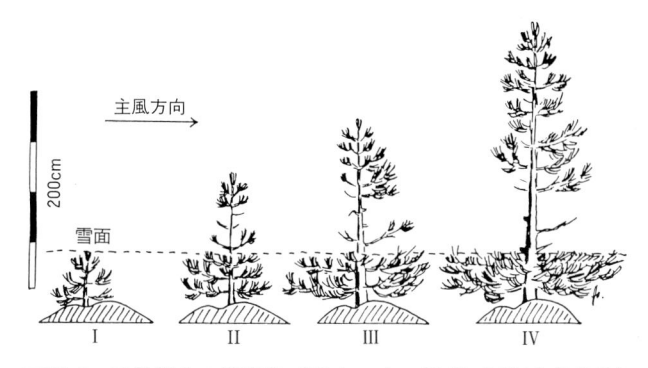

図III-9　埋雪部分の正常枝（Holtmeier, F. K., 1984より改作）

る（図III-9）．

　高山帯では微地形の違いによって積雪，融雪のパターンが大きくかわる．積雪の時期と量は生育期間を左右するだけでなく，春先の低温や強風からの保護，融雪時期の水分供給源として植生を規定する．工藤　岳（1993）は北海道大雪山系での調査の結果，以下のことを明らかにした．融雪の早い場所では地温の変化が激しく，冬季には土壌凍結し，地温も低下するので，高い耐凍性を必要とする風衝地植生（イワウメ，ガンコウラン，地衣類など）が発達する．ハイマツ群落が優占するのは，次に融雪が早い場所である．最も遅く融雪する雪田地帯には，矮性の木本植物や多年生草本が生育する（図III-10）．

　しかし，ハイマツ帯では土壌凍結が生じることが，東北地方の山地で確認された．積雪が50 cm以上に達するササ地では土壌凍結が生じないことに比較すると，ハイマツ帯の特徴といえる（梶本卓也，2000）．

（3）生育期間とフェノロジーの適応

a．生活史の特徴

　高度が上昇するとともに生育期間は短くなる．例えば，日本の中部地域の月平均気温5℃以上の期間は，海抜2,700 m付近ではわずか60日程度になる．このため，1年生植物のように生殖成長に至るまでに2～3カ月を要する植物は，

図III-10 雪田地帯と特異な植生（小林直人 原図）

種属の維持ができなくなる．このため，生育高度が上がるにつれて樹木のような多年生植物の存在比率が高くなる．これらの植物は常緑性であることが多く，貯蔵器官を著しく発達させ，雪融けとともに活発な成長をし，限られた期間を十分に利用する．典型的な適応形態は根系に認められた．オーストリア・アルプス高山域と低山域に生育する植物を，同一属の間で比較したところ，貯蔵器

官への光合成産物の分配はかわらないが，根系への分配が高山域で約15％多かった(Körner, Ch.ら, 1988)．また，樹木限界に植栽されたヨーロッパマツ，センブラマツ，ムゴマツ，ハイマツに似たセンブラマツでは，幹（地下幹も含む）への分配が46％にも達した．他2種は最大でも36％であった(Körner, Ch.ら, 1977)．

このような観点での樹木の測定例は限られているが，木曽のハイマツ林分で調査した結果，個体重が14〜36 kg，このうち不定根を出している地下幹の割合は12〜46％と，カラマツ林分の地下部の割合が約17％であることに比べると，地下部の割合が2倍程度大きかった（梶本卓也，1995）．

また，生育期間がきわめて限られた雪田に生育する植物では，花芽の分化が少なくても前年（種によっては2〜3年前）に終わっており，短期間に生殖成長を行うことができる(柴田　治，1993；西谷里美，2000)．さらに生育期間が短くなると，常緑性の灌木であるコケモモのように，栄養繁殖を活発に行う樹種も出現する（酒井　昭，1995）．

b．常緑広葉樹の分布と低温

東南アジア森林植生の水平・垂直分布に関する研究から，熱帯の森林限界は常緑広葉樹，温帯では落葉広葉樹林や針葉樹林によって構成されることが示された（図III-11 A）．また，熱帯，温帯の構成樹種にかかわらず，森林限界付近の温量示数は15℃・月であることが指摘された（図III-11 B）．Ohsawa, M. (1990)は，森林限界を構成する常緑広葉樹林の分布を制限するのは冬の低温であり，最寒月平均気温が－1℃のラインとほぼ一致することを指摘した．北緯20〜30°付近までの熱帯では，－1℃のラインにさらされる高度より下に森林限界を決める積算温度 $WI-15$℃・月がくる．そのため，標高に伴う温度の低下は，熱帯地域では温度不足という形で効いてくる．これを熱量不足による分布限界という (Troll, C., 1973)．

さらに，各緯度における森林構成樹種の生活型を決定付ける要因を検討するために，北半球の夏（6〜8月），冬（12〜2月）の気温の緯度的変化を求めた．

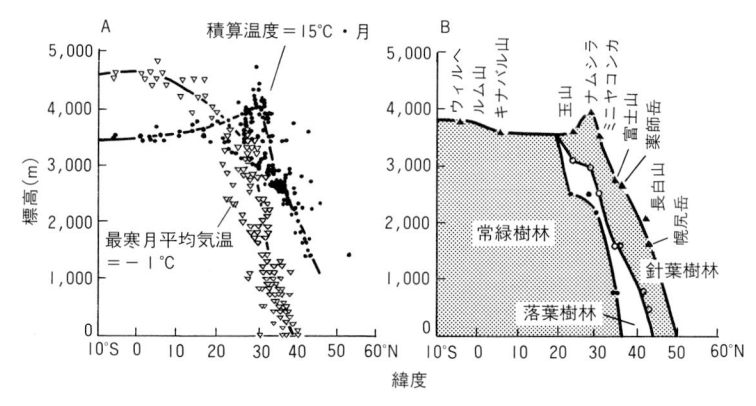

図III-11　森林限界と分布制限要因（大沢雅彦，1993）

　夏の平均温度は，赤道から北緯40°付近までほぼ一定である．冬でも北緯20°付近までは，ほぼ一定で年較差も10℃以内である．また，熱帯性植物が冷温障害を受ける13〜15℃（佐々木惠彦，1987）の年平均気温の等温線が，海岸付近まで下がる緯度は北緯約22°で，北回帰線近くの熱帯圏の北限に相当する．赤道から北緯20°付近までは熱帯気団に1年中支配されるが，北緯20〜30°は冬の北極気団との支配領域の移行帯に相当する（大沢雅彦，1993）．植生も常緑，落葉広葉樹，針葉樹林へと高度とともに移行する．

　生育に不適な時期に落葉し生育適期を待つ落葉樹に対して，北緯20°付近まで分布する常緑広葉樹は，葉の形態と機能の適応によって環境変化を乗り切ってきた．高度が上がるにつれて葉が小型化することも，熱帯圏の常緑広葉樹の特徴である（大沢雅彦，1995）．森林限界は熱帯，温帯を問わず同一の熱量が決めるが，優占する生活型（常緑，落葉広葉樹，針葉樹）は冬の寒さが決めている（図III-12）．水平方向についても同様で，森林を構成する樹種は異なっていても，森林成立に必要な熱量はほぼ等しいことが示された．この熱量は植物の要求限界であり，冬の寒さは耐性限界と考えることができる．

　温暖帯以北の森林構成樹種の生活環を制御するのは，日長だけでなく低温に対する冬芽の休眠現象である．裸芽で越冬するヒノキでは，成長の開始と休止

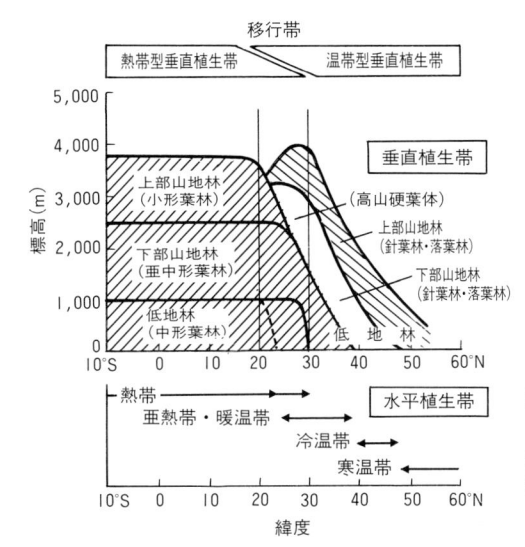

III. 垂直分布における環境適応

図III-12 生活型の緯度分布の特徴
（大沢雅彦, 1993）
東アジアの垂直植生帯の模式図. 垂直植生帯と水平植生帯の対比で示す.

期が最低気温10〜15℃付近を境にすることが, 野外観測と制御実験から明らかにされている (Koike, T., 1982). さらに, 金沢祐子 (1994) は常緑広葉樹の分布北限に近い林分の構成樹種10種の調査から, 冬季の低温要求性に種間差があり, 旧葉の存在の有無が開芽を制御することを示唆した. 種の分布を考察するうえで, 休眠現象の解析は不可欠であることを強調しておきたい.

c. シュートの成長周期

高山域では, 遅霜や早霜など突発的な低温害に耐性や回避性を備え, 短い生育期間を利用できる樹種が優占する. 北海道中央部では海抜700m付近を境にして低山帯にはシラカンバが, 上部にはダケカンバがそれぞれ優占する. ダケカンバは北海道東部では海岸付近にまで分布するが, この地域は夏でも最高気温が15℃程度と冷涼である. このように近縁な2樹種の成長過程の違いを, 分布域との関連から紹介する (Koike, T., 1995). ここで, 多くの遺伝的特性が似ている2樹種の比較をすることは, "種の系統間の制約"を考慮したうえで, 環境に対する生理学的反応の重要性をより明確にできる利点がある.

シュートはダケカンバが5月上旬～6月に、シラカンバが5月下旬～7月にかけて旺盛な伸長成長をする(図III-13)。北海道中央部日本海側での観察では、個体間のバラツキはあるが、成長停止時期はダケカンバが8月上旬、シラカンバが9月中旬である。また、両樹種とも仮頂芽タイプの成長を行うため、シュー

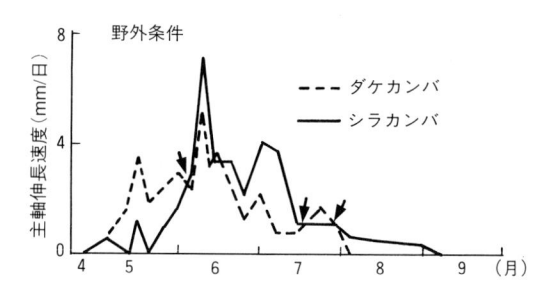

図III-13 ダケカンバとシラカンバのシュートの伸長過程 (Koike, T., 1995より改作)

ただし、矢印は両樹種の逆転する時期を示す。染色体数はシラカンバが2n=28、ダケカンバが2n=56である。

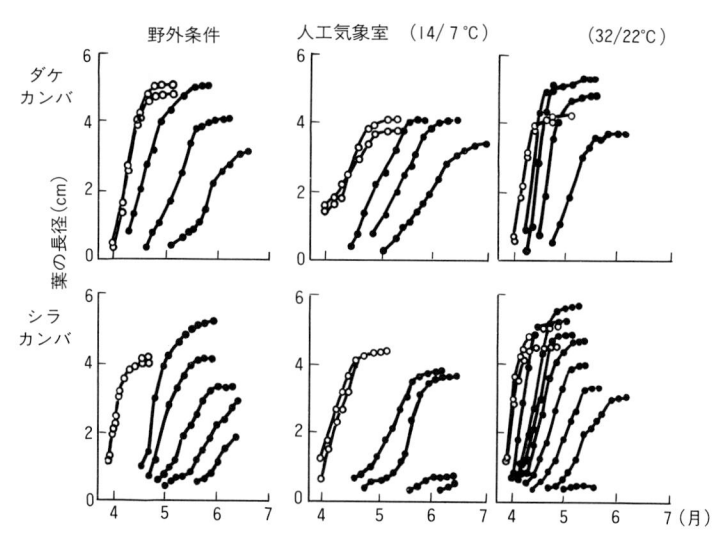

図III-14 野外と制御条件での開葉過程 (Koike, T., 1995より改作)
○:春葉, ●:夏葉.

トの先端が脱落する．この時期はダケカンバがシラカンバよりも約20日早い．さらに，シュート基部の冬芽は樹冠の下方から上方にかけて形成され，この時期はダケカンバが5月末～6月中旬，シラカンバが6月中旬～7月中旬である．

ところで伸長成長を詳しくみると，シラカンバでは開芽してから約15日間は成長が停滞していた（図III-14）．この原因を制御環境下で2樹種を栽培し，シュートの発達過程から考察した．

シラカンバ属の樹種は異形葉タイプの開葉を示し，野外では2～3枚の春葉を開き，しばらくしてから夏葉を展開する（図III-15）．この属の樹種では春葉の光合成生産によって夏葉とその後のシュートの発達が決まるので，春葉の生存と生産機構は個体の生存を左右する（Kozlowski, T.J. and Clansen, J.J., 1966；菊沢喜八郎，1986）．

ダケカンバでは春葉から夏葉の展開が連続的であるのに対して，シラカンバでは春葉が完全に開いてから夏葉が展開するために時間的ずれが生じる．このずれは，低温条件でいっそう明瞭になる．ところが，高温条件で生育すると，両樹種ともにずれが観察されなくなる．さらに，シラカンバでは葉数が著しく増

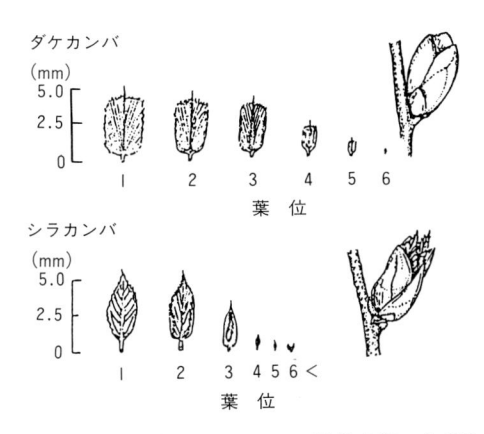

図III-15 ダケカンバとシラカンバの開葉直前の冬芽と幼葉
(Koike, T., 1995より改作)
葉位1～2(3)は春葉になり，それ以上の幼葉は夏葉になる．

加する．この結果から，ダケカンバは低温下でもシュートを発達させ，短い生育期間を十分に利用するが，シラカンバは遅霜による夏葉への被害を避け，生育期の高温条件を利用して樹体を形成できると考えられる．事実，個葉の光合成速度の推移をみると（図Ⅲ-16），ダケカンバでは高い値が認められるのは生育期前半であり，シラカンバは霜の降りる10月まで高い値を維持する(Koike, T., 1995)．

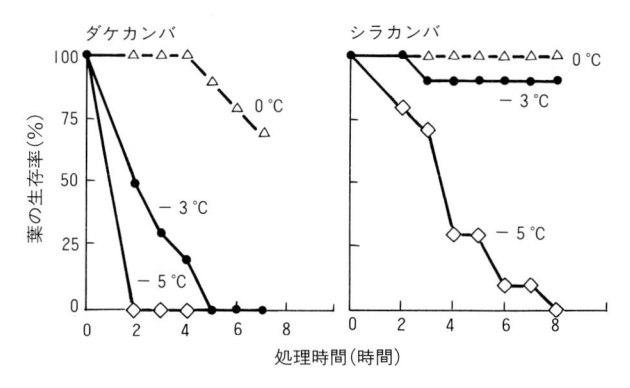

図Ⅲ-16　ダケカンバとシラカンバの葉の耐凍性（Koike, T., 1995より改作）
数字は処理温度．

d．シュートの耐凍性

　生育時期のシュートの耐凍性は，樹種の分布を決定付ける．開芽時期にはどのような樹種でも耐凍性が急激に低下するが，シュートの発達と耐凍性の季節変化を調べることで分布特性の理解が進む．ここでは，落葉広葉樹と常緑広葉樹を例に検討する．

　生育期間を通して，シュートの耐凍性をダケカンバとシラカンバについて調査した．ダケカンバの葉は0℃で4時間以上，-3℃で2時間以上処理すると枯死した．これに対して，シラカンバでは-3℃で2時間以上処理すると，低温被害にあう個体が若干存在したが，ダケカンバでは被害個体の確認された0℃の処理では，8時間の処理を行っても被害がなかった(図Ⅲ-16)．さらに，ダケカ

ンバでは開芽後ほぼ1カ月が経過した時期に遅霜にあっても，その年に形成された芽が開き，葉肉部分に被害の痕があったが，残された葉は高い光合成速度を示した．

　以上述べたように，野外での観察，制御実験，葉の耐凍性の結果から考えると，ダケカンバは寒冷で生育期間の短い亜高山帯域や冷涼な海岸付近の生育環境を十分に利用できる能力を持つ．さらに，生育開始直後には次年度のために芽を形成し，シュートの成長もシラカンバより1カ月以上早く停止する．形態的には，シュート当たりの葉数も6〜8枚と限られ，展葉完成時期も早く，早霜の害を回避できる．

　一方，シラカンバは遅霜の害を完全に回避できるようになってから，シュートを発達させ，夏葉を展開する．さらに生育期間は長く，高温条件での葉の生産数は増加する．このため，シュート当たりの葉の枚数は8〜12枚に及び，広い生育空間を確保できる．しかも，葉はダケカンバより高い耐凍性を持ち，早霜の降りるまで比較的高い光合成速度を維持する．シラカンバはこれらの能力によって，生育期間は短くても夏に気温が33°Cを越える東シベリア永久凍土地帯にまで分布できると考えられる（Koike, T., 1995）．

　シラカンバ属2種に認められた前述の現象は，別の種間関係にも当てはまる．中部地方のブナは温量指数113°C・月付近で開芽するが，霜にあうと葉が生産されず，個体の枯死に至る．これは，ブナが固定成長（fixed growth）をし，前年に葉原基を用意することによる（林　一六，1996）．

　東北の奥羽山地南部では標高約800 m以上にブナ林が発達しているが，それ以下の標高では同山地の東側と西側のみにブナをみることができる．しかし，その中央部にはブナ林を欠く．ブナ林を欠く地域の気候的な特徴は，積雪量が少なく，ブナの開芽時期である4，5月の平均最低気温が5°C以下になると，放射冷却によって地表付近は0°C以下になることが多く，霜害の発生を意味する．このような地域にブナは分布せず，コナラ属の樹種が生育する（樫村利道，1978）．

　東北地域におけるこのようなブナ，コナラ，ミズナラを比較した研究から，樹種ごとの分布を決定付けるのは，シュートの発達の仕方とコナラとミズナラで

みられる発達しない芽（残存冬芽）の存在であると推定した（図III-17(1)）。この残存冬芽は，通常の条件であれば5月中に脱落してしまう。しかし，新しく伸長したシュートが低温害などにあうと，この残存冬芽が展開し，被害シュートのかわりをする（樫村利道，1978）。

　ブナの大部分の個体は，生育期間中に1度しかシュートを伸長しない。しかし，コナラとミズナラは2〜3度にわたってシュートを伸長する（図III-17(2)）。このことから，ブナではシュートの伸長時期に低温害を受けると生存が危ぶまれる。一方，コナラやミズナラでは残存冬芽による補償能力が高く，低温害か

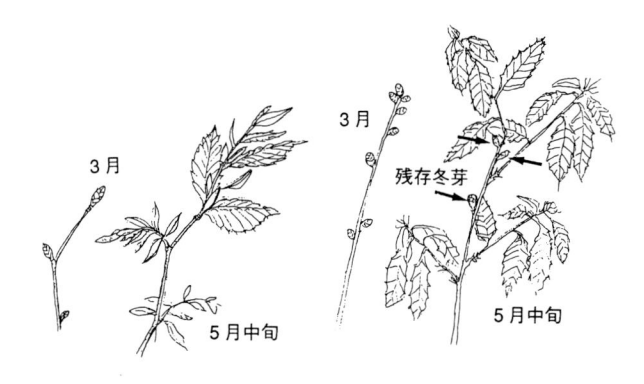

図III-17(1)　冬芽と開芽直後のブナとミズナラ
矢印は，ミズナラの未開芽冬芽（残存冬芽）．

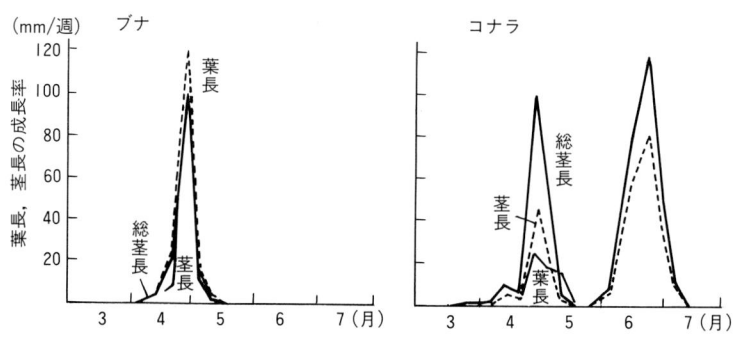

図III-17(2)　ブナとコナラのシュートの伸長パターン（樫村利道，1978）

（3）針葉樹の冬季乾燥耐性

マツ属は世界各地に分布しているが，中高緯度の寒冷な環境では，トウヒ類とカラマツ類が広く分布する．特に，カラマツ類は東シベリアの永久凍土地帯を広く被う．寒冷地に分布域を拡大したカラマツ類の特性は，冬季に落葉し，融雪後の日射しが強く気温が上昇する時期に葉を展開していない点である（Berg, E.E. and Chapin III, F.S., 1994）．アラスカの永久凍土地帯に生育するカラマツとトウヒ類を対象に，冬季乾燥耐性を比較した．樹体の乾燥の指標になる木部圧ポテンシャルはカラマツ（*Larix laricina*）では-1.6 MPaであったが，マリアナトウヒ（*Picea mariana*）の開芽時は-2.5 MPaに達していた．トウヒ類ではこれ以下の水ストレスに耐えることができず，分布域を拡大できないと結論付けられた（図III-18）．

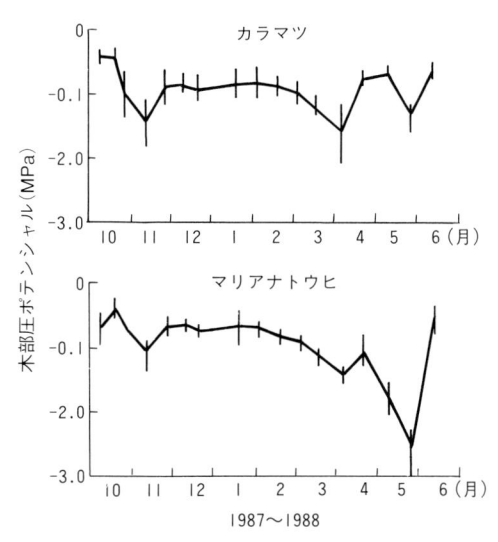

図III-18　カラマツ類とトウヒ類の木部圧ポテンシャルの季節変化
　　　　（Berg, E. E. and Chapin III, F. S., 1994より改作）

一方，カナダ・ロッキー山脈に生育するカラマツ（*Larix lyallii*）では，樹冠上部に比べて早い時期から積雪に被われる下枝に越冬葉を保持する．しかし，樹冠上部の落葉が観察される時期には，木部圧ポテンシャルが-3.6 MPa に達していた．しかし，積雪下では 0°C 以下には低下せず，水ストレスも比較的小さい（Richards, J.H., 1984）．この越冬葉は，ヨーロッパカラマツやグイマツの芽生えにもみることができる（図III-19）．落葉が乾燥によって引き起こされる点は，カナダ・ロッキー山脈のカラマツ類での観察結果と一致する．越冬葉の光合成速度は生育時期の値と比較しても 80％以上であり，短い生育期間を有効に利用する点で個体維持に役立つと考えられる．

開芽時期の低温によって，トドマツは新芽がしばしば霜害にあう．このため，シラベとの雑種を得て開芽時期を遅らせる試みが行われた．一方，芽鱗の総数の少ない多雪地域のトドマツの開芽は早く，少雪地域のものでは芽鱗片数が多く，開芽は遅い傾向があった（岡田 滋，1983）．これは，冬季の乾燥に対する適応形態と考えられる．従来，トドマツは霜穴地形へ新植することを避け，冷気の溜まらない斜面に植えてきた．晩霜害の発生しやすい環境には，開芽時期がトドマツより約20日遅いアカエゾマツを植えてきた．しかし，ひとたび低温害にあうと被害は深刻である．新芽は被害にあわなくても旧葉は枯死脱落し，稚樹は被害翌年に枯死，7〜8 m の個体でも 3 年以内に枯死したものがあった（Takahashi, K.ら，1988）．開芽時期に低温感受性が高いのは，落葉広葉樹と同様の傾向である．

図III-19 ヨーロッパカラマツの越冬葉

（4）光合成機能

a．葉の形態と解剖特性

　高山域に生育する植物の葉は小型で厚く，表皮細胞やクチクラ層が発達している．また，同一種でみても柵状組織が3層も存在する種が存在する．これらは，高山域の低温条件下での強光に適応した結果と考えられている（Körner, Ch. and Larcher, W., 1988）．さらに，細胞間隙と単位面積当たりの葉肉細胞表面積（Ames/A，葉肉面積比）が大きく，光合成生産に有利な内部形態を持つ．ただし，細胞そのものの大きさには，低山域と高山域の植物に大差がないことから，低温による細胞分裂の回数などの抑制が小型化，矮性化を引き起こすと考えられる（酒井　昭，1995）．また，常緑広葉樹にはクチクラ層の発達に2年近くかかる樹種が多く，樹木限界付近のヨーロッパトウヒでは1年生葉のクチクラ層が薄いことがある．さらに，光合成機能が十分に働き出すのにも2年近くかかる．

　樹木限界を構成する樹木では，しばしば針葉の早期脱落や葉の主に背軸面の褐変がみられる（丸田恵美子・中野隆志，1999）．雪面で反射した強光が低温下で背軸面を照射するため，光化学系IIの量子収量（Fv/Fm）から評価すると，

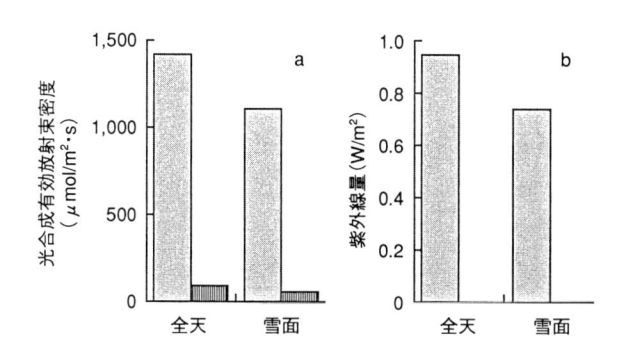

図III-20　雪面からの光の照り返し（北岡　哲　原図）
a：光合成有効放射束密度，b：紫外線量，☐：11時30分〜12時00分，▨：16時30分〜17分時00分．

強光阻害が生じ針葉が障害を受けると推察された．生育期間中，光は上方から降り注ぐので，向軸面では表皮細胞が発達して強光から回避できる構造を持つが，背軸面にはそのような構造がない．雪面上は樹木にとってさまざまな物理ストレスにさらされている．実際，雪面からの反射光は光合成有効放射束密度，紫外線ともに全天の80%に達し，障害が発生する可能性を持つ（図III-20）．

b．葉の寿命

樹木限界に近付くと，光合成生産量の70%以上が葉の生産に分配される傾向がある．アメリカ・ロッキー山脈に生育する *Pinus longeva* のように，針葉の寿命が30年以上と長い樹種が存在する．生産量は葉の光合成速度の時間的推移と光合成期間の積算量で決まると考えられるので，葉の寿命は光合成生産にとって重要な要因である．閾値を越えない範囲で，ある程度のストレス環境に置かれると，光合成機能は低下するが，これを補償するように葉の寿命が延びる．光合成速度の高い樹種では個葉の寿命が短く葉の強度も小さいが，光合成速度の低い樹種ではこの反対である（小池孝良，1993）．このような傾向は，積雪による生育期間の長短によっても引き起こされる．高山に生育する矮性常緑樹では，融雪の速い場所に生育する個体の葉の寿命が短くなる傾向があった（図

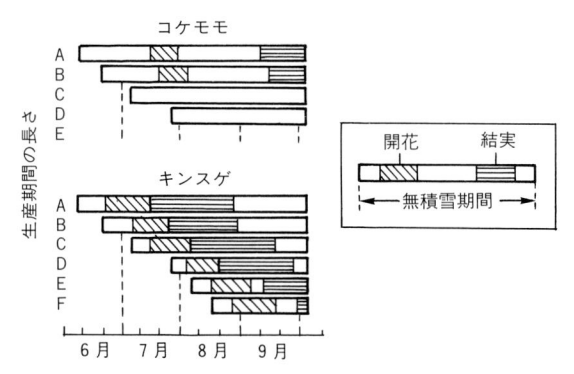

図III-21　無雪期間と葉の寿命との関係（Kudo, G., 1991）
A(120日)，B(105日)，C(90日)，D(70日)，E(60日)，F(50日)．かっこ内は融雪後の生育期間（日数）を示す．

III-21).これは,生育期間が長くなることで個葉の一定期間当たりの生産量が増加し,シュート当たりの葉の入替り速度が大きくなったことを意味する.

　個葉の寿命は,葉の構成(生産)・維持コストと生産期間,光合成速度の低下速度の影響を受け,個体にとって光合成生産が最大になるように決まることがシミュレートされた(Koike, T., 1988 ; Kikuzawa, K., 1989).事実,熱帯季節林の常緑と落葉広葉樹の葉の特性を比較した例においては,常緑樹では葉の生産・維持コストが高く,光飽和時の光合成速度当たりの葉の生産コストも大きかった(図III-22).生育期間を変化させたシミュレーションを行うと,常緑性は,低緯度と高緯度に2つのピークを持つことが再現された.低緯度,熱帯地域では個葉の寿命は1年以内でも,樹冠は緑色を1年中維持する樹種の存在がシミュレートできた.さらに,高度が上昇すると常緑性の存在比率も大きくなることが予測された.マレーシアのキナバル山での調査によって,この予測を裏付けることができた.さらに,常緑性でも個葉の寿命が1年未満の樹種も各高度でみつかった(菊沢喜八郎,1996).

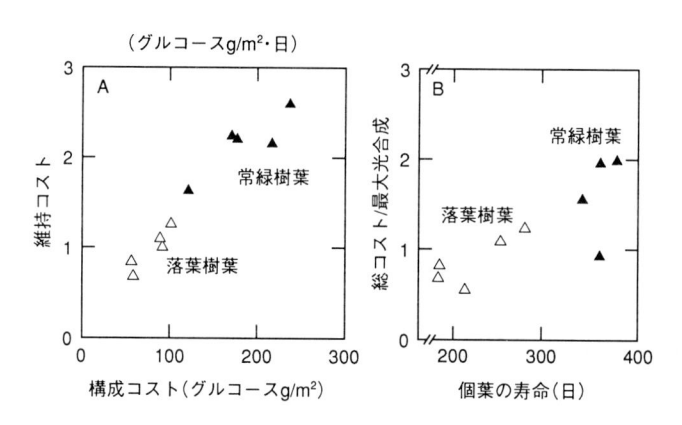

図III-22　葉の生産コストと寿命(Sabrado, M. A., 1991)

c．低い気圧と低温に対する反応

1）光合成適温

　高山域に生育する樹木の光合成速度は，低山域に生息するものより，光合成適温が低い傾向がある．また，高山域を主な生育環境とする樹種では，光合成適温を越えてからの光合成速度の低下が著しい（図III-23）．さらに，同一樹種でも広く低山から高山域にかけて生育する樹種では，光合成適温が低温域にシフトする樹種としない樹種がある．高山域に生育するシラビソでは，1生育期間中でも光合成適温が変化する．春から夏にかけて光合成適温が高温域に，秋から冬には低温域にシフトする．このように，光合成速度が最大になるように適温が変化するのは，葉の寿命が長い常緑性葉で顕著に認められ（Körner, Ch., 1999），葉の寿命の短い落葉樹では適温の変化がきわめて少なかった．

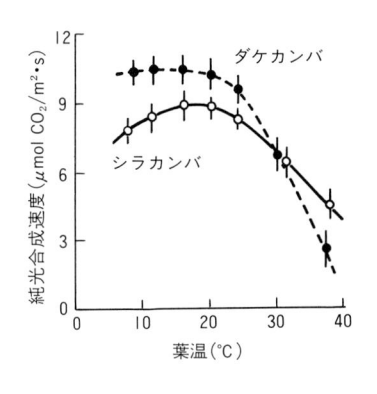

図III-23　ダケカンバ（高山に生育）とシラカンバ（低地に生育）の温度-光合成曲線
（Koike, T., 1995より改作）
測定時の光合成有効放射束密度　$680\mu mol/m^2 \cdot s$.

　個葉の寿命の長い常緑針葉樹の場合，細胞レベルでの活性調節も重要である．葉緑体の細胞膜にある脂肪酸の2重結合の数が増減することにより，膜の流動性を保ち，機能低下を防いでいる．夏季には飽和脂肪酸が卓越するが，冬季には不飽和脂肪酸の割合が増加する．このような生体膜の流動性の変化などを通して，光合成機能が最大限発揮できるような調整がされている．このような環境適応は，酵素レベルでも行われているので，次に紹介する．

2) 酵素活性

　高山域は低気圧とおおむね低温を特徴とする．このような環境でも，光合成機能が最大限発揮できるように適応している．個葉の光合成過程をみると，葉中で CO_2 が固定されるため，葉の内部の CO_2 濃度は葉の周囲より低くなる（図III-24）．この濃度勾配によって CO_2 は気孔を通り，細胞間隙中を細胞表面まで拡散する．そして今度は，液相中に溶け込み葉緑体ストロマまで拡散し，C_3 植物ではリブロース1,5-2リン酸カルボキシラーゼ（RuBP carboxylaze, RuBPC）によって固定される．ところが，この酵素は CO_2 と同時に酸素とも反応するので，リブロース1,5-2リン酸カルボキシラーゼ/オキシゲナーゼ（RubisCO）とも呼ばれている．

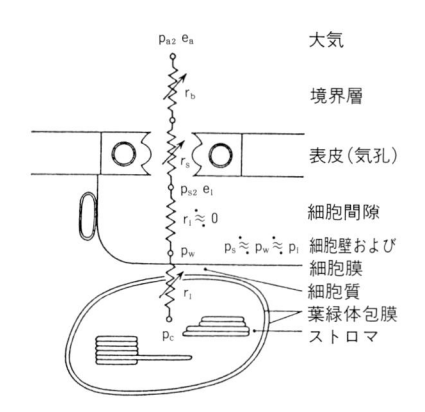

図III-24 CO_2 の拡散経路と葉中での CO_2 の固定（寺島一郎，1992）
p: CO_2 分圧を表す．添字のa: 外気，s: 気孔腔，w: 細胞壁，i: 細胞間隙，c: RuBPカルボキシラーゼによる CO_2 固定が行われる場所を意味する．r: 抵抗，b: 境界層，s: 気孔，i: 細胞間隙，l: 細胞壁，細胞膜，細胞質，包膜およびストロマを含む液相を表す．

　高山では気圧の低下に伴って CO_2 分圧は小さくなるが，同時に CO_2 拡散係数が大きくなり気孔コンダクタンスも大きくなるので，温度が一定のときには，気相中の拡散に気圧は影響しない．次に，液相中の CO_2 はストロマまで拡散してRuBPCに固定されるが，液相中の拡散は気圧ではなく温度によって影響され，温度が高いほど拡散速度は高い．一方，溶解度は低温ほど大きくなる．ここで，

気圧と温度の光合成速度への影響を考察するために広く用いられている，Farquhar らの式（1980）を用いたシミュレーションを紹介する（Terashima, T. ら，1995）．

RubisCO の二酸化炭素固定速度を V_c，酸素固定速度を V_o とする．光呼吸経路による CO_2 の放出速度が $0.5\,V_o$ であるので，総光合成速度 A_g は以下の式で与えられる．

$$A_g = V_c - 0.5\,V_o$$

$$= \frac{V_{cmax}C}{C+K_c(1+O/K_o)} - \frac{0.5\,V_{omax}O}{O+K_o(1+C/K_c)}$$

ここで，V_{max}：それぞれの基質で満たされた場合の最大光合成速度，C, O：葉緑体ストロマでの CO_2 と O_2 濃度，K_c, K_o：ミカエリス定数である．

ミカエリス定数の小さい方が親和性も高いので，CO_2 に対する親和性は低温ほど高くなる．これに対して O_2 では，温度に対する親和性にほとんど変化がない．さらに，気体の溶解度も温度に対して影響を受け，低温になるほど気体は溶けやすくなる．しかも，その度合いは CO_2 の方が高い（図III-25）．

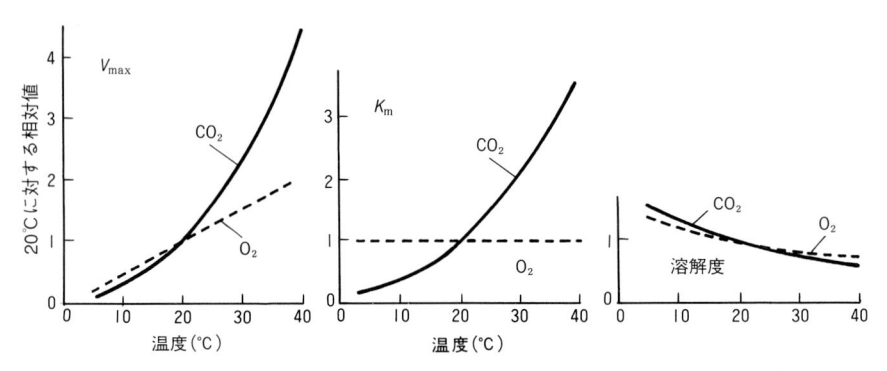

図III-25 光合成関連パラメーターの温度依存特性（Farquharの式）
20℃の値に対する相対値である．20℃の値は，V_{cmax}，$0.9\,\mu\mathrm{mol/mg}$タンパク質・分：V_{omax}，$0.73\,\mu\mathrm{mol/mg}$タンパク質・分：K_c，$7\,\mu\mathrm{M}$：K_o，$550\,\mu\mathrm{M}$：CO_2の溶解度（気相中の分圧に対して），$0.039\mathrm{M}/\mu\mathrm{bar}\,CO_2$：$O_2$の溶解度，$1.39\,\mu\mathrm{M/mbar}\,O_2$，$V_{max}$と$K_m$のデータはホウレンソウの酵素について測定されたものである．K_m値は温度に伴い上昇する傾向がある．

III. 垂直分布における環境適応

いくつかの仮定をもとにして，葉内二酸化炭素濃度（C_i）を23 Paとしたときの総光合成速度（A_g）の温度依存性をみると，15°C以上では大きな変化がなく，15°C以下ではA_gはV_{cmax}に大きく依存した（図III-26）．この原因は，次のように考えることができる．V_{cmax}は温度上昇とともに大きくなるが，15°C以上ではCO_2の溶解度の減少と，CO_2親和性の急速な低下がそれを一部相殺してしまう．さらに，O_2濃度は高温になってもあまり低下せず，親和性も温度に依存しないが，V_{omax}は温度上昇により大きくなる．したがって，O_2を基質とする光呼吸速度は温度上昇により高くなる．この結果，二酸化炭素固定速度に対する光呼吸速度が相対的に大きくなるため，15°C以上では総光合成速度の顕著な増加はみられなくなる．

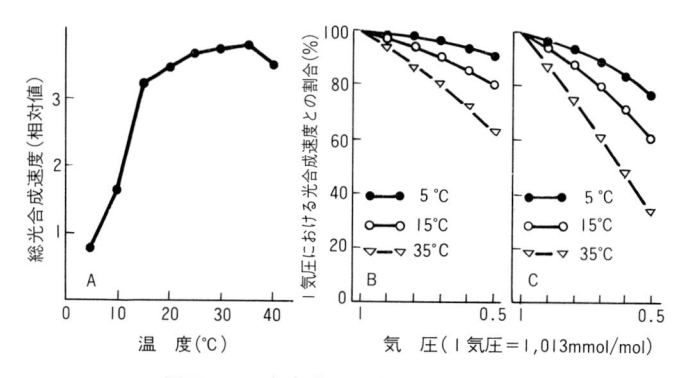

図III-26 光合成の温度と気圧依存特性
A：光合成速度の温度依存性．B，Cでは1気圧における各温度の速度を1として各気圧における速度を示す．1気圧における細胞間隙の二酸化炭素分圧は，230 μmol/molである．B：二酸化炭素と酸素の分圧が気圧の低下とともに低下する場合．C：酸素分圧は210mmol/molと一定で二酸化炭素分圧のみが低下する場合．

$C_i = 230\ \mu$mol/mol（一定）でも，高度の上昇とともにA_gはやや低下し，その低下割合は高温ほど大きい．O_2分圧を一定（210 mmol/mol）にし，CO_2分圧のみ低下するとA_gは急激に低下した（図III-26）．これらの結果，気圧の低下がA_gに与える影響は顕著ではなく，温度の低下が大きな影響をもたらすことを示している．しかし，現実に光合成が行われる際には，高山の強い日射によって葉温は適温付近に保たれる．

d．個葉の活性調節

異圧葉（heterobaric leaf）でも気孔が一様に反応しパッチ状の反応を示さない場合，葉内のCO$_2$濃度（Ci）は光合成と蒸散速度の同時測定から，CO$_2$とH$_2$Oの拡散速度比（約1.6）を考慮して推定できる（図III-27）．さらに，Ciと光合成速度（assimilation, A）との関係から個葉の光合成活性と制限要因を非破壊に推定できる（Farquhar, G. and Sharkey, T., 1982）．図III-27に示すように，A-Ci曲線の初期勾配は炭素固定効率を表すカルボキシレーション効率（A），Ci値飽和でのA_{max}はRuBP再生能力を表す（B）．Bでは葉緑体中の無機リン（Pi）の不足によってRuBP再生能が制限され，A_{max}値が低下する．さらに，葉緑体中に光合成産物が集積するが，転流に関与するスクロースホスフェイトシンセターゼ（SPS）の活性が制限要因となる．

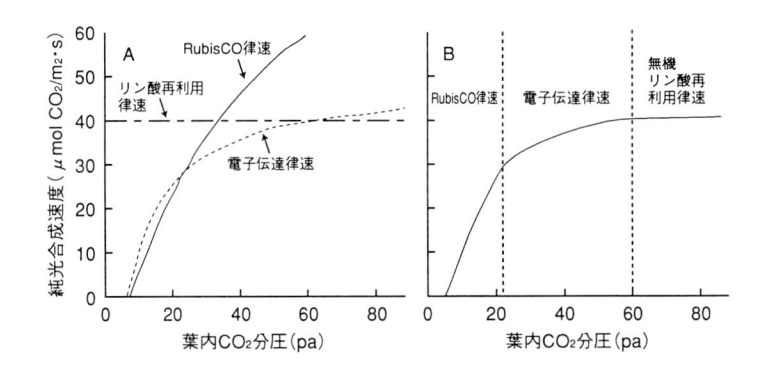

図III-27　葉内のCO$_2$分布と光合成速度のモデル（牧野　周，1999を改作）
A：RubisCO活性，電子伝達活性およびリン酸再利用速度によって律速される葉内CO$_2$濃度とリブロース2リン酸（RuBP）の再生産速度との関係．
B：Aの各律速光合成から，実際に期待される正味の光合成速度の葉内CO$_2$濃度応答．

オーストリア・アルプスの海抜600 mと2,300 mに生育する同一属，同一種植物のA-Ci曲線を比較したところ，高標高に生育する植物のカルボキシレーション効率が高い傾向が認められた．

このように，ヨーロッパアルプスの生育高度の異なる大量の種個体群の比較

からカルボキシレーション効率（CE）の違いを示したが，その理由は Terashima ら（1995）により理論的にも解析され，Sakata and Yokoi（2002）の研究によって RubisCO(ルビスコ)の特性が同じであっても，個葉光合成の O_2(酸素)依存性は異なる場合があることが解明された．生育高度の上昇によって気体の分圧も変化するが，これに植物も応答する．イタドリ個体群では個葉レベルの光合成速度の O_2 依存性は，gi（葉内 CO_2 拡散コンダクタンス）に依存して変化することがわかった．したがって，高地のように気圧の低い場所では，gi を考慮に入れなくては光合成速度の評価は難しいことが指摘された（図III-28）．この場合，gi による CE の抑制率は，低山で約 75％，2,250 m の高山では 54％程度と推定された．

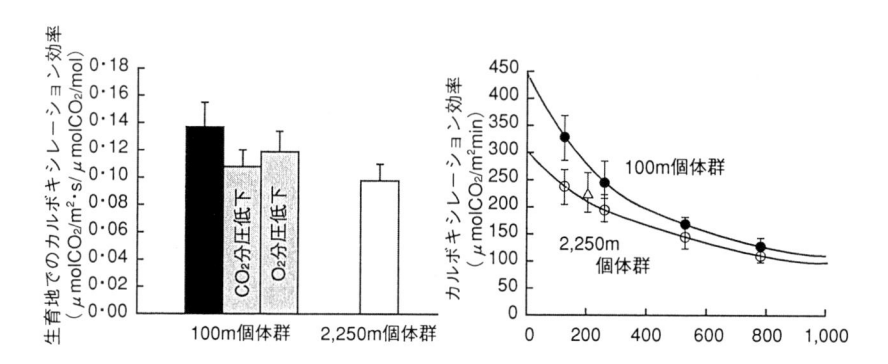

図III-28　海抜100mと富士山2,250mに生育するイタドリ個体群のカルボキシレーション効率の差異(左)と葉内CO_2コンダクタンスへの依存性(右)　（Sakata, T. and Yokoi, Y., 2002）

同じ性質のRubisCOを持つ植物でも，個葉光合成のO_2依存性は異なる．この違いを考慮することが，高山のような低気圧での光合成能力の変化を評価するのに必要になる．

e．二酸化炭素固定経路の多様性

二酸化炭素の固定経路には，イネや大部分の樹木にみられる C_3 型のほかに，トウモロコシで発見された C_4 型，パイナップルやサボテン類にみられる CAM 型が存在する．C_4 型の酵素の適温域は C_3 型よりやや高い範囲に存在し，熱帯地

域を中心に分布する．CAM 型は夜間に CO_2 を取り込み，日中は気孔を閉じて光合成生産を営む．このため，砂漠のような乾燥地に適応している．

　高山域では日射が強く，地面や葉の温度が著しく高くなると水蒸気飽差が大きくなり乾燥する．このような乾燥条件では，気孔を閉じ気味にして水分が奪われるのを防ぐ．

　RuBP カルボキシラーゼは，CO_2 を固定する場合に，重い ^{13}C（炭素の 1.11% 存在）よりも ^{12}C に親和性が高い．気孔が十分に開いているときには，この親和性の影響が顕著になり，^{12}C が多く固定される．しかし，気孔が閉じ気味になると ^{13}C もかなり固定されるようになり，$^{13}C/^{12}C$ が大きくなる．事実，世界中の高山植物の炭素同位体比を調べた結果，この値が大きく，多くの高山植物では気孔が閉じ気味であることが示唆された（Körner, Ch., 1999；寺島一郎，1992）．すなわち，大気中の全 CO_2 に約 1% 含まれている ^{13}C は，全世界の低地（50～900 m）と高地（2,500～5,600 m）の植物では $\delta^{13}C$ の増加（より絶対値が小さくなる）傾向があり，1,000 m につき 1.2 ‰ $\delta^{13}C$ が増加した．この原因は植物のサイズの矮生化ではなく，高山での CO_2 固定能力（葉内 CO_2 濃度と外気の差が小さいこと）に起因するとされる．ところで，C_4 型と CAM 型の二酸化炭素固定酵素はホスホエノールピルビン酸カルボキシラーゼ（PEPC）であり，$^{13}C/^{12}C$ にみられるような炭素同位体の分別を示さない．このことを利用すれば，高山域に生育する樹木の二酸化炭素固定様式の多様性を調べることができる．

(5) 呼 吸 機 能

　呼吸には，明条件での光呼吸と暗条件で測定する呼吸がある．光呼吸はグリコール酸酸化による CO_2 の放出である．個葉の温度に依存した暗呼吸速度を調べると，高山に生育する樹種の葉では，葉温約 40℃ までは低山に生育する樹種に比べて高い値を示した（図III-29）．これは，低温におかれても，わずかな温度変化を効率よく利用してエネルギー生産を営む適応と考えられる．実際，同一樹種を低温と高温条件で栽培し，その葉の暗呼吸速度を測定すると，高山に

生育する樹種と同様に，低温で栽培した方が同一測定温度に対する暗呼吸速度が高かった（図III-30）．このような暗呼吸にみられる順化能力は樹種ごとに異なり，種特性と考えられる（Koike, T., 1995 ; Körner, Ch., 1999）．

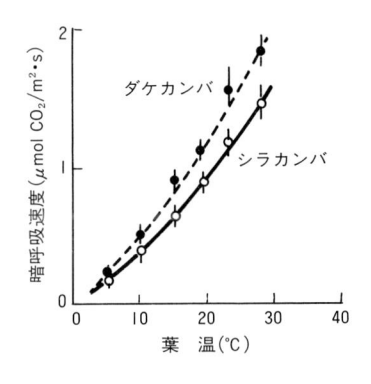

図III-29　ダケカンバとシラカンバの暗呼吸速度の温度依存特性（Koike, T., 1995より改作）

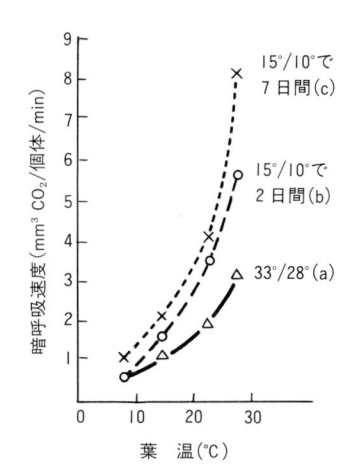

図III-30　異なる生育温度に順化したラジアータマツの温度-暗呼吸関係（Rook, D. A., 1969）

33℃/28℃で育てた*Pinus radiata*（幼苗，a）を15℃/10℃に移したとき（bとc）の呼吸と温度．

(6) 紫外線に対する適応

a．葉の形態と色素

高山域に生育する植物の葉は，高度とともに増加する紫外線（特にUV-B, A）に適応した形態を示す．高山植物の多くは多肉質で，表皮細胞の発達した葉を

備えている．従来，この形態的特徴は乾燥に対する適応と考えられていたが，クチクラ層や表皮細胞中の DNA 量などの分析結果から，紫外線に対する適応と考えられるようになった．タンパク質や DNA の紫外線による損傷を回避できるように，葉の形態・解剖特性だけでなく，紫外線吸収能力のあるアントシアンをはじめフラボノイドなどの物質を合成する能力をも発達させている．

アメリカ・ワイオミング州の高地に生育する 22 種類の植物の葉の UV-B 透過性を，髪の毛のように細いファイバーを差し込んで調べる研究が行われた．この結果，常緑性葉の UV-B 透過率は落葉性葉では約 14％であり，表皮細胞でその大部分が吸収されていることが判明した．また，常緑葉の解剖特性をみると表皮細胞が発達しており，フラボノイド系化合物が表皮細胞と柵状組織に集積していた．また，UV-B を照射して栽培した材料を用いて影響を評価したところ，光合成能力の低下が顕著で生産量も小さかった(表III-2)．この現象を裏付けるように，葉緑体構成タンパク質遺伝子の発現は UV-B によって抑制されていた．形態的には葉が厚くなり，表面をワックス状の物質が厚く被い，主に葉縁の葉肉部分には黄化した個所がみられた．

表III-2　テーダマツの成長，光合成速度，紫外線吸収物質に及ぼす UV-B 照射の効果

	照射時間(週)	UV-B 照射量(kJ/m^2)		
		11.5	13.6	19.1
苗高	28	↓	—	—
光合成活性	1	—	—	—
	10	↓	↓	↓
	20	↓	—	—
	28	↓	—	↓
紫外線吸収物質	20	—	—	↓
	28	—	↑	↑

$P<0.05$ で対照(紫外線照射 0)に対して有意に減少したものを↓，増加した場合↑，有意差がなかったものを−で示した．

(竹内裕一，1991 より引用)

b．UV-B照射と成長

　北アメリカに自生するマツ科の針葉樹のメバエに対するUV-Bの影響を調べた．高地に生育するマツのメバエでは，オゾン層が20～40%破壊された場合のUV-B照射でも樹高成長は低下しなかった．しかも，表皮細胞における紫外線吸収物質の増加には処理間での有意な増加は認められなかった(表III-3)．わが国の樹種でも同様な傾向が認められた(岡野未発表)．これに対して，アメリカ南東部の低山帯に生育するテーダマツでは，低レベルのUV-B照射(11.5 kJ/m^2)でも樹高成長が抑制された．ところが，中・高レベルの照射(13.5, 19.1 kJ/m^2)では樹高成長の低下がみられず，光合成活性は生育期間が長くなるにつれて回復した．このとき，葉中のフラボノイド系紫外線吸収物質の量が増加していた．以上のことから，この吸収物質の生産能にはUV-B量に応じて適応的に変化する部分と，遺伝的に変化する部分が存在すると考えられる．しかし，UV-Bに対する樹木の反応の研究例は限られており，今後の発展が期待される．

3．遺伝的多様性

(1) 高度と種の多様性

　これまでは，個体の環境適応に焦点を当てて高度変化の意義を検討した．ここでは，個体ではなく"種"の存続を遺伝的視点から評価する．

　種の多様性(species diversity)は，地球上の種の広がりを代表する概念であり，生物の分類上重要な"種"の数によって測定される．ただし，以下に述べるように，種数と種多様性は異なった概念である(橘川次郎，1995)．種多様性は，複雑な生物群集の構造や種以外のレベルに対する用語である(表III-4)．高山地域での種多様性の原因は，氷河期と間氷期における種の分断と絶滅，その後の微地形と日射，風向と強さ，養分の供給などによってもたらされた(Körner, Ch., 1995)(避難所仮説とニッチェ分割仮説が有力)．

表III-3 異なるUV-B照射量に対する苗高成長反応

種	UV-B$_{BE}$照射量 (kJ/m^2)	苗高 (mm)
Picea engelmannii	0	68
エンゲルマントウヒ	12.4	64
	19.1	62
Picea glauca	0	79
グラウカトウヒ	12.4	80
	19.1	79
Abies fraseri	0	43
フラセリーモミ	12.4	40
	19.1	37
Pinus controrta	0	90
コントルタマツ	12.4	73*
	19.1	66*
Pinus strobus	0	98
ストローブマツ	12.4	93
	19.1	90
Pinus resinosa	0	101
レジノーサマツ	12.4	92
	19.1	75*
Pinus edulis	0	100
センブラマツの変種	12.4	97
	19.1	105
Pinus taeda	0	211
テーダマツ	12.4	—
	19.1	177*
Pinus nigra	0	104
ヨーロッパクロマツ	12.4	118
	19.1	126
Pinus sylvestris	0	101
ヨーロッパアカマツ	12.4	97
	19.1	101

*$P<0.05$で照射（UV-B$_{BE}$：0）に対して有意差があることを示す．

(竹内裕一，1991より引用)

　種数の多さ（species richness）が顕著な地域は熱帯の低地林である．種数は緯度が高くなるにつれ，また標高が高くなるにつれて減少する．熱帯地域では，高度の上昇によって種数が急激に減少する．一方，温帯地域では低山帯の種数は熱帯地域より少ないが，高度の上昇による減少率は小さい（図III-31）．これ

III. 垂直分布における環境適応

表III-4 さまざまなレベルの多様性

多様性のレベル		具体例など
種　内	遺伝子	遺伝情報
	表現型	遺伝子発現により表面に現れた性質
	品種，亜種	形態・生理的に違う特性
群　集	種	分類の基準単位を基礎とする
	生育形	環境に適応した結果形態に現れる違い
	生活型	草本と木本，一年生と多年生など，生活の仕方
	ギルド	資源の要求性と獲得様式が似た種の集合
	構造	生活型の組合せや密度など
生態系	群　集	複数の生物種の集まり
	生態系	多様な種がつくる生態系（生物と環境のまとまり）

らの現象は地域ごとのエネルギー供給量によって引き起こされ，温度の季節変化がほとんどない熱帯地域では，温帯に比べると高度上昇による積算温度の低下が急激である．さらに，過去の気温の上昇によって高度の低い山に生育していた高山性の植物は追い上げられて，気温低下によって生育環境が回復しても直ちに侵入できないことも種多様性に大きな影響を与えている（図III-32）．

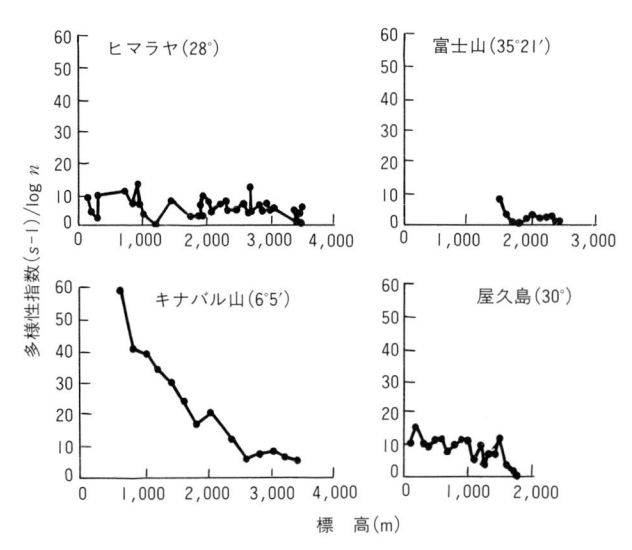

図III-31　種多様性の標高・緯度分布(Ohsawa, M., 1995)
個別の山岳ごとの種多様性の標高による変化．（　）内は緯度．

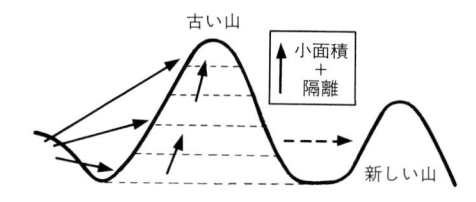

図III-32 種数と高度との関係
一度絶滅した種は，他の山塊から種が供給されるまで分布できない．

(2) 特　殊　化

a．耐雪性と耐凍性

　高度の上昇によって，生育期間の短縮や生産量の減少が顕著になる．このほかに，摩耗効果(abrasion)と呼ばれる積雪や氷による幹割れ，折れ，倒伏などの機械的損傷や病害の発生によって，樹種の分布域は大きく制限される（図III-33）．アカマツ，ヒノキ，トウヒ，シラベ，ウラジロモミなどは，温度，水資源の面から期待される地域に分布しないか，わずかしか分布していないことが

図III-33　摩耗効果の例
(Holtmeier, F.K., 1979)
氷粒などにより，エンゲルマントウヒの樹皮が剥がされた例．ロッキー山脈3,530mの例．

多い．この分布の境界となるのは，積雪深が 50～100 cm の場所とほぼ一致し，土壌凍結の発生する立地と対応する．シラベとエゾマツは，積雪が 2 m を越える場所では分布域が著しく減少する．高山の樹木限界を構成できる樹種は，匍匐性，灌木性を備えている．この能力が淘汰され，この結果として，スギ，ハイイヌガヤ，ハイマツなどの匍匐性を示す樹種が，積雪深 3 m くらいの地帯にも分布できる．低山のブナ帯ではシマリ雪のために雪圧害が多発している．根曲がりはその典型である（図III-34）．豪雪地帯では偽高山帯が認められるが，東北地方の月山ではブナ-ミヤマナラ灌木林が偽高山帯として極相林を構成する（酒井 昭，1995）．

図III-34 豪雪地帯におけるスギの根曲がりの例（小野寺弘道 原図）

南半球のニュージーランドとオーストラリアでは，森林限界を南極ブナなどの常緑広葉樹が構成していることが多い（Ogden, J. ら，1996）．この原因は，暖帯常緑，落葉樹は－15℃程度の凍結にしか耐えられないが，南半球の樹種には日本の温帯落葉広葉樹が耐える－25～－30℃の凍結に耐える樹種がない事実を基礎に，常緑広葉樹の耐凍性獲得の進化という立場から説明されている（酒井 昭，1995）．

b. 遺伝的変異
1) 広葉樹

同一樹種でも生育環境によって，耐凍性をはじめ，さまざまな遺伝的能力に差がみられる．例えば，オーストラリアの山岳盆地では斜面の冷込みは小さいが，斜面下部では放射冷却により冷込みが強くなるため，ユーカリの中でも耐凍性の高い個体のみ生育が可能である（図Ⅲ-35）．

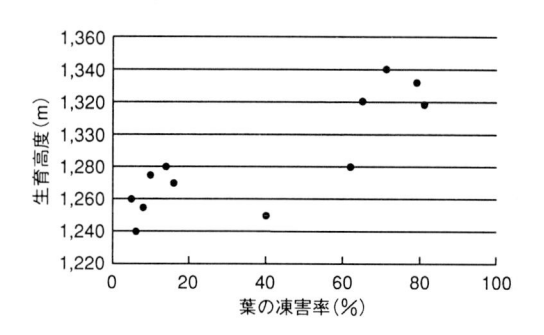

図Ⅲ-35 ユーカリ類にみられる微地形と耐凍性との関係 (Hardwood, C. E., 1980より改作)

垂直変化に伴う成長変異の研究は，高山に生育するミヤマナラと低山帯を主な生育地とするミズナラのコナラ属近縁2種について，日長と温度反応の解析に基づいて調べられた．ミヤマナラは高度に伴い葉が小型化する（能代修一，1984）．生育高度の上昇に伴い，生育期間が低温によって短縮されるだけでなく，霜などによってシュートには被害が生じる．シュートの成長に着目して，両樹種を比較した．制御環境での実験の結果，高温条件（昼/夜：25/15℃）では両樹種の成長停止時期が遅れる．しかし，ミヤマナラは高温条件でも短日条件になると成長を停止し，厳しい冬の到来に備える能力がミズナラより優れていることが示された(森　徳典，1988)．さらに，光合成生産量がミズナラより小さかったが，ミヤマナラの光合成産物は，低温条件では根系へ多く分配され，2次伸長もみられなかった．これに対してミズナラでは，低温条件（20/15℃）で初

めてミヤマナラと類似の成長停止傾向を示す.

ポプラやカンバ類ではしばしば観察されるが,分布の南限を産地とする材料では,北限近くに植えると成長停止が遅すぎて霜などによって枯死する.これと反対に,北限の個体を南限近くに植えると成長をあまりに早く停止するために,他の樹種との光や栄養を求める競争に耐えることができない.このように,分布の端に生育する個体群では遺伝的多様性が失われた結果,前記のような現象がみられる.

2) 針　葉　樹

北海道中央部の300〜1,600 mに生育するトドマツの集団から種子を採取し,実生の成長を7年間にわたって調査した.この結果,高地から採取した個

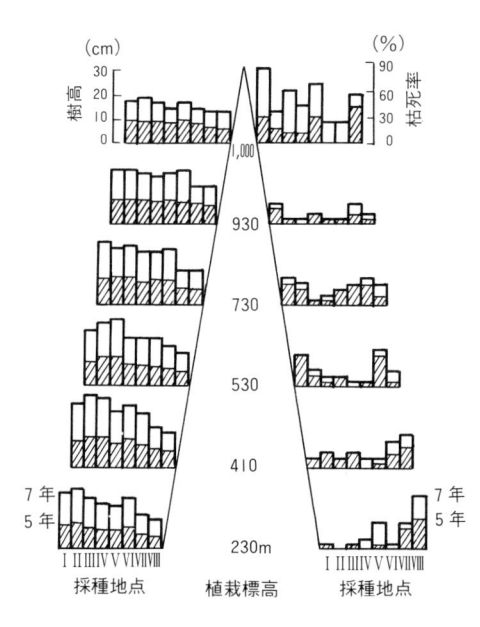

図III-36 異なる標高を産地とするトドマツ種苗の生残と成長（倉橋昭夫,1983）

採種地点標高… I : 230m, II : 340m, III : 420m, IV : 530m, V : 750m, VI : 940m, VII : 1,100m, VIII : 1,200m.

体群の成長が悪く，730 m 以下に植栽したときには高い死亡率を示した．高地に適応すると矮性化して耐凍性を獲得するが，高い淘汰圧の中で1つの方向に選抜が進むため，集団内部での遺伝的変異の幅は小さくなる．この結果，高地環境で生育した個体群では個体サイズが小さく成長期間も短くなるために，低山での競争には勝ち抜けなくなる（倉橋昭夫・濱谷俊夫，1981）．これとは反対に，分布の下限に近い 230 m から採種された個体群では，830 m 以上の高地で生育させた場合，枯死率がとても高かった．優占する自生地の材料は枯死率が低く，どの高度の植栽地でも良好な成長を示した（図III-36）．この結果から，分布の上限・下限付近の材料は遺伝的な淘汰が働き，生存個体では，他の環境への適応能力を失っていると考えられる．

同様に，トドマツの耐凍性を調べた結果，高山から得られた材料の被害度は著しく小さかった．さらに，種子の産地の高度が上がるにつれて，メバエの耐凍性の低い個体の割合が減少した．1,200 m から採種したメバエは，低地での生育がきわめて悪く矮性状態を留めた（Eiga, S. and Sakai, A., 1984）．また，1,200 m 付近では，自生するトドマツの個体がきわめて少ないため，自家受粉の機会が増加する．このため，稔性低下，種子の充実度の低下，雌花の異常など

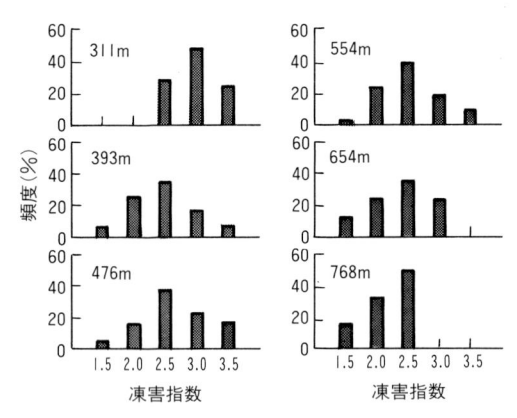

図III-37 トドマツ耐凍性の高度による変異（栄花　茂，1984）
縦軸はそれぞれの凍害指数を示すクローンの割合．横軸の数字の減少は被害の減少を示す．凍結温度 −43℃．

が多い（図III-37）．以上のことから，遺伝的な多様性は高度の上昇に伴って失われ，遺伝的分化が進んでいると考えられる．

　本稿に数々の御助言をいただいた坂田　剛氏に感謝する．

IV. 樹木の形成層活動と幹の成長

　現在の地球上には，4目760種の裸子植物（Gymnosperms）と83目約23万種の被子植物（Angiosperms）が確認されている．このような植物のうち，裸子植物のすべてと，被子植物の中の双子葉植物（dicotyledon）の一部が樹木（tree, arbor）と呼ばれる植物である．なお，灌木（shrub）と呼ばれる小型の木本植物も，広義には樹木の中に含まれる．裸子植物の中でも，球果植物目に属するマツ科（*Pinaceae*），ヒノキ科（*Cupressaceae*），スギ科（*Taxodiaceae*）などの8科に属する植物は針葉樹（conifer）と呼ばれる．これに対し，木本の双子葉植物は広葉樹（broadleaf tree）と呼ばれている．では，なぜ遺伝的にかけ離れた2つのグループに属する植物群に，樹木という共通の呼称が与えられているのだろうか．樹木は，その多くが堅牢な幹の発達した大型の体型を持ち，長年にわたって木部の体積を増加させながら生き続けることができる．すなわち，樹木とは，針葉樹，広葉樹に共通して，成長し続ける大型の幹と長寿命という2つの特徴を合わせ持つ植物群に与えられた呼称なのである．そして，このような特徴を決定しているのは，形成層（cambium）と呼ばれる幹の細胞分裂帯の存在である．なお，単子葉植物（monocotyledon）のリュウケツジュ（*Dracaena*）属などは形成層によって幹を肥大させる特殊な生育形を持つが，ここでは対象としない．

1. 形　成　層

(1) 伸長成長と肥大成長

　樹木が大型化し，また長期間にわたって生存できる仕組みはどのようであろうか．樹木はシダ類や草本類とは異なり，一定の周期を持ちながら長年にわたって伸長成長と肥大成長とを持続的に行うことができる．これら2つの成長様式

によって，樹木は毎年体型を拡大しながら長期間，生存し続ける．

図IV-1 は，針葉樹の頂端における成長の仕組みを示したものである．伸長成長は，幹や枝の先端にある頂端分裂組織（apical meristem）の細胞分裂活動によって進行するもので，一次成長（primary growth）とも呼ばれる（a-a 断面）．

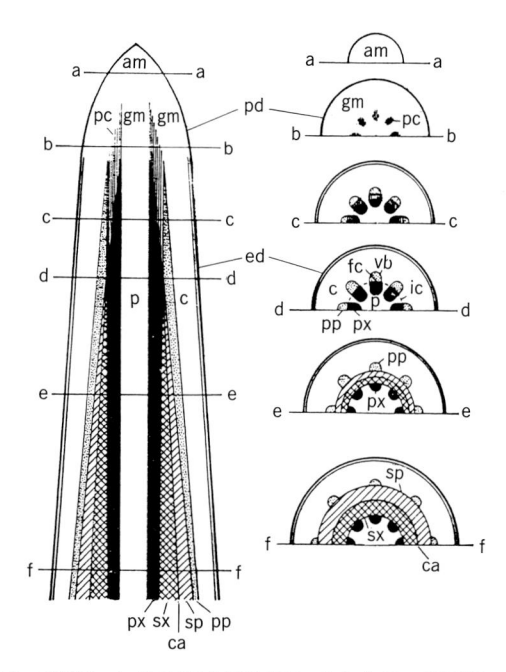

図IV-1 樹木の頂端における形成層出現と二次成長の開始過程（島地謙ら，1976）

am：頂端分裂組織，pd：原表皮，gm：基本分裂組織，pc：前形成層，ed：表皮，p：髄，c：皮層，vb：維管束，fc：束内形成層，ic：束間形成層，pp：一次師部，px：一次木部，sp：二次師部，sx：二次木部，ca：形成層．

ここで形成される細胞は次々に下方へ押し出され，分裂組織は逆に上方に移動する．このような個体の伸長成長は，草本類を含む植物全般に共通して認められるものである．これに対して，肥大成長は樹木に特有の成長様式である．頂端分裂組織で形成された細胞群は，下方に進むにつれて次第に機能分化が生じるようになる．やがて，細胞群の中に前形成層（procambium）と呼ばれる細胞

IV. 樹木の形成層活動と幹の成長

分裂の活発な部分が複数出現するとともに，維管束（vascular bundle）が形成されるようになる（c-c 断面）．維管束は外側の一次師部（primary phloem），内側の一次木部（primary xylem），またその間の束内形成層（fascicular cambium）から構成される．やがて，維管束の間に束間形成層（interfascicular cambium）と呼ばれる細胞分裂帯が現れ（d-d 断面），これが束内形成層と連結することによって形成層（cambium）となる．形成層は幹の横断面では環状に現れるが，幹全体からみると円筒状である．形成層は外側に二次師部（secondary phloem）を，内側に二次木部（secondary xylem）を次々と形成するようになる（e-e 断面）．肥大成長とは，このような形成層の活動による幹の直径増加を意味しており，二次成長（secondary growth）とも呼ばれている．なお，二次成長は，枝や根においても行われている．二次木部は内部に年々蓄積されるので，幹の直径は齢が進むにつれて増加することになる．木材と呼ばれて利用されるのは，この二次木部が蓄積した部分である．しかし，主に二次師部の層から構成される樹皮は，外側から少しずつ脱落するために，際限なく肥厚することはない．

ここで，幹の組織構造を簡単に解説しておこう．図IV-2 は針葉樹であるアカマツ（*Pinus densiflora*）と，広葉樹であるコナラ（*Quercus serrata*）の幹の断面を示したものである．幹の外部から内部に向かって周皮（periderm），皮層

図IV-2 針葉樹のアカマツ（左）と広葉樹のコナラ（右）の幹の断面
矢印は形成層の位置を示す．

(cortex), 二次師部, 形成層(矢印), 二次木部の順に配列している. 一般的に, 周皮は外樹皮 (outer bark), 皮層および二次師部は内樹皮 (inner bark) と呼ばれる. また, 針葉樹の木部は主に仮道管 (tracheid) からなるが, 広葉樹では主に道管 (vessel) および木部繊維 (wood fiber) から構成される. さらに広葉樹は, 道管の配列により, コナラやケヤキ (*Zelkova serrata*) のように大型道管が環状に配列する環孔材 (ring-porous wood), ブナ (*Fagus crenata*) やトチノキ (*Aesculus turbinata*) のように道管が木部内に散在している散孔材 (diffuse-porous wood), あるいはアラカシ (*Quercus glauca*) のように道管が放射方向に配列する放射孔材 (radial-porous wood) などに区分されている.

　日本に分布するほとんどの樹種では, 広葉樹, 針葉樹に共通して切り株に明らかな同心円の輪模様を観察することができる. この輪模様は, 形成層活動の周期的な変化が木部の構造に現れたものであり, 一般的には成長輪 (growth ring) と呼ばれている. 温帯地方の樹木では, 成長輪は1年単位で形成されるために, 特に年輪 (annual ring) と呼ぶわけである. 年輪は, 横断面でみれば同心円状であるが, 円錐型の樹形を持つ針葉樹でみれば, 縦に長い円錐状の木部のさやを次々に重ねるようにして成長が進行していくことになる.

(2) 形成層における細胞分裂と肥大成長機構

　形成層は, 組織解剖学的には放射方向の直径が小さく, 壁の薄い細胞からなる分裂活性の高い細胞層として観察される. しかし, 厳密には形成層は分裂帯の中心に位置する形成層始原細胞 (cambial initial), 師部側の師部母細胞 (phloem mother cell), および木部側の木部母細胞 (xylem mother cell) から構成されている. また, これらの細胞分裂によって形成された未分化の細胞と形成層とを含めて形成層帯と呼ぶ (図IV-3). 形成層始原細胞の細胞分裂には, 接線面で師部側と木部側の2つに分かれる接線面分裂 (periclinal division) と, 形成層の円周の拡大のため, 放射方向で分かれる垂層分裂 (anticlinal division) とがある (図IV-4). 垂層分裂には, 放射面分裂 (radial division), 偽横分裂 (pseudotransverse division), 側方分裂 (lateral division) の3種類がある. 細

IV. 樹木の形成層活動と幹の成長

胞分裂活性の高い形成層では，頻繁に偽横分裂が行われる．図IV-3における針葉樹仮道管の形成過程をみると，細胞分裂によって木部側に生み出された細胞は，分裂活性を失うとともに縦方向や横方向に拡大していく．それまでの細胞壁は一次壁と呼ばれる単層の構造であるが，最終的には3層のセルロース層からなる細胞壁（二次壁）を持つ仮道管が完成する．このような木部細胞の形成経過は，逐次的，段階的であり，①細胞分裂過程，②細胞伸長拡大過程，③細

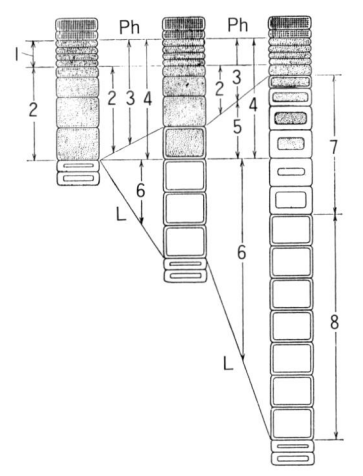

図IV-3 形成層活動による針葉樹仮道管の形成・成熟過程（島地謙ら，1976）
1：形成層帯，2：細胞拡大帯，3：一次壁帯，4：原形質帯，5：二次壁肥厚帯，6：成熟木部，7：晩材部，8：早材部，Ph：師部，L：前年度に形成された晩材部．

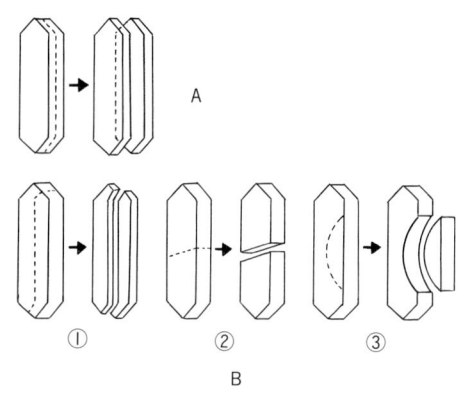

図IV-4 形成層の細胞分裂様式
A：接線面分裂，B：垂層分裂（①放射面分裂，②偽横分裂，③側方分裂）．

胞壁肥厚過程の3つの過程を経て進行していく．

(3) 形成層活動の制御機構

　樹木の形成層活動は，季節変化に従って一定の周期性を示すとともに，温度，日長，樹体内の水分状態，重力などのさまざまな環境条件の影響を受けている．周期性のメカニズムや，さまざまな環境因子が形成層活動に及ぼす影響はきわめて複雑であり，すべてを生理学的に明らかにすることは容易ではない．しかしながら，形成層活動は基本的には細胞の分裂増殖と新生細胞の分化という2つの相の連続であり，これらは，さまざまな植物ホルモンによって調節されている．植物ホルモンは現在のところ，オーキシン(auxin)，ジベレリン(gibberellins, GAs)，サイトカイニン(cytokinins)，アブシジン酸(abscisic acid, ABA)，エチレン（ethylene），ブラシノステロイド（brasinosteroid），ジャスモン酸(jasmonic acid)の7種類が知られている．これらの植物ホルモンのほとんどは，形成層をはじめとするさまざまな器官から検出される．しかしながら，植物ホルモンはそれぞれが単独で作用しているとは限らず，多くの生理現象は複数の植物ホルモンの相互作用によって調節されている．

　オーキシンは細胞分裂の活発な芽やシュート(shoot，新条)で生合成される．植物ホルモンの中でもオーキシンは，形成層における細胞分裂過程や細胞の伸長・拡大過程に最も重要な役割を果たしている．生理活性を示す天然のオーキシンは，インドール酢酸（IAA, indoleacetic acid）である．IAAの供給源である芽や葉を除去したり，幹の一部を環状に剥皮してIAAの転流を阻害すると，下方の形成層活動は抑制される．

　オーキシンと同様にジベレリンについても，数多くの針葉樹や広葉樹を用いてその役割が調べられてきた．ジベレリンは現在，100種以上が確認されているが，生理活性を有する主なものはGA_1，GA_3，GA_4の3種である．特に，ジベレリンはオーキシンとともに処理すると,相加的あるいは相乗的な効果を示し,両者を組み合わせることで形成層活動を顕著に促進することができる．例えば，ハコヤナギ属の*Populus robusta*のシュートの芽を除去し，そこにオーキシン

とジベレリンを組み合わせて与えると，木部と師部は両者の相互作用によって形成されることが確認されている（図IV-5）．

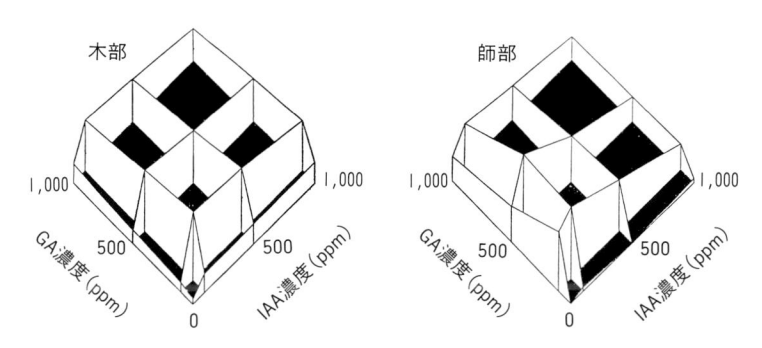

図IV-5 *Populus robusta*を用いた形成層活動の人為調節実験（Digby, J. and Wareing, P. F., 1966）
シュートの芽を除去し，そこにオーキシンとジベレリンを与えたところ，木部と師部は両者の相互作用によって形成された．

サイトカイニンは，主に根の先端で合成されるが，形成層部位での内生サイトカイニンの存在も確認されている．植物体に多く存在するサイトカイニンは，ゼアチン（zeatin）とゼアチンリボシド（zeatin riboside）である．サイトカイニンは形成層活動の促進や放射組織発達におおむね促進的に作用する．

アブシジン酸（ABA）は水（欠乏）ストレスが生じると急激に植物体内で増加し，葉では気孔閉鎖を促進することが知られる．モミ属（*Abies*），トウヒ属（*Picea*），マツ属（*Pinus*）などの針葉樹に対してABAを処理すると，仮道管の形成や放射方向の径が減少するところから，ABAは形成層活動に対しては抑制的に作用するようである．水ストレス下におかれた樹木の形成層では，細胞分裂が抑制されるとともに，IAAの減少およびABAの増加が認められている．

エチレンは気体の植物ホルモンである．エチレンは植物に接触，傷害，乾燥，根系の酸素欠乏などによってストレスが生じると，葉，幹，根，果実などのあらゆる器官で生成される．例えば，絶えず接触刺激を与え続ける樹木の盆栽作りにも，エチレン生成は重要な意味を持っている．形成層活動については，エ

チレンを発生させる化学物質であるエセフォン（ethephon あるいはエスレル，ethrel）を幹に環状に塗布処理すると，広葉樹や針葉樹のさまざまな樹種で処理部の師部や木部は過剰に増加する（図IV-6）．このようなエチレンによる肥大現象には，オーキシンも同時に関与している．

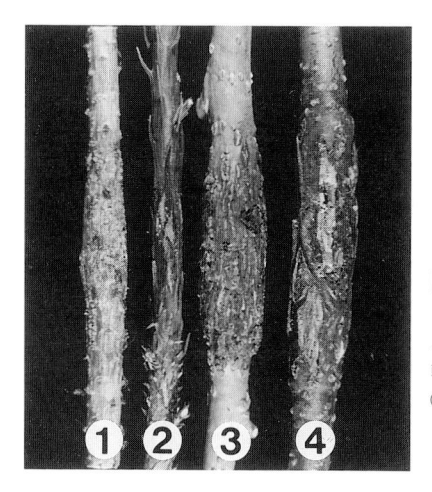

図IV-6 エスレル塗布処理試験（山本福壽，1984）
エチレンを発生させる化学物質であるエスレルを幹に塗布処理すると，幹が局所的に肥大する．
①アカマツ，②スギ，③ホオノキ，④ハネミイヌエンジュ．

2．形成層活動の周期性

(1) 形成層活動の周期性と年輪

　温帯域に分布する樹木の形成層は，春先の気温の上昇による一斉開芽やシュートの伸長開始に連動して活動し始め，晩春から夏にかけては旺盛な細胞分裂活動を示す．やがて，夏の終わりから活動が鈍化し，秋には細胞分裂を終息させる．この結果，針葉樹では多くの樹種の木部に成長の盛んな4～7月に形成される部分（早材，early wood）と，成長が減退する8～10月に形成される部分（晩材，late wood）が交互に現れることになる．早材を構成する細胞は直径が大きく，密度は小さい．これに対して晩材は，直径が小さく密度の大きな細胞から構成されている．一般的には，密度の大きい晩材部分が濃色を示すために，年輪を明確に認識することができる．

IV. 樹木の形成層活動と幹の成長

　年輪は，早材と晩材との組織構造や密度の差異が大きいほど視覚的に認識しやすい．例えば，針葉樹を例にとると，スギ，アカマツ，カラマツ（*Larix kaempferi*）などは早材仮道管と晩材仮道管の密度差が大きく，年輪界が明確である．これに対してヒノキ（*Chamaecyparis obtusa*）は，晩材の比率が小さく，しかも早材，晩材の密度差が小さいために年輪がやや判別しにくい．さらに広葉樹をみると，大型道管が環状に配列しているコナラ属（*Quercus*），ハリギリ属（*Kalopanax*），ケヤキ属（*Zelkova*）などの環孔材樹種は，道管が木部内に分散しているブナ属（*Fagus*），トチノキ属（*Aesculus*），カエデ属（*Acer*）などの散孔材樹種に比べて一般的に年輪の判別が容易である．

　このような年輪は，温帯や亜寒帯に分布する樹木ばかりでなく，気温が常に高い亜熱帯や熱帯地域に生育する樹木でもしばしば認められる．これらの地域では，日本のような気温の変化が年輪を形成する主要因ではない．例えば，乾季と雨季が明確に分かれている熱帯モンスーン地帯では，降雨量の季節的変動が形成層活動の周期性をもたらす主要因となっている．

(2) 組織構造からみた形成層活動の季節変化

　樹木が盛んに成長している時期に枝を折ったとき，樹皮が簡単に剝がれることに気が付く人も多いであろう．しかし，冬期に樹皮を手で剝ぐことは容易ではない．冬期に樹木の幹を輪切りにし，現れてくる形成層の横断面を顕微鏡でみてみると，形成層帯を構成している細胞（形成層始原細胞）は，放射方向に2，3層が観察されるにすぎない．この時期は，形成層始原細胞の細胞壁が固くて強靭であり，機械的な力がかかっても容易に破壊されることはない．しかし，春が近付くにつれて細胞壁は軟弱になり，細胞分裂が盛んになる頃には，いとも簡単に樹皮を剝ぐことができるようになる．最も細胞分裂が盛んな5月頃には，形成層帯で観察される分裂中の細胞は10〜15層を数えることができる．

　形成層活動の季節的変化を具体的な例でみてみよう．図IV-7は，北海道に植栽されているカラマツ（*Larix leptolepis*）の形成層活動の季節的変化モデルを示したものである．北海道のカラマツの幹では，5月初旬に師部の形成が開始さ

れる．木部細胞の形成は，6月初旬になってようやく始まる．そして，7月には細胞分裂が最も盛んとなり，細胞数は急速に増加する．さらに，8月初旬からは細胞分裂が鈍化し始め，これとともに晩材形成が開始される．9月初旬になると気温の低下につれて分裂活性が低下し，下旬では細胞分裂はほとんど停止してしまう．このような形成層活動の変化は，本州や九州などの低緯度地域に植栽されているカラマツでも同じであるが，一般に成長開始時期は早くなり，停止時期は遅くなる傾向がある．

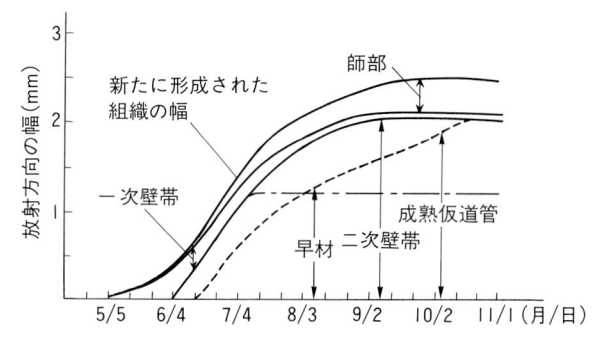

図IV-7 北海道におけるカラマツの形成層活動の季節的変化
(今川一志・石田茂雄，1970)

5月初旬に師部の形成が開始．木部細胞の形成開始は6月初旬．7月には細胞分裂が最も盛んとなり，細胞数は急速に増加．8月初旬からは細胞分裂が鈍化し始め，晩材形成が開始．9月初旬になると，気温の低下につれて分裂活性が低下し，下旬では細胞分裂はほとんど停止．

広葉樹の形成層活動における季節変化の様相は，散孔材樹種と環孔材樹種でかなり異なっている．図IV-8は，散孔材樹種2種，環孔材樹種2種の直径成長経過を長期間に渡って観察したものである．散孔材樹種であるソメイヨシノ（*Prunus*×*yedoensis*）やナンキンハゼ（*Sapium sebiferum*）では，初期の肥大成長の立上りが緩慢である．これに対して環孔材樹種であるコナラ（*Quercus serrata*）やキリ（*Paulownia tomentosa*）では，春先の3月下旬に急速な直径の増加が認められる．一般に散孔材樹種では，形成層活動の開始は芽の活動に連動しているようであり，開きつつある芽の基部から下方へ徐々に進行していく．

形成層活動は新たな木繊維細胞を生み出すと同時に，成長期間中，不定期的に道管を形成し続ける．これに対して環孔材樹種では，幹全体の形成層がほとんど同時に活性化し，まず初めに，環状に単層〜数層の大型の道管からなる孔圏を形成する．その後の成長期間中は，もっぱら木繊維の形成が行われる．

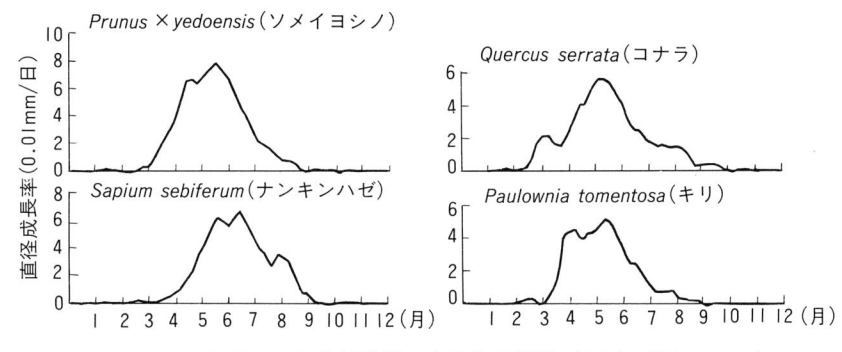

図IV-8 散孔材樹種と環孔材樹種の直径成長経過（吉川　賢ら，1993）
散孔材樹種であるソメイヨシノやナンキンハゼでは，初期の肥大成長の立上りが緩慢．
環孔材樹種であるコナラやキリでは，2月から3月にかけて急速に直径が増加．

(3) 季節変化の生理機構

　温帯における樹木の形成層活動は，外界の温度や日長の影響を受けて季節的変化を繰り返している．それでは，樹木の体内ではどのような因子が形成層活動の周期性を調節しているのであろうか．形成層活動で最も重要な植物ホルモンはオーキシンであることを前述した．一般的に，形成層活動の開始は，芽やシュートで生合成されるIAAが基部に向かって極性移動することで促されると考えられている．IAAの極性移動速度は約1 cm/時間であり，10 m移動するのに約40日を要するため，樹木の頂端から転流してくるIAAは幹全体に短時間では行き渡らないことになる．環孔材の形成層活動は，前述のように幹全体がほぼ同時に活性化するところから，IAAの生合成は幹全体で生じている可能性が高い．
　一方，このような内生IAAは，形成層活動の季節的変動に伴ってどのように

変化しているのだろうか。形成層や木部細胞の拡大帯から検出される内生IAA濃度の季節的変動を，針葉樹の *Pinus contorta* の例でみると，IAA は形成層帯よりもむしろ木部細胞拡大帯において成長期に増加し，冬休眠期には減少するようである（図IV-9）。これに対して形成層内の IAA は，冬の休眠期にも高いレベルで存在することがオウシュウアカマツ（*Pinus sylvestris*）で認められている。

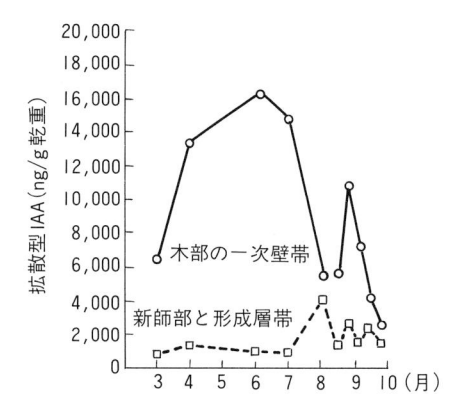

図IV-9　*Pinus contorta* の新師部と形成層帯および木部細胞拡大帯から検出される内生IAA濃度の季節的変動
(Barnett, J. R., 1981)
IAAは形成層帯よりもむしろ木部細胞拡大帯において成長期に増加し，冬休眠期には減少する。

さらに，形成層活動の季節変化には，IAA の濃度変化に加えて形成層の IAA に対する感受性の変化も重要であることが確かめられている（図IV-10）。IAA に対する形成層の感受性が季節変動の鍵になっているとすれば，形成層における IAA の受容体（receptor）の数や有効性が問題となってくる。形成層に IAA を処理するとき，対象が若木であるか老木であるかによって反応は異なっており，齢が進行するほど感受性は低下する。また，季節によっても感受性は異なり，成長の盛んな時期や成長開始直前の休眠解除期に IAA を処理すれば，活発な細胞分裂が引き起こされるのに対して，冬休眠期に処理しても形成層は IAA に対して反応することはない。いずれにせよ，形成層の季節変化におけるオーキシンの生理作用についてはまだ不明な点も多く，IAA 受容体や他の植物ホルモンとの関係の解明が今後の大きな課題となっている。

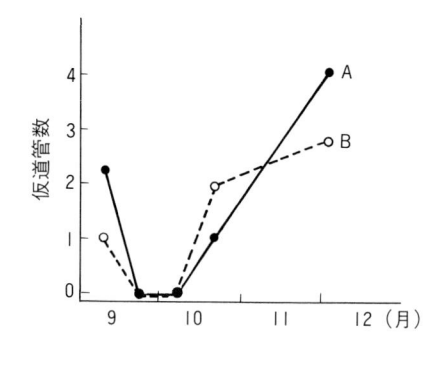

図IV-10 *Abies balsamea* の当年シュートの形成層に 1 mg の IAA を処理したときに形成される仮道管数の季節変化

(Sundberg, B. et al., 1987)

9月から10月にかけて，形成層の感受性は最も低い．

(4) 早材から晩材への移行

　針葉樹において仮道管の形状が早材型から晩材型に移行するのは，たいてい7月の終わりから8月の初めにかけてである．ところで，早材，晩材の違いはどのように区別できるのであろうか．一般に，早材と晩材の境界を決定するときには，放射方向における仮道管の直径，内腔径および細胞壁の厚さが重視されてきている．一般的な"Morkの定義"では，「放射方向に隣接する2つの仮道管の細胞壁の厚さを合計し，それを2倍した値が内腔径を上回るようになれば晩材とする」としている．この定義はトウヒ属（*Picea*）の仮道管から導かれたものであり，ヒノキ（*Chamaecyparis obtusa*）などのように，成長晩期における細胞壁の肥厚が顕著ではない樹種には当てはまらない．また，細胞の直径減少と壁の厚さの増加は必ずしも連動しているわけではない．細胞の直径は，日長時間の調節や水分供給量の調節によって変化させることができる．また，細胞壁の厚さは同化器官を部分的に切除すると薄くなる．これらのことから，細胞直径と細胞壁の厚さは別々のプロセスによって制御されていると考えられている．例えば，ラジアータマツ（*Pinus radiata*）を用いた実験では，18時間の長日長条件下に置くと新条の成長が持続するとともに，早材型の仮道管が形成される．これに対し，8時間の短日長下では新条の伸長が停止し，晩材型の仮道管が形成される．さらに，長日→短日→長日という処理を行うと，細胞の直径はこれに伴って短日で小さくなったのち長日で回復する．したがって，細胞直

径のみ，もしくは細胞壁厚のみが変化した場合にも細胞壁厚と内腔径の比率はかわってしまうため，Mork の定義では厳密に晩材仮道管を決定することはできないことになる．実際，ほとんどの樹種に共通するような早材，晩材の定義はないといえるが，細胞の直径，または内腔径と細胞壁の厚さとの比率を比べるよりも，むしろ，それぞれの変化を独立的に解析して晩材への移行期を検討した方がよいようである．

図IV-11 は，早材から晩材への移行を模式的に示したものである．晩材形成は幹の下部ほど早期に開始するが，幹の上部ではかなり遅れて始まる．また，図IV-12 は，樹冠の比率を樹高に対して 60，40 および 20％の 3 段階に調節したアカマツの形成層帯における IAA 量の変化を示したものである．IAA 濃度は，樹冠が減少すると成長期間を通じて低下し，これとともに晩材形成期と形成層活動の停止時期も早くなる．オーキシン（IAA）は細胞径の拡大に作用し，糖は細胞壁構築の要素であるところから，晩材の形成には頂端の細胞分裂活性の低下に伴って生じる IAA の濃度低下と，相対的に高い同化産物（糖）の濃度が作

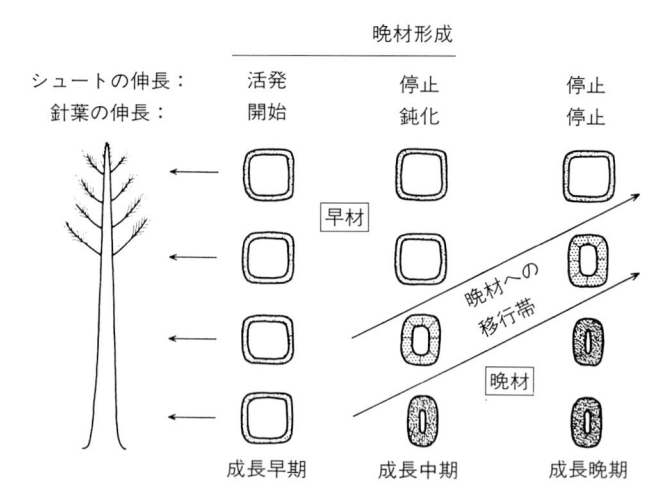

図IV-11 針葉樹仮道管が早材から晩材へ移行する過程を示した模式図
(Larson, P. R., 1969)
晩材形成は幹の下部ほど早くから開始するが，幹の上部では遅れる．

用すると考えられてきた."早材から晩材への移行がIAAと糖の濃度変化によってのみ決定される"と結論するのは早計であろうが,これらの要素の変化は,早材から晩材への移行に重要な役割を果たしているといえる.

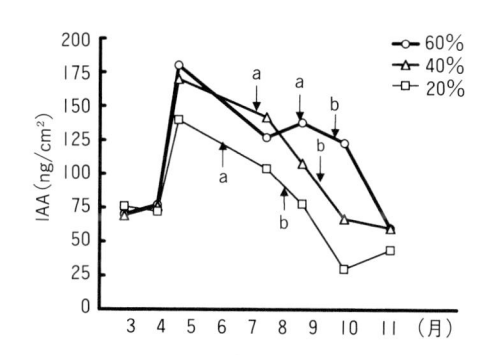

図IV-12 樹冠の比率を樹高の60(○),40(△)および20%(□)の3段階に調節した20年生アカマツの胸高部位の形成層帯におけるIAA量の変化 (Funada, R. et al., 2001)
IAA濃度は樹冠が減少すると低下し,晩材形成期(a)と形成層活動の停止時期(b)も早くなる.

(5) 形成層の休眠

秋になって日長が短くなるとともに気温が低下し始めると,樹木の形成層は活動を停止して休眠状態となる.樹体全体からみた形成層の細胞分裂停止時期は,樹種によってかなり異なる.針葉樹の例では,シトカトウヒ(*Picea sitchensis*)は幹も枝もほぼ同時に停止するが,バルサムモミ(*Abies balsamea*)は頂端部の若い形成層から基部に向かって休眠が進行する.これに対してスギでは,基部の形成層から活動を停止し,次第に頂端部に向かう.また,広葉樹のカエデ属である *Acer pseudoplatanus* の例では,幹の形成層活動の停止は頂端から基部に向かって進むが,枝では着生部位によって形成層活動の停止方向は異なる.形成層の休眠は芽と同様に,冬休眠期(winter dormancy)のステージと休眠解除期(postdormancy)のステージを持つ.通常,芽の休眠が打破されるには,一定期間,0〜5℃前後の低温にさらされることが必要である.形成層に

対し，芽とは独立して低温処理を行うと休眠が打破される．

　一方，成長期から休眠導入期 (predormancy) を経て冬休眠期に至る過程は，さまざまな微細構造や生化学的な変化が伴う．例えば，バルサムモミの形成層については，原形質膜の性質，放射方向の壁の成長，核の活性，核ゲノムの大きさ，リボゾーム RNA 遺伝子の相対量，細胞質 RNA，タンパク質，脂質，炭水化物などの変化が認められる．また，冬休眠ステージから休眠解除ステージへの移行にもさまざまな生理的変化を伴う．例えば，冬休眠期には炭水化物，タンパク質，RNA などが増加するが，休眠解除期にはそれぞれ減少する．また，冬休眠期にはコハク酸脱水素酵素やパーオキシダーゼなどの酵素活性が最も高い状態にある．これらのことから，冬休眠期は形成層の細胞分裂は停止しているものの，次の成長期の準備段階として活発な物質の転換や生合成が行われるなど，生理的にはきわめて活動的な状態にあるとみてよい．

3．形成層活動に及ぼす環境ストレスの影響

(1) 環境がもたらすストレス

　植物は動物と異なり，好適な環境を求めて自力で移動することが不可能であるため，生育場所で起こりうる環境条件の変化に対応する機構が備わっている．しかしながら，植物はしばしば環境の大きな変化によって強いストレス (stress) が生じ，成長の減退や停止を余儀なくされる．植物にストレスを引き起こすような環境因子は，図IV-13 に示すようにさまざまなものがある．

　ストレスとは元来，物理的現象を指す用語であり，"緊張"と訳される．物体に何らかの外力によってストレスが生じれば，そこには"ひずみ (srain)"が発生する．外力を取り除くとともにひずみが消えれば，そのストレスは可逆的ストレスであり，ひずみが残れば非可逆的ストレスということになる．植物におけるストレスの概念は，このような物理学での概念と全く同じではないが，成長過程におけるさまざまな現象を理解するうえでは便利な考え方である．例えば，水欠乏ストレスによって生じるしおれや成長の減退，停止は，ひずみと考

IV. 樹木の形成層活動と幹の成長　　　　139

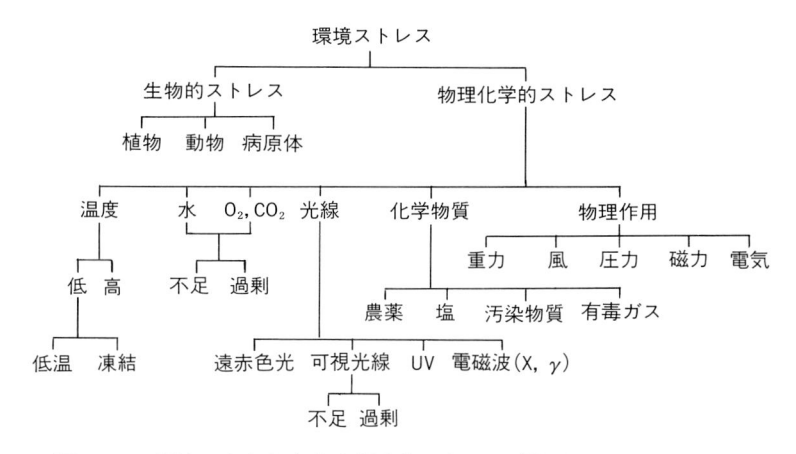

```
                            環境ストレス
                    ┌──────────┴──────────┐
              生物的ストレス           物理化学的ストレス
            ┌─────┼─────┐                │
           植物  動物  病原体              │
    ┌────┬────┬────┬─────┼─────┬─────────┐
   温度  水  O₂,CO₂ 光線  化学物質        物理作用
    │    │          │     ┌───┼───┐   ┌──┬──┬──┬──┐
   ┌┴┐ ┌┴┐         │    農薬 塩 汚染物質 重力 風 圧力 磁力 電気
   低 高 不足 過剰    │         有毒ガス
   ┌┴┐            ┌──┼──┬───┐
  低温 凍結       遠赤色光 可視光線 UV 電磁波(X, γ)
                       ┌┴┐
                      不足 過剰
```

図IV-13　環境がもたらすさまざまなストレス (Kozlowski, T. T., 1979)

えることができる．水を与え，ストレスを解除することによって回復すれば，そのストレスは可逆的であり，水を与えても回復しなければ非可逆的ストレスということになろう．

(2) 重　　　力

a．樹木に及ぼす重力の影響

　樹木は齢が加わるほど大型となり，かなりの重量となる枝や葉を空中高く支えている．この姿勢が強い風などによって崩れれば，たちまち樹体は傾斜し，幹や枝に重力刺激の影響を受けることになる．樹木はこのような外界からの物理的な作用によって姿勢変化を余儀なくされたとき，徐々に姿勢を回復させることができる補正成長機構を，形成層における木部形成機構の中に備えている．
　植物が重力ベクトルに対応して示す屈性反応を重力屈性（gravitropism）と呼ぶ．水平に置かれた草本植物の茎が示す負の重力屈性のメカニズムは，茎の下側の成長が上側を上回る偏差成長が生じることによって引き起こされる．しかしながら，二次成長をしている幹を持つ木本植物は草本植物とは異なり，傾斜した幹の肥大成長は，針葉樹では下側が，広葉樹では上側が活発になる．このため，傾斜した樹木の姿勢回復のメカニズムはさらに複雑となっている．

b．樹木のあて材形成と重力

　水平に置かれた草本植物の芽生えは，数時間以内でほぼ垂直に立ち上がる．一方，成長期の樹木を水平にすると，草本の芽生えで観察されるような短時間内の負の重力屈性は，木化（リグニン化）が進んでいない軟弱なシュートの先端のみで生じる．木本植物であっても先端部分は生理的，構造的には草本との差が少なく，上下の偏差成長によって負の重力屈性を示すようである．しかし，二次分裂組織である形成層が重力に対して示す反応は，芽生えや成長途上のシュートの先端が示す重力屈性とは著しく異なっている．

　樹木の形成層が重力刺激に応答して形成する特殊な構造の木部組織は，あて材 (reaction wood) と呼ばれている．あて材は針葉樹，広葉樹ともに形成されるが，その組織構造や物理化学的性質は正常な木部とは著しく異なる．また，針葉樹と広葉樹では，あて材の形成部位，組織構造，形成機構などに大きな差異がある．針葉樹のあて材は傾斜した幹の下側に形成されるが，下側は圧縮力が生じていると考えられたため，圧縮あて材 (compression wood) と呼ばれている．逆に，広葉樹のあて材は上側（引張側）に形成されるために引張あて材 (tension wood) と呼ばれている．傾斜してから数年が経過した幹の横断面を観察すると，一般的に針葉樹，広葉樹とも偏心成長を示すものが多いが，この場合，針葉樹は下側の年輪幅が上側に比べて広く，広葉樹は逆に上側が広い（図IV-14）．あて材の形成は，幹ではときには全周に形成されたり，交互に現れたり，まれにはらせん状に出現することもある．また，幹や枝に留まらず，木化した根にも生じる．樹木のあて材の形成は，広義には重力屈性反応の1つといえよう．しかしながらそのメカニズムはきわめて複雑であり，針葉樹と広葉樹のあて材形成機構を統一的に説明することは簡単ではない．

　樹木の幹をループ状に固定して成長させると，図IV-15のようなあて材の形成が観察される．ループの内部には圧縮力が，外部には引張力が働いているにもかかわらず，圧縮あて材は図中のGのように重力の方向である幹の下側に現れ，引張あて材はAのように上側に現れる．この結果から，あて材の形成は圧

IV. 樹木の形成層活動と幹の成長

図IV-14 針葉樹（アカマツ）の圧縮あて材（左）と広葉樹（ミズメ）の引張あて材（右）
針葉樹の圧縮あて材は傾斜した幹の下側に，広葉樹の引張あて材は上側に形成される（矢印）．

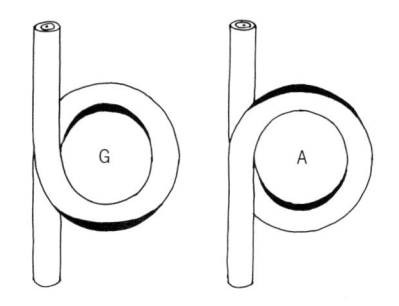

図IV-15 針葉樹(G)と広葉樹(A)の幹をループ状に曲げたときのあて材の形成部位（Jaccard, P., 1938）
曲げによって組織内部に生じる力の状態にかかわらず，針葉樹では下側に圧縮あて材が，広葉樹では上側に引張あて材が形成される．

縮力や引張力によるものではなく，重力によって形成されることが明らかである．

c．針葉樹の圧縮あて材形成機構

　針葉樹の圧縮あて材は横断面でみると一般に濃く着色しており，正常材と容易に区別できる．圧縮あて材の組織は，化学的にはリグニンが多く含まれ，セルロースは少ない．このため，比重，硬度，圧縮強さが大きく，針葉樹は傾斜

した幹の下側に硬いブロックを積むようにして姿勢を修復させていく．圧縮あて材を幹から切り離すと軸方向に伸びるが，これは幹内で圧縮状態にあることを示している．組織解剖学的には，圧縮あて材仮道管の横断面は円形に近く，細胞間隙が発達している．正常な仮道管の二次壁は外側から内に向かって S_1, S_2, S_3 の3層から構成されているが，圧縮あて材の仮道管では一般的に S_3 層が消失しており，S_2 層が著しく厚くなっている（図IV-16）．また，多くの樹種の圧縮あて材の S_2 層では，内側にらせん状の裂け目（helical cavity）を認めることが

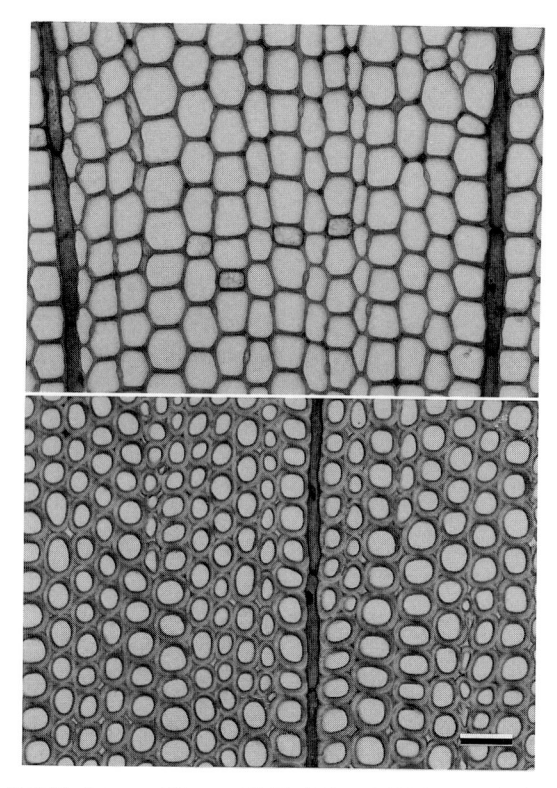

図IV-16 針葉樹（ヌマスギ）の正常材（上）と圧縮あて材（下）仮道管の横断面

正常材の仮道管は S_1, S_2, S_3 の3層から構成されているが，圧縮あて材の仮道管では S_3 層が消失し，S_2 層が著しく厚くなる．図中の横線は $50\,\mu m$ を示す．

できる，圧縮あて材識別の指標となっている．

針葉樹の圧縮あて材形成における植物ホルモンの役割については，スギを用いた研究により，傾斜刺激を与えてから1週間後に下側のオーキシン(IAA)量が顕著に増加し，その後に低下することが見出されている(図IV-17)．一方，オーキシンを幹に直接処理することにより，圧縮あて材形成とオーキシンとの関係を明らかにしようとした報告はかなり多い．樹皮の一部を剥皮したクロマツなどの針葉樹の幹にIAAを与えると，人為的に圧縮あて材を形成させることができる．また，IAA処理濃度が高くなるほど，形成される仮道管はあて材型となることも明らかにされている．

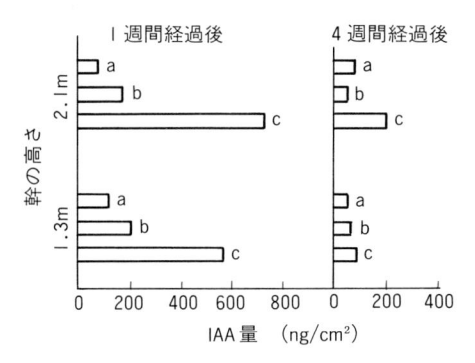

図IV-17 傾斜した6年生スギの幹の形成層帯における内生IAA量の変化 (Funada, R., 1990)
a：幹の上側，b：横側，c：下側．下側のIAAは傾斜してから1週間で顕著に増加する．

以上に対して，幹を環状に剥皮したり，針金で巻き締めたりすることによってオーキシンの局所的な集積を促し，あて材形成を誘導しようという実験も行われている．幹の環状剥皮処理を行うと，処理部の上側に過剰な肥大部を形成させることができるが，あて材を形成する例や，形成しない例もあり，統一した結果は得られていない．一方，オーキシンの転流を抑制する化学物質であるトリヨード安息香酸 (2,3,5-triiodobenzoic acid, TIBA)，モルファクチン (morphactin)，あるいはナフチルフタラミン酸（N-1-naphthylphthalamic acid, NPA) を幹に環状に塗布することによって，幹の周囲全体にあて材形成が誘導されることが，さまざまな樹種で確認されている．

　圧縮あて材形成におけるオーキシン以外の植物ホルモンについては，エチレンが関与している可能性が考えられた．その根拠として，傾斜したバルサムモミ (*Abies balsamea*) の幹の下側には圧縮あて材が形成されるとともにエチレン放出量が多くなることや，エチレンの前駆物質であるアミノシクロプロパンカルボン酸 (1-aminocyclopropane-1-carboxylic acid, ACC) が，*Pinus contorta* の枝の上側よりもあて材が形成される下側に多く含まれることなどが報告された．また，同じマツ属で，切り枝にIAAとACCを与えると圧縮あて材の形成が促進されることから，圧縮あて材の形成にはエチレンとオーキシンとの相互作用が関与しているものと考えられた．確かに，エチレンを生成する化学物質であるエセフォン（エスレル）を幹に塗布処理すれば形成層活動が昂進し，木部は過剰に形成される(図IV-6)．この場合，処理によって発生したエチレンがオーキシンの求基的転流を阻害し，処理部で局所的なオーキシンレベルの上昇を引き起こすことにより，木部の形成が促進されると解釈されている(図IV-18)．一方，筆者は1%のエスレルを傾斜したアカマツの幹の下側に処理すると，圧縮あて材の形成はむしろ抑制され，正常形に近い仮道管が形成されることを確認している．これらの結果は，針葉樹の圧縮あて材形成にはオーキシンとエチレンが直接的，間接的に重要な役割を果たしている可能性を示唆し

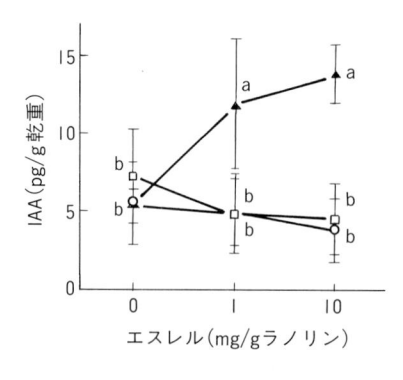

図IV-18　*Pinus contrta* 幹へのエスレル処理

(Eklund, L. and Little, C. H. A., 1996)

エスレル処理をすると，局所的にオーキシンの濃度が増加する．○：処理部の上，▲：処理部，□：処理部の下を表す．

d．広葉樹の引張あて材形成機構

　広葉樹の引張あて材は，ゼラチン繊維（gelatinous fiber）と呼ばれる木繊維によって構成されている．一般的にゼラチン繊維の二次壁には，S_1層，S_2層とともに最も内側の層に木化していないゼラチン層あるいはG層と呼ばれる層が認められる（図IV-19）．G層は化学的にはリグニンが含まれず，セルロースから構成されている．また，G層以外のS_1，S_2層のミクロフィブリル傾角が大きい．このため，幹から切り離すと，引張あて材は軸方向に強い引張応力が生じているために収縮する．すなわち，傾斜した幹は，上側に形成された引張あて材側に生じる強い収縮力によって姿勢を回復する．

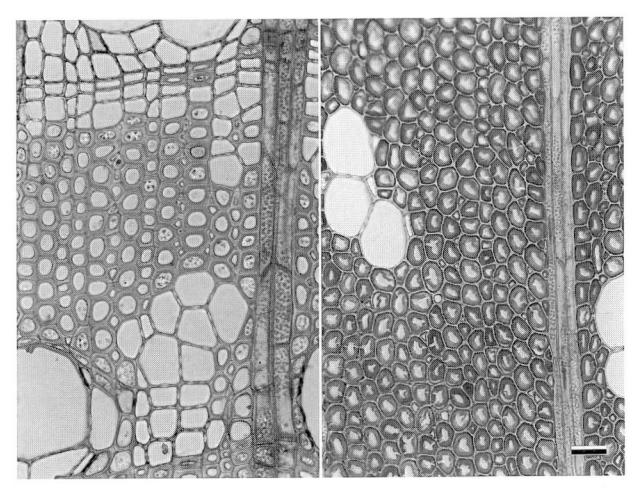

図IV-19 広葉樹(ハリギリ)の引張あて材を構成するゼラチン繊維(船田　良氏　原図)
左は正常材，右は引張あて材．二次壁にはS_1層，S_2層とともに最も内側の層に木化していないゼラチン層あるいはG層と呼ばれる層が認められる．図中の横線は20μmを示す．

　一般的に，針葉樹の圧縮あて材形成にはオーキシンレベルの上昇が関与するとされるのに対し，広葉樹の引張あて材形成には高濃度のオーキシンはむしろ阻害的であると考えられてきた．IAA, IBA, NAAなどのオーキシンを広葉樹

の枝の上側や傾斜した幹の上側に処理すると，引張あて材の形成は抑制される．また，IAA を水平にした幹の下側に与えると上側の引張あて材形成が促進され，直立した幹の片側にオーキシンを処理すると反対側に引張あて材が形成されることも認められている．一方，抗オーキシン剤である TIBA 処理は，処理部に引張あて材形成を促すことや，TIBA による引張あて材形成はオーキシン処理で抑制されることも確認されている．これらのことから，広葉樹の引張あて材形成は，傾斜した幹の上側のオーキシン濃度が下側に比べて低くなるために生じると考えられた．しかしながら広葉樹の場合，傾斜した幹の上側と下側のオーキシンの偏差分布を調べた報告は少ない．

　オーキシン以外の植物ホルモンで，引張あて材形成に関与していると考えられているのはジベレリンである．サクラ属の枝垂れ性の品種であるヤエベニシダレ (*Prunus spachiana*) やシダレモモ (*Prunus persica* cv. *Zansetsushidare*) の新芽の先端にジベレリン(GA_3, GA_1)溶液を滴下処理すると，シュートの枝垂れ性が消失し，直立して成長することが明らかにされている（図IV-20）．この直立性の回復は，シュート基部の上側に引張あて材が形成されることによって生じる．また，水平に位置したトネリコ属のヤチダモ (*Fraxinus mandshur-*

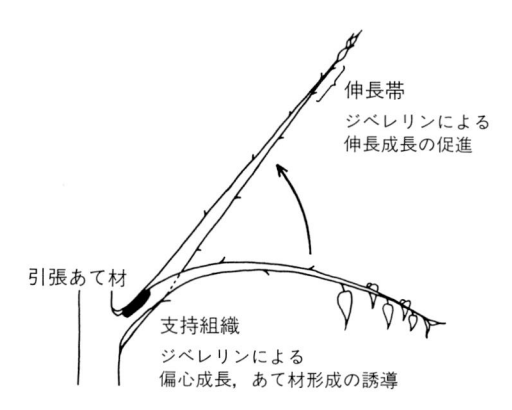

図IV-20　ヤエベニシダレ新芽へのジベレリン滴下処理

(中村輝子，1995)

新芽の先端にジベレリンを滴下処理すると，シュートの枝垂れ性が消失し，直立して成長する．このとき基部の上側には引張あて材が形成される．

ica) の苗木にジベレリン生合成阻害剤ウニコナゾールP (uniconazol-P) を処理すると，上方への屈曲が阻止される．さらにこの現象は，GA_3，GA_4を処理することによって完全に回復する（図IV-21）．これらの結果は，広葉樹の引張あて材形成にはジベレリンが重要な役割を果たしていることを示唆している．

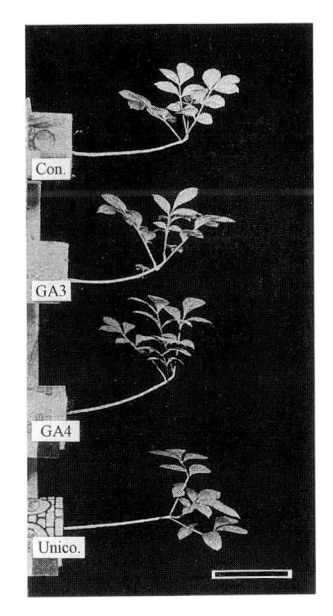

図IV-21 ヤチダモの姿勢回復とジベレリン
(Jiang, S. et al., 1998)
水平においたヤチダモにジベレリン生合成阻害剤ウニコナゾールPを滴下処理すると姿勢回復が阻害されるが，ジベレリン処理によって回復する．図中の横線は10 cmを示す．

広葉樹の幹や枝が曲げられたり水平に置かれたりすると，エチレン生成が活発になる．リンゴ属の *Malus domestica* を用いた実験では，幹を水平にしたとき，エチレン生成が幹の下側で多くなった．これとは逆に，水平に置いたユーカリ属の *Eucalyptus gomphocephala* の幹では，下側よりも上側のエチレン放出が増加するとの報告がある．一方，針葉樹と同様，エチレン生成剤であるエセフォンやエスレル処理が広葉樹の異常肥大を引き起こすことは，多くの報告によって確認されている．しかしながら，傾斜させたカエデ属の *Acer platanoides* の幹にエスレルを処理すれば，G層の形成は抑制され，引張あて材とは異なった壁の厚い木繊維からなる木部が形成される（図IV-22）．これらの結果から，エチレンは広葉樹の肥大成長が急激に進行するときに作用しているようである

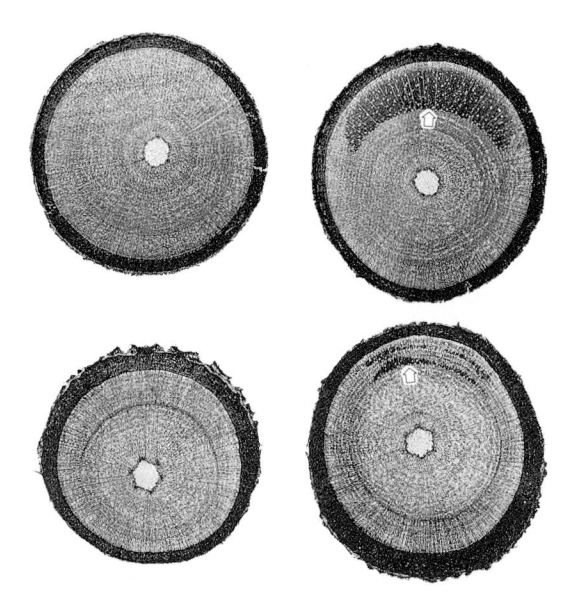

図IV-22 傾斜させた1年生ノルウェーカエデ（*Acer platanoides*）の引張あて材形成に及ぼすエスレル処理の影響（Yamamoto, F. and Kozlowski, T.T., 1987）

<small>左上は直立，右上は傾斜させたもので，引張りあて材（矢印）が形成されている．左下は1%エスレルを傾斜した幹の上側に，右下は下側に処理．エスレル処理により引張あて材形成は抑制される．</small>

が，引張あて材の形成や幹の屈曲現象における役割は，今なお明確ではない．

(3) 冠水と土壌の酸素欠乏

　土壌の酸素欠乏は，樹木の生育に大きな影響を及ぼす．例えば，水田跡やダムサイトなどの湿性土壌や，公園あるいは路側帯のような踏圧やてん圧を受けやすい土壌では，樹木の成長は強く阻害される．このような環境では，土壌の孔隙に含まれる酸素がきわめて乏しくなり，根系が呼吸阻害によって壊死することになる．この結果，吸水が阻害され，強い水欠乏ストレスが生じて，樹木は頂端から徐々に枯れ下がるダイバック（die-back）症状を呈するようになる．このような土壌の酸素欠乏の影響は全身症状として現れるため，酸欠耐性を持

IV. 樹木の形成層活動と幹の成長

たない多くの樹種では，形成層活動も強く阻害されることになる．

　一方，樹木の中には，水の停滞によってもたらされる強い酸素欠乏にも適応して生育できるものがある．例えば，アメリカのミシシッピ川下流域やフロリダ半島の湿地帯に分布するヌマスギ（ラクウショウ，*Taxodium distichum*）は，根系を水中の泥土の中に展開して生育しており（図IV-23），数多くの膝根（knee root）を形成する．この樹種は，冠水（滞水）環境下では幹が過剰に肥大し，地際部位ではあたかも三角フラスコのような形状となることが知られて

図IV-23 ヌマスギの生育状況

いる．また膝根は，水平に広がる根の上側の形成層が局所的に高い分裂活性を獲得することによって形成される．膝根内の木部は不規則な構造を持ち，径が大きく壁の薄い仮道管によって構成されており，この構造は酸欠下の根系のガス交換に機能している可能性が高い．このような過剰肥大や膝根の形成は，排水や通気性のよい土壌に生育するヌマスギでは認められないことから，根圏が酸素欠乏となった場合にのみ顕在化する形成層活動の変化と考えることができる．過湿土壌で旺盛に成長しているヌマスギを用いて，実験的に水位を急に上げると，肥大成長は新たな水位面近くで最も活発になる（図IV-24）．この実験からも，湿地帯に生育するヌマスギ根株部の過剰な肥大には，水位が関与していることが理解できる．

　このような幹の過剰肥大現象は，形成層における細胞の分裂や増殖を伴う肥大と，細胞増加を伴わず樹皮の組織や細胞が膨潤化することによって生じる肥大とに分けて考える必要がある．前者を過形成型肥大（stem hyperplasia），後者を膨潤型肥大（stem hypertrophy）と呼ぶ．この2つの現象は同時に生じる場合も多いが，泥湿地におけるヌマスギの過剰肥大部位は，膝根の仮道管のよ

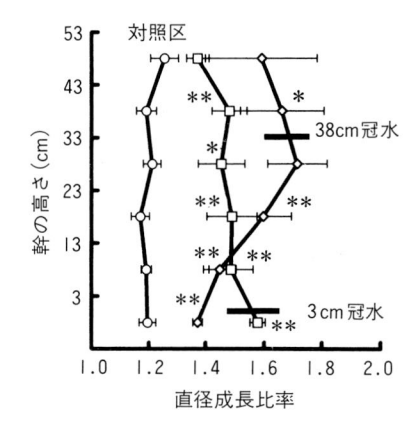

図IV-24 冠水とヌマスギの肥大成長
冠水は3年生ヌマスギの肥大成長を促進するが，水深の上昇とともに活発な成長部位も上に移動する．

うな薄い細胞壁の仮道管によって構成されているため，細胞の増殖によって形成された過形成型肥大と考えることができる．

　一般的に，針葉樹では根圏の酸欠環境に対してヌマスギのような耐性を示す樹種は少ない．ポット苗木を用いて地下部を1カ月程度冠水状態に置いた実験では，アレッポマツ（*Pinus halepensis*），スギ（*Cryptomeria japonica*），コノテガシワ（*Thuja orientalis*），メタセコイア（*Metasequoia glyptostroboides*）などの樹種で，水に浸漬した部位のみに形成層活動の昂進による直径成長の増加が報告されている．このとき，同時に樹皮がスポンジ状に変化したり，木部の細胞間隙が増加したりするので，過形成型肥大と膨潤型肥大とが同時に起こっているようである．このような変化は，根系や根株部の酸欠を軽減するための形態的適応と考えることができよう．スギやメタセコイアは過剰肥大と同時に不定根を多数形成し，長期の冠水による酸欠にも耐えるようであるが，マツ属の樹種などは長期間の冠水状態が続けば枯死してしまう．

　針葉樹に比べて広葉樹は，冠水による酸欠環境に耐えるものが多いようである．酸欠耐性を有する広葉樹は，スギのように冠水環境下で不定根を形成する能力を持っているが，ヌマスギのように持続的に過剰肥大現象を示す樹種についての報告例は少ない．しかしながら，アメリカ・サウスカロライナ州などの低湿地に分布する広葉樹であるヌマミズキ属の water tupelo（*Nyssa aquatica*）

IV. 樹木の形成層活動と幹の成長

は，根株部の過剰肥大を示す樹種として知られており，この肥大現象は形成層の細胞分裂の促進によるものである．ミシシッピ河畔に分布する *Nyssa* 以外のニレ属（*Ulmus*），エノキ属（*Celtis*），カキノキ属（*Diospyros*），コナラ属（*Quercus*），トネリコ属（*Fraxinus*），フウ属（*Liquidambar*）などの広葉樹についても冠水と肥大成長との関係が調べられているが，冠水によって一時的に肥大成長が増加するものの，数年内に枯死するものが多い．

冠水耐性を持つ広葉樹については日本国内でもヤナギ属（*Salix*），ホザキシモツケ（*Spiraea salicifolia*），ヤチダモ（*Fraxinus mandshurica*），ハンノキ（*Alnus japonica*）などが知られている．ヤチダモとハンノキはともに釧路湿原などに代表されるような湿地帯に分布しており，ハンノキはヤチダモ以上に分布域が広い．両樹種の苗木を用いて1〜数カ月の冠水に対する反応を調べた実験では，旺盛な不定根形成と同時に地際部位に過剰肥大を起こすことが確認されている．この肥大部位では，形成層の細胞分裂促進による急激な木部細胞数増加，木繊

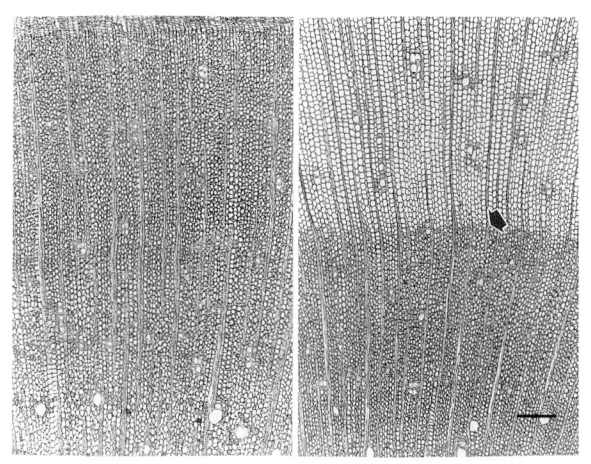

図IV-25 冠水環境で生育させたヤチダモの幹の組織構造（Yamamoto, F. et al., 1995）

左：対照区，右：冠水区．
木部細胞数が増加するとともに木繊維細胞の直径は拡大し，壁厚が減少している．矢印は冠水処理を開始した時点を示す．図中の横線は 100 μm を示す．

維細胞径の拡大, 木繊維細胞壁厚の減少 (図IV-25) などが認められており, 明らかに細胞の増殖を伴う過形成型肥大である. これらの結果は, 組織構造的にはヌマスギに類似した過形成型の肥大経過を示しており, 冠水による酸欠環境に適応した形態変化であるということができよう.

冠水などの酸欠環境に置かれた植物では, さまざまな植物ホルモンの濃度や生成量が変化することが報告されている. 特に水際部において認められるエチレンの急激な生成量増加は, 酸欠条件に置かれた植物では普遍的な現象である (図IV-26). 一方, 水際部でのエチレン生成の増加は, 転流オーキシン (IAA) の局所的な濃度上昇を促すことが予想される. すでに述べたように, エチレン生成物質であるエスレルを幹に環状塗布すると過剰肥大を引き起こすことや, エスレル処理がオーキシン (IAA) の集積を促すことなどが明らかにされている. このように, 冠水下に置かれた樹木の活発な形成層活動や, 同時に生じる不定根の形成には, エチレンとオーキシンが密接に関わっているようである.

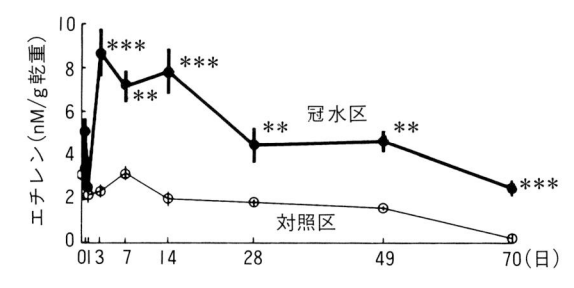

図IV-26 冠水環境においた2年生ヤチダモの幹から発生するエチレン量の変化 (Yamamoto, F. et al., 1995)

(4) 水 分 欠 乏

植物の水分欠乏は, 細胞の膨圧の維持を困難にするとともに物質生産を強く抑制するため, 成長は減退もしくは停止することになる. 夏季の成長期に水の供給が制限されると, たちまち樹木は水分欠乏によるストレス状態となり, 形成層活動は強く抑制される. 図IV-27は, 成長期の樹木が強い直射日光, 高温お

IV. 樹木の形成層活動と幹の成長　　153

よび少雨条件にさらされたとき，形成層活動がどのように抑制されるかを示したものである．水（欠乏）ストレス下では形成層活動が抑制されることによって，しばしば偽年輪（false ring）と呼ばれる年輪状のリングが形成される（図IV-28）．針葉樹の偽年輪を構成している仮道管は，晩材仮道管のように放射方向の細胞径が小さくなるとともに，やや厚い細胞壁を持つ．また，偽年輪はしばしば部分的に現れ，必ずしも完全な環状になるとは限らない．降水量の少ない地域に生育する樹木は，常時強い水ストレスにさらされるため，1成長期間に

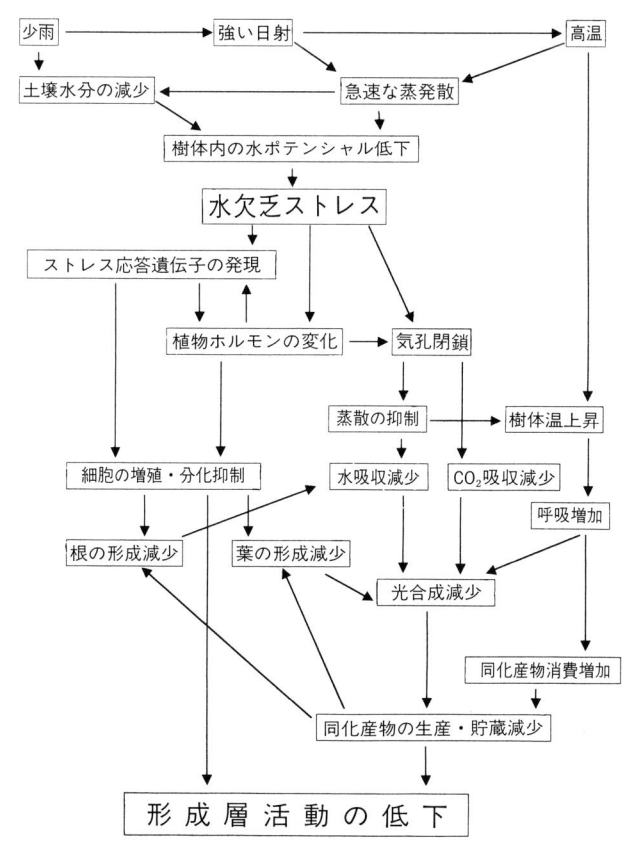

図IV-27　成長期の樹木が多い直射日光，高温，および少雨環境にさらされたときの形成層活動の低下

図IV-28　サウジアラビア南東部の山岳地帯に分布する *Juniperus procera* の幹に認められる多くの偽年輪
図中の横線は1mmを示す．

複数の偽年輪を形成するものが多い．

　このような水ストレスに伴う形成層活動の阻害は，どのような生理条件下で生じるのであろうか．形成層における細胞分裂は，細胞が高い膨圧を維持した状態で進行するので，仮に細胞分裂基質である糖や植物ホルモンの濃度が十分であっても，わずかな水ストレスで強く抑制されることになる．トネリコ属の *Fraxinus excelsior* を用いた実験では，形成層に対してIAAおよびGAの処理

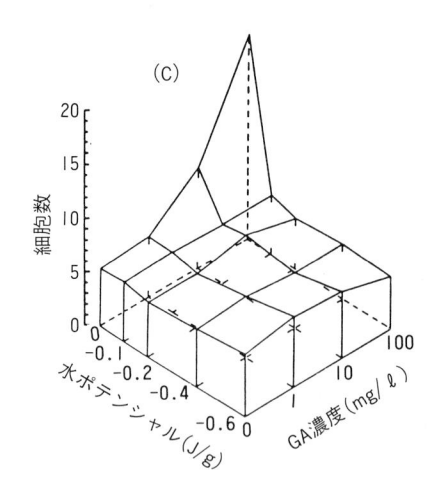

図IV-29　*Fraxinus excelsior* を用いた水ストレス実験
(Doley, D. and Leyton, L., 1967)
幹にIAA(10mg/ℓ)およびGA(1～100mg/ℓ)の処理を行うと同時に水ストレスを与えると，植物ホルモン処理による細胞分裂促進効果が全く認められなくなる．

を行うときに水ストレスを与えると，植物ホルモン処理による細胞分裂促進効果が全く認められなくなることが明らかにされている(図IV-29)．この結果は，仮に内生のオーキシンやジベレリンが十分であっても，水ストレス下では形成層はほとんど活動しないことを証明するものである．

水分欠乏はさまざまな生理的機能の阻害をもたらすが，比較的弱いストレス条件であっても，植物体内で急速にABA濃度が上昇することが確認されている．樹木においても，水欠乏は体内のすべての部位にABAの濃度上昇を促すことが確かめられている．実際，ラジアータマツやバルサムモミを用いた研究では，ABAの直接的な処理や水ストレス処理は，仮道管の形成と放射方向幅を強く抑制することが明らかにされている．また，水ストレスによるシトカトウヒの偽年輪形成は，形成層内におけるABAの一時的な増加に起因しているとする報告がある(図IV-30)．この場合，同時にIAAのレベルも低下しているようである．これらの結果から，水ストレスは形成層活動の低下をもたらし，偽年輪を形成させるが，これには形成層細胞の水ポテンシャルの低下に伴うABA濃度の上昇やIAAの濃度低下など，植物ホルモンの生理作用が重要な鍵となっているようである．

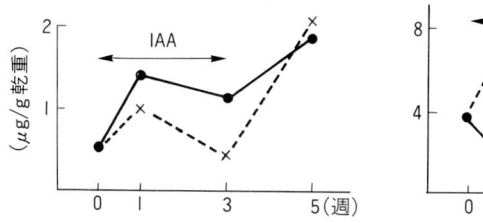

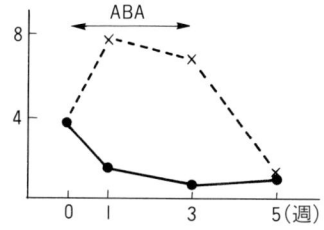

図IV-30 水ストレスに伴うシトカトウヒ(*Picea sitchensis*)のシュートの形成層付近での内生IAA(右)とABA(左)量の変化
(Little, C. H. A. and Wareing, P. F., 1981)
水不足の期間中(→)，IAAは減少し，ABAは増加する．×：水ストレス区，●：対照区．

V．水環境への適応

　あらゆる生命は水の中から生まれ，長い進化の道を歩んでいるが，水から離れて生活する生命は存在しない．植物の種子は乾いているが，わずか数％の水を含んでおり，この水がなければ生きていけない．

　植物は，土壌中の水を吸い上げて茎や葉に送り込み，葉の気孔と呼ばれる小さな孔から発散する．この土から植物体を通って大気に流れる水の移動（土壌－植物－大気連続系，soil-plant-atmosphere continuum，SPAC）が十分に保証されているとき，植物は緑を保ち，成長を続けることができる．

　地球的な見方からすれば，環境条件の中で光は普遍的なものである．したがって，洞窟のような特殊なところ，あるいは厚い樹冠に覆われた林床などを除けば，光の条件が植物の生死や生育を決めているとは思われない．光の強さは赤道から極地に向かって規則的に減少する．気温も赤道から極地に向かって，あるいは標高の低いところから高いところに向かって低下し，ある程度の規則性を持っている．植物の光合成生産にとって重要な二酸化炭素は，化石燃料消費の増大に伴って増加しているとはいえ，地球的規模でいえば地域差はほとんどない．

　ところが，雨の降り方となるときわめて不規則であり，地域較差，季節，年変動がたいへん大きい．ツンドラや高山帯を除けば，降水量さえ保証されていれば森林になる．しかし，不十分な場合はその雨量によって，砂漠，草原，低木林と多種多様である．植物が必要とする水の供給源は降雨であるが，ほとんどの植物は雨が土壌に入らなければ利用できない．したがって，植物はこの土壌中の水を有効に利用する機能を備え，また，さまざまな適応機構を持って乾燥に挑んでいる．

1. 蒸散と抵抗

(1) 蒸　　散

　蒸散は葉温を下げ，根系からの水と栄養塩類の吸収を増加させる効果がある．一方，蒸散量が多くなりすぎると根系からの吸水が追いつかず，葉の水ポテンシャル(後述)が低下し，気孔が閉じるのでガス交換が円滑に進まなくなり，光合成が低下する(図V-1)．図V-1の例でみると，葉以下の抵抗をなくした水挿しの葉の水ポテンシャルに比べ，自然状態の葉では著しい水ポテンシャルの低下が起こる．また，水挿しの葉の蒸散は，大気の水蒸気密度差と対応した蒸散速度であるが，自然状態の葉には蒸散速度の低下が認められる．これは，葉の

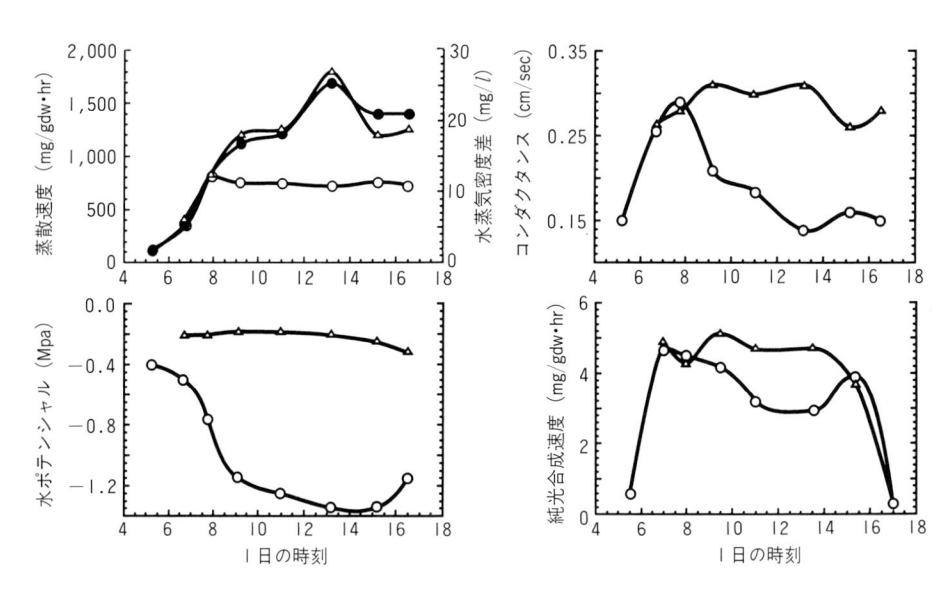

図V-1　よく晴れた日におけるスギ壮齢木樹冠の蒸散速度，水ポテンシャル，水蒸気拡散コンダクタンス，純光合成速度の日変化

(松本陽介ら，1992)

○：自然状態，△：水挿しした切り枝，●：大気の水蒸気密度差，測定日：1990年7月19日．

水蒸気拡散コンダクタンス（後述）の日中低下のためであり，また，水蒸気拡散コンダクタンスの日中低下はガス交換を制限するので，光合成の日中低下も起こっている．

　植物に吸収された水がすべて蒸散に使われるのではなく，一部は光合成に使われる．森林の年間総生産量（およそ総光合成量に等しい）が 40〜60 t/ha であるとすると，年間に 24〜36 t/ha の水（雨量単位で 2.4〜3.6 mm）が化学結合して有機物に取り込まれたことになる．これに対して，わが国の森林の年間蒸散量を 400〜500 mm とすると，光合成に使われる水の 100 倍以上の水が植物体を通じて大気に放出されていることになる．

　植物は種子発芽のときから水を必要とするが，水の必要度は植物体を大きくするに従って増大する（図V-2）．大きな木では，夏の晴れた日に，およそ 300 l もの水を土中から吸い上げて大気に放出していることになる．

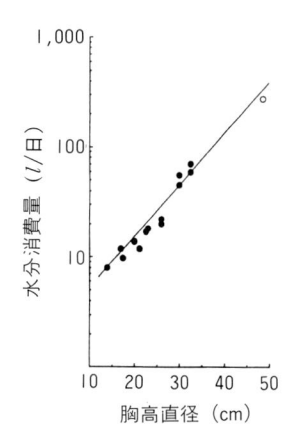

図 V-2 42年生ヒノキ林分内個体の日蒸散量
図中の○は，林分外の孤立木．（森川　靖，1974）

　蒸発や蒸散における水蒸気拡散速度は，蒸発面と大気との水蒸気圧差 Δe あるいは水蒸気密度差 ΔC（＝絶対湿度差）と拡散抵抗 r に依存する．この場合，液体（水）の移動ではなく気体（水蒸気）の移動なので，水ポテンシャル差ではないことに注意が必要である．水面からの蒸発は次式で表される．

$$E = \frac{C_{\text{water}} - C_{\text{air}}}{r_{\text{air}}} \quad \text{または} \quad E = \frac{e_{\text{water}} - e_{\text{air}}}{r_{\text{air}}} \tag{1}$$

ここで，E：蒸発速度（$\mu gH_2O/cm^2sec$ または $mol\cdot H_2O/m^2\cdot sec$），$C_{\text{water}}$ と C_{air}，e_{water} と e_{air}：それぞれ水面上と大気の水蒸気密度（$\mu gH_2O/cm^3$）と水蒸気分圧（水蒸気圧/気圧，Pa/Pa），r_{air}：水と大気の境界層抵抗（sec/cm または $sec\cdot m^2/mol$）である．

植物の蒸散の場合，葉内部から外部への抵抗，すなわち葉の水蒸気拡散抵抗 r_{leaf}（sec/cm または $sec\cdot m^2/mol$）も加味されるので，蒸散速度 T（$\mu gH_2O/cm^2\cdot sec$ または $mol\cdot H_2O/m^2\cdot sec$）は次式で表される．

$$T = \frac{C_{\text{leaf}} - C_{\text{air}}}{r_{\text{air}} - a_{\text{leaf}}} \quad \text{または} \quad T = \frac{e_{\text{leaf}} - e_{\text{air}}}{r_{\text{air}} - r_{\text{leaf}}} \tag{2}$$

葉の場合の蒸発面は水面と異なるので，葉内蒸発面の水蒸気密度（C_{leaf}），水蒸気分圧（e_{leaf}, Pa/Pa）を考慮する．

これまで述べてきたように，蒸散の直接の駆動力となるのは，われわれが常識的に用いている相対湿度（そのときの水蒸気密度/飽和水蒸気密度×100（%））ではなく，蒸発面と大気との水蒸気密度差または水蒸気圧差である．葉内蒸発面の水蒸気密度は，多くの場合，葉温における飽和水蒸気密度を用いる．

相対湿度が同じ場合でも，気温，葉温が上昇すれば水蒸気密度差は著しく上昇するので，蒸散速度は温度の影響を強く受ける．例えば，相対湿度が70%といっても，温度が10°Cから20°Cまで上昇すると，水蒸気密度差は2.82から5.19 g/m³と倍近く上昇する（表V-1）．また，水蒸気密度を10°Cで相対湿度

表V-1 温度と飽和水蒸気密度，相対湿度70%のときの水蒸気密度差，および10°C：相対湿度70%（水蒸気密度6.577）の空気を0，20，30°Cに変化させたときの水蒸気密度差

T, °C	飽和値 C, g/m³	水蒸気密度差 ΔC	
		相対湿度70%	$C = 6.577$
0	4.846	1.45	—
10	9.396	2.82	2.82
20	17.290	5.19	10.71
30	30.360	9.11	23.78

70％の状態に保ったままで温度を上げると，水蒸気密度差は20℃で約4倍，30℃で約8倍にもなる．このことは，冬季の暖房で過湿しないと部屋がカラカラに乾燥することで経験的に知っている．

一方，5℃で相対湿度30％のときの水蒸気密度差は，30℃では相対湿度84％という高湿度条件に相当するので，気象情報などによる相対湿度からの冬の空気乾燥も，蒸散速度に大きな影響を与えない水蒸気密度差である．

林分が閉鎖状態であれば，蒸散による水蒸気のため，樹冠付近，特に樹冠中下部で湿度が高くなることが予想される．こうした条件下では，林分を構成する個体の蒸散量は個体葉量と比例関係が成立する．しかし，無間伐林のような閉鎖状態から突出する超優勢木では，閉鎖林で期待される葉量－蒸散量関係から離れて，蒸散量がたいへん大きくなる(図V-3)．すなわち，林分の個体競争間競争にうちかって優勢木となった木の樹冠は，突出し，樹冠のほとんどが新鮮な大気にさらされる状態となり，大気湿度に対応した大きな蒸散量となることが予想される．

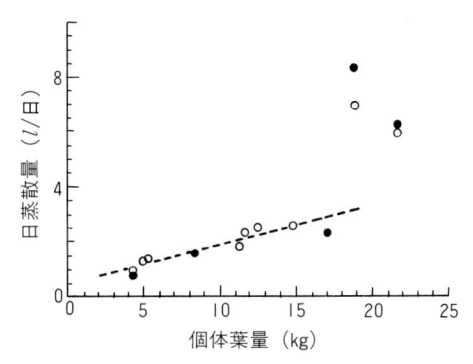

図V-3 42年生ヒノキ林分内の個体の葉量と日蒸散量との関係
(森川 靖，1974)
○：7月28日，●：8月3日，林分は無間伐林で，右端の2個体が超優勢木．

(2) 抵　　　　　抗

境界層抵抗 r_{air} は葉の表面構造や風によって左右されるが，その値はおよそ

$0.3 \mathrm{sec \cdot m^2/mol}$ 以下で小さいとされている。葉の水蒸気拡散抵抗 r_leaf は葉の構造が複雑なことから,いくつかの抵抗部分に分けられる(図V-4)。葉肉抵抗 r_m はたいへん小さくあまり問題とならないので,葉の水蒸気拡散抵抗は次式で表されることが多い.

$$\frac{1}{r_\mathrm{leaf}} = \frac{1}{r_\mathrm{s}} + \frac{1}{r_\mathrm{c}} \tag{3}$$

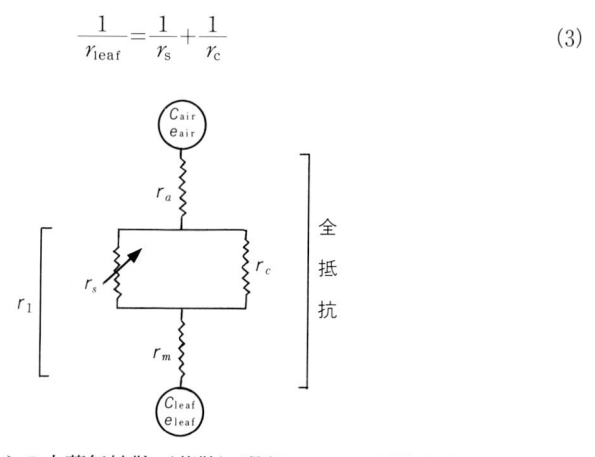

図V-4 葉からの水蒸気拡散(蒸散)過程における抵抗部位

r_a:葉面境界層抵抗, r_s:気孔抵抗, r_c:クチクラ抵抗, r_m:葉肉抵抗, r_1:葉の全抵抗, C_air:大気の水蒸気密度, C_leaf:葉内蒸発面の水蒸気密度, e_air:大気の水蒸気圧, e_leaf:葉内蒸発面の水蒸気圧.

クチクラ抵抗 r_c は,気孔抵抗 r_s に比べて著しく高く,気孔閉鎖時の r_c の大小が乾燥抵抗性の目安の1つとなる.葉の水蒸気拡散抵抗を左右するのは,気孔開閉の変化,すなわち気孔抵抗である.気孔抵抗は,気孔の大きさ,葉面上での気孔の分布および密度によって影響され,その開閉制御によって決定される.

これら葉面からの水蒸気拡散抵抗は,気孔開孔時に比べて気孔閉鎖時に著しく大きい(計測数値上は無限大に近い)値となることから,抵抗の逆数値,水蒸気拡散コンダクタンス $G_\mathrm{w}(\mathrm{mol/m^2 \cdot sec})$ を用いる場合が多い.すでに述べたように,蒸散速度そのものは大気湿度によってかわるので,耐乾燥性や水要求性の樹種間差などを比較するうえで難しい.そこで,測定した蒸散速度とそのときの水蒸気密度差から (2)式を用い,

V．水環境への適応

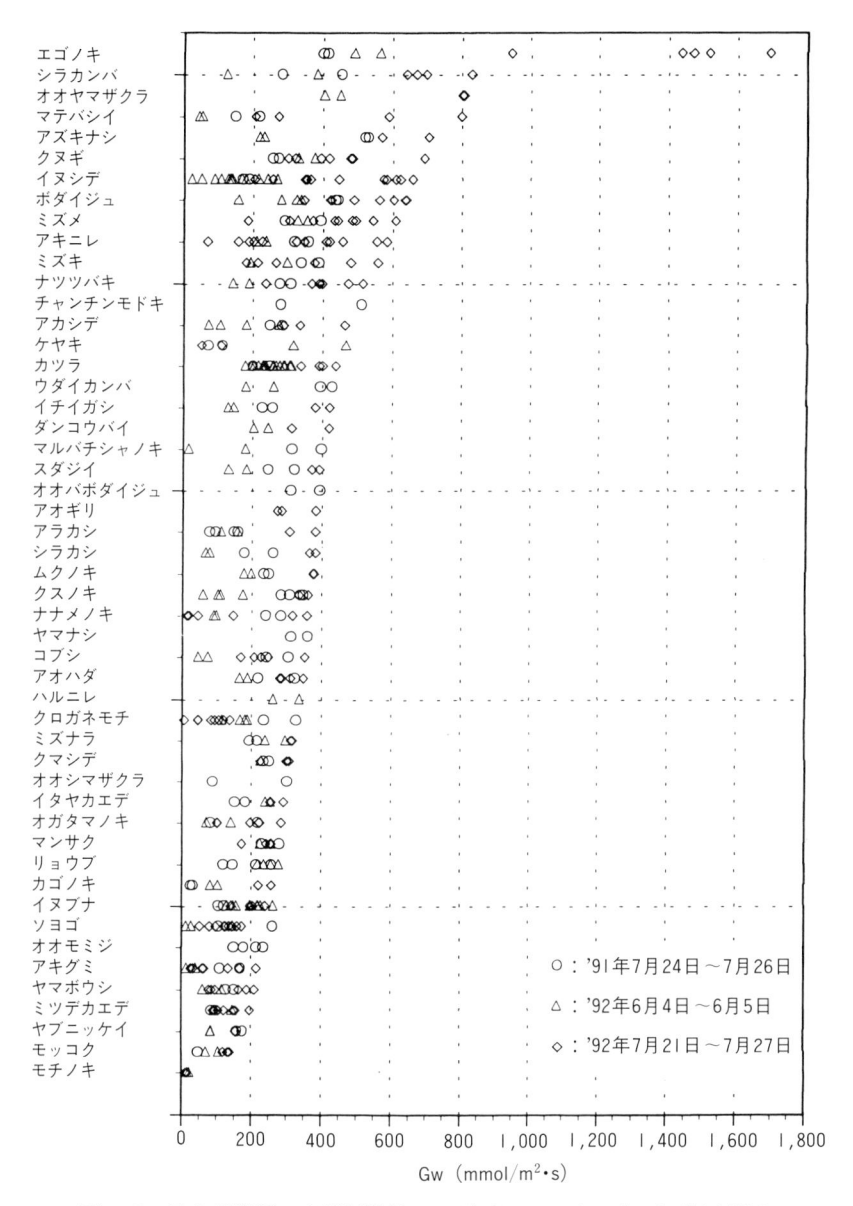

図V-5 日本産樹種の水蒸気拡散コンダクタンス（cm/sec）（松本陽介ら，1999）
測定は森林総合研究所内の樹木園で行った．最大値は午前中に現れる．

$$G_\mathrm{w} = \frac{1}{r_\mathrm{air} + r_\mathrm{leaf}} = \frac{T}{C_\mathrm{leaf} - C_\mathrm{air}} \tag{4}$$

から葉の水蒸気拡散コンダクタンスを調べ，初めて葉齢の違いや種間差への論議が進められる．

　生育期の日中における水蒸気拡散コンダクタンスの測定例を，図V-5に示す．図から明らかなように，同じような晴れた日であっても値に大きな変動がある．水蒸気拡散コンダクタンスの高い樹種は，同じ大気乾燥下で蒸散速度が高く，葉からの水分消失が大きな樹種といえる．一方，水蒸気拡散コンダクタンスは葉の水分状態によって制御されるばかりでなく，土壌乾燥，風，大気乾燥の直接的な制御，水利用効率（光合成速度/蒸散速度）を高めるための光合成系からのフィードバックによる気孔制御（＝ガス交換の最適化機構，optimal control of gas exchange）などの存在も明らかになりつつある．図V-4にあげた水蒸気拡散コンダクタンスの測定例は，それぞれの種がどのような範囲の気孔制御を持っているのかを示すものであり，日単位，季節単位での水消費の種間差やその種が自然の立地条件（乾燥や湿潤）への適応結果を必ずしも示していない．

　注）近年，光合成速度，蒸散速度，抵抗，コンダクタンスなどの単位は，mol，m²，sec が主流である．そこで，新単位と旧単位の関係を以下に示す．
　抵抗：$1\,\mathrm{sec/cm} = 2.24 \times P_0/P \times T/T_0\,\mathrm{sec \cdot m^2/mol}$
　コンダクタンス：$1\,\mathrm{cm/sec} = 1/2.24 \times P/P_0 \times T_0/T\,\mathrm{mol/m^2 \cdot sec}$
　ただし，P：大気圧，P_0：1,013 hPa，T：絶対温度，T_0：273°K．

2．水ストレス

　水は，植物体内の物質代謝が円滑に行われるための体内条件として，非常に重要な役割を持っている．体内の水が欠乏すると水ストレスが起こり，体内の諸代謝の障害から成長低下，さらには枯死に至ることもある．水ストレスは植物の水経済（water economy）の不均衡から生じるが，その発生過程には①連続的なもの（continuous），②瞬時的なもの（temporal）がある．前者では，土

V. 水環境への適応

壌水分の低下に伴う水吸収の減少によるもの，あるいは高樹高木の樹冠上部の慢性的な水ストレスなどがあり，後者では，土壌水分が十分であってもSPACにおける蒸散に対する吸水の遅れから生じ，よく晴れた日中に気孔閉鎖や光合成低下を起こすような場合を指す．

(1) 含　水　量

　水ストレスがどの程度植物に生じているか，すなわち植物の水状態を知る尺度として最も簡単な表示法は含水量である．含水量表示としては，対生重（on a fresh weight basis）と対乾重（on an oven-dry basis）がある．短時間では植物の乾重はあまり変化しないので，変化の少ないものを基準とすることから，短時間内での比較には後者が望ましい．しかし，同一種内で生育条件が同じような場合には，構造に大きな違いがないので比較可能だが，種が違うと比較にならないことに注意が必要である．また，葉などの場合，葉面積当たり（on an areal basis）の表示も重要である．例えば，陰葉（shade leaf）は水ストレスに弱いことが知られているが，乾物重当たりの含水量は陽葉（sun leaf）よりもかえって大きい（表V-2）．このままの値からすると，陰葉の方が多量の水分を含んでおり，乾燥にも耐えうる性質のように思われる．しかし，水ストレスの発生過程を考慮すれば，まず第1に葉から水を失う蒸散過程について注意を払い，蒸散は葉面で起こることを考慮すべきである．すなわち，葉の面積当たりどれだけの水分があるのかを検討する必要がある（表V-2）．したがって，水分量の表示を目的に即して定量化することにより，水ストレスに対する耐性の比較が可能となる．

表V-2　クワの陽葉，陰葉における水分量

葉の種類	若　葉		老　葉	
	陽　葉	陰　葉	陽　葉	陰　葉
対乾量含水量 (%)	211	267	152	293
葉面積重 (mg/cm²)	5.8	2.3	8.8	2.2
対葉面積含水量 (mg/cm²)	12.3	6.1	13.3	6.1

（田崎忠良, 1978）

(2) 相対含水率と水欠差

含水量の値は種による葉の構造の違いから，種によって非常に異なることを述べた．例えば，十分吸水させた葉の含水率は乾物重当たりで150%から1,000%と大きな幅がある．この数値の大小は必ずしも種の耐乾性（drought resistance）と対応しないので，種間差などを扱ううえでの含水量表示としては不適当な数値である．

植物の水状態を評価するには，十分な水状態に対して現在どの程度なのか，あるいはどの程度の水欠差 WD (water deficit) なのかを知ることが重要である．この表示法として，相対含水率 RWC (relative water content) がある．

$$RWC = \frac{\text{field weight} - \text{oven-dry-weight}}{\text{turgid weight} - \text{oven-dry-weight}} \cdot 100\,(\%) \tag{5}$$

$$WD = 100 - RWC\,(\%) \tag{6}$$

ここで，field weight：野外で切り取った葉の生重, oven-dry-weight：その葉の乾重, turgid weight：乾重を測る前に十分吸水させた葉の生重である．

この RWC は，十分に吸水したときの含水量表示がすべて100%であることから明らかなように，種間差などの検討に利用できる利点がある．例えば，同じ属でもヒノキとサワラの場合，圧ポテンシャル（=膨圧）を失うときの相対含水率はサワラでおよそ80%，ヒノキで60〜70%である（図V-6）．すなわち，

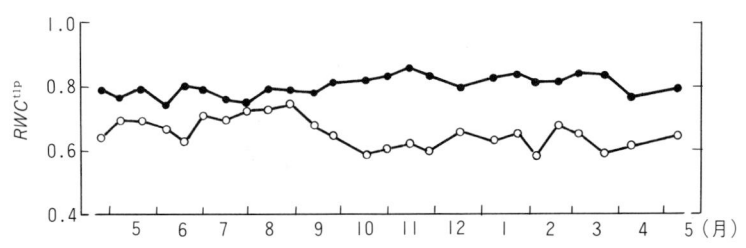

図V-6 ヒノキとサワラの圧ポテンシャルを失うときの相対含水率の季節変化（丸山　温，1996）
〇：ヒノキ，●：サワラ，RWC^{tlp}：圧ポテンシャルを失うときの相対含水率．

ヒノキでは30〜40%の水分を失うとしおれ，サワラでは20%の水分を失うとしおれることになり，ヒノキの方が水欠差に対して高い抵抗性を持つことがわかる．

しかし，こうした水状態の表示にも限界がある．細胞内の諸代謝に影響を与える水状態は，細胞内の水量ではなく，水がどのようなエネルギー状態にあるかということである．例えば，同じ水量であっても，細胞内にある糖やアミノ酸などの溶質量は，同じ種内でも季節によって異なるし，種間によっても大きく異なっている．そのため，葉の水状態を動的に捉える必要がある．その動的な水状態の表示が，水ポテンシャル（water potential）である．

3. 水ポテンシャル

(1) 水ポテンシャルの概念

植物体の水の状態，吸収，移動の説明には，旧来，浸透圧 OP (osmotic pressure)，拡散圧不足 DPD (diffusion pressure deficit)，膨圧 TP (turgor pressure)などの用語が使われてきた．しかしこれらによれば，水の移動は圧の低い方から高い方に向かって起こることになり，熱力学的に不合理であった．1960年代に入って，この不合理性を是正するため，水の移動を熱力学的に扱うようになり，新たに水ポテンシャルの概念が導入された（Slatyer and Taylor, 1960）．ここで，この水ポテンシャルについて説明しよう．

図V-7のように，細胞とそれを取り囲む純水を合わせて，1つの閉鎖系を考える．この系では，純水も細胞内の水もあるレベルの自由エネルギー（ここではGibbsの自由エネルギーを用いる）を持っている．自由エネルギーGは，内部エネルギーU，エントロピーS，絶対温度T，圧力P，体積Vから，次式で定義される．

$$G = U - TS + PV \tag{7}$$

この自由エネルギーとは，外界へ仕事をなす能力を表す1つの状態量である．例えば，ダムの水は落下すると自由エネルギーが減少するが，その減少分をわ

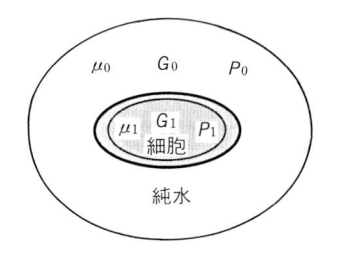

図V-7 純水中に入れた細胞の模式図
G_0, G_1: Gibbsの自由エネルギー, μ_0, μ_1: 水の化学ポテンシャル, P_0, P_1: 圧.

れわれは発電という仕事に置きかえて取り出している。大きなダムと小さなダムでは、当然ながら発電力（＝自由エネルギー）に差があると考えられるが、落差が違わなければ、一定量の水の持つ発電力は同じである。そこで、物質1 mol 当たりのGibbsの自由エネルギーを化学ポテンシャルと呼ぶ．

さてここで、定温定圧下でまわりの純水からわずかな量（dn mol）だけ水が細胞内に移動したとする。まわりの純水の自由エネルギーをG_0、化学ポテンシャルをμ_0、細胞内の水の自由エネルギーをG_1、化学ポテンシャルをμ_1とおくと、系全体の自由エネルギー変化は、

$$dG = -dG_0 + dG_1 = -\mu_0 dn + d\mu_1 dn \tag{8}$$

で表される．ところで、熱力学の第2法則により、定温定圧下で自発的に起こる変化はGibbsの自由エネルギーの減少する方向に進行し、Gibbsの自由エネルギーが極小になったところで平衡に達する。例えば、ダムの水は水門が開いていれば落下する（＝自由エネルギーが減少する方向に移動する）が、自発的に上流に向かって逆流する（＝自由エネルギーを増加させる方向に移動する）ことはない．(8)式において、$dG<0$ すなわち $\mu_1<\mu_0$ であれば、この水移動は自然に起こる流れである．また、定温定圧下における平衡条件は $dG=0$ なので、$\mu_1=\mu_0$ であれば、まわりの純水と細胞内の水は平衡状態であり、外から仕事を加えない限り両者の間に水の移動は起こらない．

これらをまとめると、水の移動は水の化学ポテンシャルの高い相から低い相に向かって起こり、化学ポテンシャルが等しくなれば平衡になる．

(2) 水ポテンシャルの表示

次に,細胞内の水とまわりの純水の化学ポテンシャルを考えてみよう.まず第1に,Gibbs の自由エネルギーは絶対値を持たないので,μ_0, μ_1 の絶対値も存在しない.これをわかりやすく説明すると,われわれは富士山の高さを 3,776 m と覚えているが,この数字は海面という1つの基準との差を表すもので,もともと富士山に絶対的な高さなど存在しない.これと同じで,μ_0, μ_1 の絶対値は求められないが,ある状態の水の化学ポテンシャルを基準にとれば,その基準との差は計算によって求められる.そこで,図の細胞のまわりの純水が大気圧 P_0 だけ受けているとして,その化学ポテンシャル μ_0 を基準とし,μ_0 と細胞内の水の化学ポテンシャル μ_1 との差 $\Delta\mu$ を求めてみよう.

細胞内液は,電解質や糖類といった水以外の物質が溶け込んだ非理想希薄溶液である.そこで,細胞内液の水の活量(activity)を a_w とおく.細胞は弾性を持った強固な細胞壁で包まれており,吸水によって体積を増せば,細胞壁に水を押し出そうとする力(壁圧)が生じる.この細胞内液に加わっている圧を P_1 とする.外圧 P のもとに水が単独で存在するときの化学ポテンシャルを $\mu^0(P)$ とおくと,μ^0 は,

$$\mu_0 = \mu^0(P_0) \tag{9}$$

となる.細胞内液は希薄溶液なので,μ_1 は,

$$\mu_1 = \mu^0(P_1) + RT \ln a_w \tag{10}$$

ここで,R:ガス定数,T:絶対温度.

となる.したがって,μ_1 と μ_0 の差 $\Delta\mu$ は,

$$\Delta\mu = \mu^0(P_1) - \mu^0(P_0) + RT \ln a_w \tag{11}$$

で表される.

$(\mu^0(P_1) - \mu^0(P_0))$ は,純水 1 mol を外圧 P_0 のもとから外圧 P_1 のもとへ移すときの仕事に等しい.1 mol 当たりの水の体積 V_w(水の部分モル容量)が圧によって不変であるとすれば,(11)式は,

$$\Delta\mu = V_w(P_1 - P_0) + RT \ln a_w \tag{12}$$

となる．ところで，(P_1-P_0) は細胞内液の受けている圧から大気圧を差し引いたもので，壁圧（膨圧）に等しい．そこで，これを P' とおくと，(12)式は，

$$\Delta\mu = P'V_w + RT\ln a_w \tag{13}$$

となる．(13)式の次元（単位）はモル数当たりのエネルギー（erg/mol）である．そこで，$\Delta\mu$ を V_w で除した圧の単位に変換する．

$$\Delta\mu/V_w = P' + (RT/V_w)\ln a_w \tag{14}$$

(14)式の次元は圧単位，(erg/mol)/(cm³/mol)＝erg/cm³＝dyn/cm²＝10^{-6} bar＝10^{-7} MPa となる．

(14)式で求められる $\Delta\mu/V_w$ を，水ポテンシャル ψ_w（water potential）と呼ぶ．すなわち，水ポテンシャルは，大気圧下の純水の化学ポテンシャル μ_0 を基準とし，任意の相または系の水の化学ポテンシャルと μ_0 との差 $\Delta\mu$ を水の部分モル容量 V_w で除した値と定義される．

(3) 細胞の水ポテンシャル

細胞内液は希薄溶液なので，その浸透圧を π とおくと，(14)式の第2項は，

$$(RT/V_w)\ln a_w \cong -\pi \tag{15}$$

となる．したがって，(14)式は，

$$\psi_w = P' - \pi \tag{16}$$

が得られる．膨圧によって生じるポテンシャルを圧ポテンシャル ψ_p（pressure potential, $=P'$），浸透圧によって生じるポテンシャルを浸透ポテンシャル ψ_s（osmotic potential, $=-\pi$）と呼ぶ．したがって(16)式は，

$$\psi_w = \psi_p + \psi_s \tag{17}$$

と変換される．ただし，水ポテンシャルの概念では，圧が大気圧だけのとき，ψ_p は 1,013 hPa（＝1 atm）ではなく，0 Pa として扱う．また，大気圧下における純水の水ポテンシャルは $\Delta\mu=0$ となるので，0 と定義される．

ところで，旧来の用語では，細胞の吸水力を表す拡散圧不足 *DPD* は，水を引き込もうとする浸透圧 *OP* と水を押し出そうとする膨圧 *TP* の差で求められた．この関係を図の細胞に当てはめると，

V. 水環境への適応

$$DPD = OP - TP = \pi - P' \tag{18}$$

となる．したがって，旧来の用語と ψ_w, ψ_s, ψ_p の関係は，TP と ψ_p は同じ値，

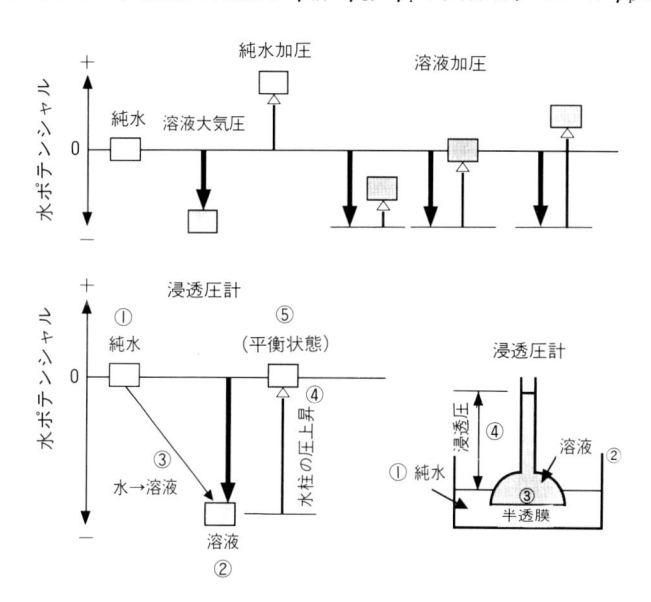

図V-8 水ポテンシャルの概念および浸透圧計

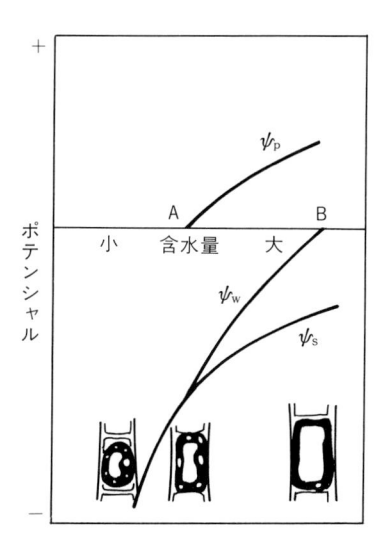

図V-9 細胞の含水量と水ポテンシャルの関係を表す模式図（Höfler diagram, Salisbury and Ross, 1978を改変）

OP と ψ_s および DPD と ψ_w は符号が逆で絶対値は等しいことになる．水ポテンシャルの概念の導入によって，水の移動はポテンシャルの高い相から低い相に向かって起こり，DPD，OP の持つ熱力学的不合理性は解消された．これまでの理解を深めるため，図V-8 に水ポテンシャルの考え方を示す．図V-8 の右下の浸透圧計（浸透圧を説明する旧来の模型）では，水柱の高さを浸透圧とし，プラス表示していた．

図V-9 に，細胞の含水量と ψ_w，ψ_s，ψ_p の関係を表す摸式図（Höfler diagram）を示す．A 点より含水量が少ない状態の場合，細胞は原形質分離を起こしているから $\psi_p=0$ であり，ψ_w は ψ_s に等しい．A 点から細胞が吸水して含水量が増加すると，細胞内液の濃度が薄まって ψ_s が上昇し，体積増加による ψ_p の増加が起こる．ψ_w は ψ_s の上昇分に ψ_p を加えた分だけ上昇する．さらに吸水が進めば，ψ_p と ψ_s の絶対値が等しくなって ψ_w は 0 になる（B 点）．

水状態（＝水ポテンシャル）は，これら ψ_s，ψ_p のほかの要因によっても影響される．例えば，毛管力や表面張力などによって生じるマトリックポテンシャル ψ_m (matric potential)，水の位置（高さ）によって生じる重力ポテンシャル ψ_g (gravitational potential) などである．したがって，植物の水ポテンシャル ψ_w は，一般に次式で示される．

$$\psi_w = \psi_s + \psi_p + \psi_m + \psi_g \tag{19}$$

ψ_s は，生細胞内では浸透的水移動や膨圧維持のための浸透調節（osmotic adjustment）に関わっている．しかし，木部内液や一般土壌中では 0 に近く，あまり問題にならない．ψ_p は，膨圧のようにプラスの場合と木部負圧のようにマイナスの場合がある．葉の ψ_p は気孔開閉や物質代謝に影響を与え，木部の ψ_p は木部内液の水ポテンシャルを決定する．ψ_m は，植物の場合，かなりの水欠差を起こさない限り十分に小さく，無視できるとされている．しかし，水で不飽和な土壌では，土壌の水ポテンシャルを決定する重要な項である．ψ_g は，水で飽和した土壌では重力水の移動に関与しているが，高さの違いによる ψ_g の勾配は 0.01 MPa/m と小さく，あまり問題とならない場合が多い．しかし，樹高が数十 m にも達する高木では，樹冠上部と根系の水ポテンシャル差に大きな影響を

V．水環境への適応

与える．

これらのことから，一般的な植物細胞の場合の水ポテンシャルは(17)式で表す場合が多い．

4．土壌から葉への水フラックス

土壌－植物－大気連続系（SPAC）における水フラックス（＝水移動）の中で，葉から大気への水フラックス，すなわち蒸散については1.「蒸散と抵抗」で述べた．ここでは，土壌から葉への水フラックスについて説明する（図V-10）．

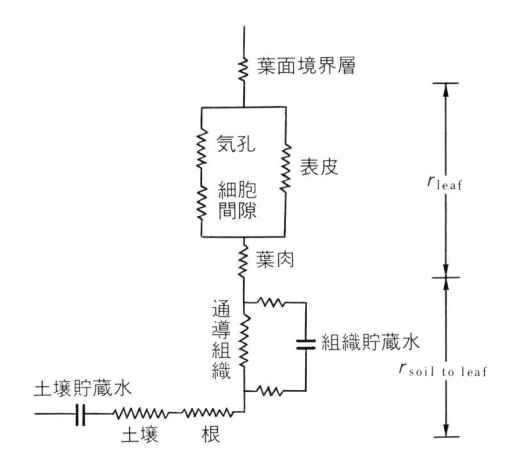

図V-10 土壌－植物体－大気系（SPAC）を通る水の流れを電気回路として示した模式図

一般にフラックスは，

$$\text{フラックス} = \text{駆動力}/\text{抵抗} \tag{20}$$

である．SPACにおける土壌から葉までの水フラックス(flux)では，駆動力を土壌と葉の水ポテンシャル差 $\Delta\psi$（$=\psi_{soil}-\psi_{leaf}$），抵抗を土壌から葉までの水移動に対する総抵抗 $r_{soil\ to\ leaf}$ に置き換えて，

$$\text{flux} = \Delta\psi/r_{soil\ to\ leaf} \tag{21}$$

で表される．(21)式から葉の水ポテンシャルは，

$$\psi_{leaf} = \psi_{soil} - \text{flux} \times r_{soil\ to\ leaf} \qquad (22)$$

と表すことができる．ここで，flux は SPAC の系内を通過する水フラックスであるから，葉群からの蒸散速度 T に等しいとすると，(22)式は，

$$\psi_{leaf} = \psi_{soil} - T \times r_{soil\ to\ leaf} \qquad (23)$$

となる．土壌の水ポテンシャル ψ_{soil} が短時間の間に変化しないと考えると，総抵抗 $r_{soil\ to\ leaf}$ は，蒸散速度 T と葉の水ポテンシャル ψ_{leaf} の関係の傾きから求められる（図V-11）．

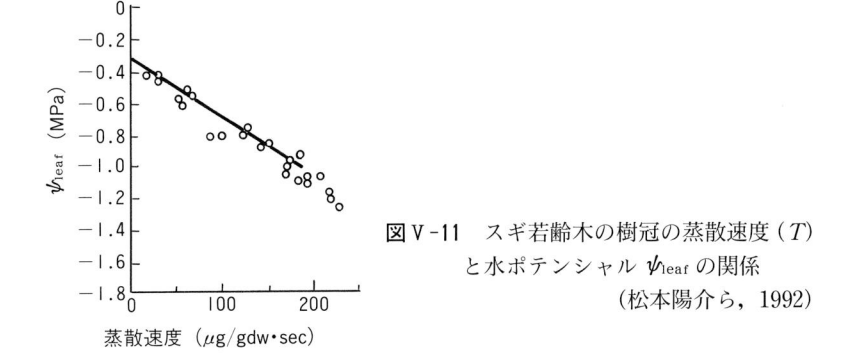

図V-11 スギ若齢木の樹冠の蒸散速度（T）と水ポテンシャル ψ_{leaf} の関係

(松本陽介ら，1992)

　傾きが大きいほど土壌から葉までの水移動に対する抵抗が大きく，同じ蒸散速度であっても ψ_{leaf} の低下が著しい．このようにして調べた抵抗の測定例を表V-3 に示す．クヌギ，コナラ，シラカシなどの広葉樹に比べて，スギ，ヒノキなどの針葉樹の抵抗が大きく，また樹齢が増すにつれて抵抗が大きくなる傾向がありそうである．

　土壌の乾燥が進むと，土壌から根系への水移動の抵抗が急速に増大するので，結果として $r_{soil\ to\ leaf}$ も大きくなる．また，蒸散速度が高く，ψ_{leaf} が大きく低下すると，木部の負圧が上昇して道管，仮道管のキャビテーションを引き起こし，木部の抵抗が増大する結果，やはり $r_{soil\ to\ leaf}$ が大きくなる．このように，土壌の乾燥や葉群の水ポテンシャルの低下は，土壌から葉までの水移動に対する抵抗を増大させ，さらに葉群の水ポテンシャルの低下を招くことになる．

　このような総抵抗の測定例はまだ少なく，今後測定例を増やして，樹種特性

表V-3 いろいろな樹種の水分通導抵抗

樹種名	樹高 (m)	生育状況	全通導抵抗 (MPa cm^2/secμ H$_2$O)
スギ	18	健全・若〜壮齢	0.20
	12	健全・若〜壮齢	0.53
	4	健全・若齢	0.23
	15	健全・壮齢	0.47
	25	健全・老齢	0.72
	15	強度衰退・壮齢	0.40
サワラ	7	健全・若齢	0.12
ヒノキ	7	健全・若齢	0.16
	15	健全・若齢	0.17
アラカシ	4	健全・若齢	0.09
クヌギ	4	健全・若齢	0.07
コナラ	4	健全・若齢	0.07
	6	健全・若齢	0.08
シラカシ	4	健全・若齢	0.10
	6	健全・若齢	0.09
マテバシイ	4	健全・若齢	0.09

(松本陽介ら, 1992)

や樹齢, 季節, 環境条件による抵抗の変化などの情報を蓄積する必要がある.

5. 水環境への適応

葉の水分状態の表し方として, その状態量としての水ポテンシャル, あるいは水分量そのものとしての含水率や相対含水率について述べてきた. しかし, これらの評価から, 水分状態が気孔開閉や物質代謝に及ぼす影響を明らかにすることは難しい. 例えば, A, B両者の樹木の葉の水ポテンシャル ψ_w が同じ -1.5 MPa であったとしよう. この水ポテンシャルを構成する浸透ポテンシャル ψ_s と圧ポテンシャル ψ_p が,

$$A: -1.5 \text{ MPa}(\psi_w) = -2.5 \text{ MPa}(\psi_s) + 1.0 \text{ MPa}(\psi_p)$$
$$B: -1.5 \text{ MPa}(\psi_w) = -1.5 \text{ MPa}(\psi_s) + 0 \text{ MPa}(\psi_p) \tag{24}$$

のような状態であれば, Aの葉は十分に高い圧ポテンシャルを維持しているが, Bの葉は圧ポテンシャルを失ってしおれを起こしていることになる. すな

わち，Aの葉では物質代謝も十分に行われており，気孔閉鎖も起こさず，光合成に必要なガス交換も行われていることが予想される．Bの葉では，葉の物質代謝も停止し，気孔閉鎖からガス交換も行われていない可能性がある．

(24)式に示したように，葉がどのようにして圧ポテンシャルを維持させるか，すなわち，代謝機能の維持のための圧ポテンシャルの維持を，どのように成し遂げるのかが水環境への適応機構の重要な要素である．(24)式から明らかなように，AではBに比べ，浸透ポテンシャルを下げることによって圧ポテンシャルを維持している．すなわち，細胞内の溶質量を増すか，あるいは細胞内の水分量を減らすかの，どちらかによって浸透ポテンシャルを下げている．このような浸透ポテンシャルの変化を，浸透調節機構（osmotic adjustment）と呼んでいる．

土壌乾燥や蒸散速度の上昇による水ポテンシャルの低下に対する圧ポテンシャルの維持（図V-12，クロマツとフサザクラの例）が耐乾燥性を決める重要な性質であり，この浸透調節機構の調節範囲の大小は水環境に対する種の分布と生存に影響を与えている．

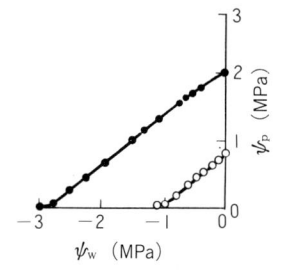

図V-12　クロマツとフサザクラの水ポテンシャルと圧ポテンシャルの関係（丸山　温・森川　靖，1983）
○：フサザクラ，●：クロマツ．

(1) 乾　燥　適　応

浸透調節機構の顕著な例として，マングローブ林の樹木があげられる．マングローブ林の樹木は水に漬かるといっても汽水〜海水であり，海水の水分状態は，陸上植物の極度な乾燥と同じような生育条件である．では，どのようにしてこのような過酷な環境条件に適応しているのか，樹木の水状態に関わる諸量

を比較してみる (Scholander ら, 1965).

根系が存在する海水の水ポテンシャルは,
$$-3.0\,\mathrm{MPa}(\psi_\mathrm{w}) = -3.0\,\mathrm{MPa}(\psi_\mathrm{s}) + 0\,\mathrm{MPa}(\psi_\mathrm{p}) \tag{25}$$
で，圧ポテンシャルは海水表面での値である．

次に，根系の水ポテンシャルは,
$$-3.0\,\mathrm{MPa}(\psi_\mathrm{w}) = -4.0\,\mathrm{MPa}(\psi_\mathrm{s}) + 1.0\,\mathrm{MPa}(\psi_\mathrm{p}) \tag{26}$$
である．通導組織の水ポテンシャルは,
$$-3.03\,\mathrm{MPa}(\psi_\mathrm{w}) = -0.03\,\mathrm{MPa}(\psi_\mathrm{s}) - 3.0\,\mathrm{MPa}(\psi_\mathrm{p}) \tag{27}$$
で，圧ポテンシャルがマイナスなのは，通導組織が負圧を受けていることによる．

次に，葉組織の水ポテンシャルは,
$$-3.2\,\mathrm{MPa}(\psi_\mathrm{w}) = -3.4\,\mathrm{MPa}(\psi_\mathrm{s}) + 0.2\,\mathrm{MPa}(\psi_\mathrm{p}) \tag{28}$$
である．海水の水ポテンシャルが低いのは，海水に溶けている塩類により，海水の浸透ポテンシャルが著しく低いことによっている．葉まで水分が運ばれるためには，葉の水ポテンシャルが海水の水ポテンシャルより低いことが保障されなければならない．実際の土壌から葉までの水ポテンシャル傾度をみると，海水＝根系＞通導組織＞葉組織となっており，水ポテンシャルの高い海水から水ポテンシャルの低い葉へ水の流れが起きることがわかる．こうした水の流れを保障する水ポテンシャルの構成要素をみると，葉組織では，浸透ポテンシャルを下げることによって海水よりも低い水ポテンシャルを確保するとともに，圧ポテンシャルをわずかながらであってもプラスに保っている．こうした浸透調節機構を備えることによって，マングローブ林の樹木は，汽水〜海水という過酷な乾燥条件に耐えて成立している．

一方，樹木の特徴はその高い樹高にあるが，樹高が増すにつれて樹冠の先端近くの葉は重力ポテンシャルの影響が大きくなる．すなわち，土壌乾燥がなくても常に水ポテンシャルが低い状態になり，土壌乾燥と同様な乾燥条件にさらされている．例えば，樹高 60 m の先端の葉は重力ポテンシャルだけでおよそ 0.6 MPa の水ポテンシャルが低下している（(19)式参照）．このような条件下で

は，細胞の伸長成長の抑制などが起こる．樹高成長もほぼ止まった樹高25 mのスギの測定例で理解を深めよう．樹冠上部（23 m）と樹冠下部（4 m）の針葉の長さは，樹冠上部で短かった．枝葉のみかけの比重は樹冠上部で大きく，下部で小さかった（図V-13）．すなわち，樹冠上部では葉細胞の体積が小さくなり，また細胞壁が肥厚するような乾燥形態となっている．このような形態変化とともに，樹冠部では，葉の浸透ポテンシャルを下げることによってしおれを起こすときの水ポテンシャルを低下させ，圧ポテンシャルを維持する浸透調節を

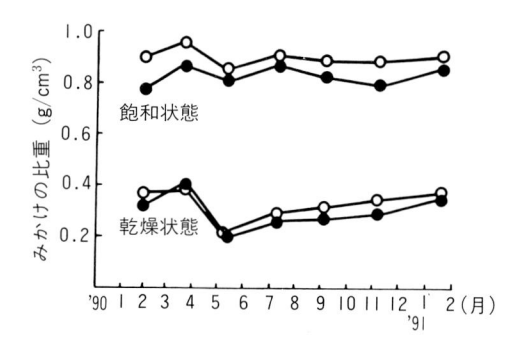

図V-13 スギ高樹高木の枝葉のみかけの比重の季節変化

(丸山 温ら，1996)

樹高25mの樹冠上部（24m，○）および下部（4m，●）．

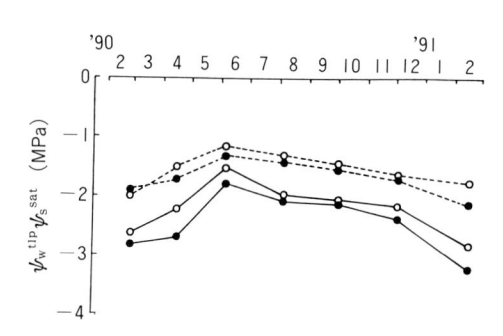

図V-14 図V-12のスギの圧ポテンシャルを失うときの水ポテンシャル（実線）および十分吸水したときの浸透ポテンシャル（破線）(丸山 温，1996)

樹高25mの樹冠上部（24m，●）および下部（4m，○）．

行っている（図Ⅴ-14）．こうした構造変化と浸透調節が機能しなくなると，樹高成長の停止から，やがて先端部分からの枯死へと進むことになる．

(2) 低温適応

　細胞の浸透ポテンシャルの気温変化に対する対応は，葉の耐凍性との関係が深い．細胞が十分吸水したときの浸透ポテンシャルや圧ポテンシャルを失って原形質分離を起こすときの水ポテンシャルは，新葉の展開過程で高く（4〜5月），晩秋から初冬，真冬にかけて低下する（図Ⅴ-15）．こうした変化は気温変化と対応しているが，生育期間ではあまりはっきりしない．すなわち，5月からの気温上昇時期には，わずかずつながらも水ポテンシャルの低下傾向にあるからである．晩秋から真冬にかけては，気温変化とよく対応し，比較的暖かい日（図の12月頃）が続くと一時的な回復もみられる．

　細胞内の凍結は，直接，細胞の死に結び付く．この細胞内凍結から回避するには，細胞内の糖類やアミノ酸などの溶質量を増し，浸透ポテンシャルを下げる必要がある．冬季の浸透ポテンシャルが$-3.0\,\mathrm{MPa}$以下にまで下がるのもこうした凍結回避であり，乾燥抵抗と同様に浸透調節の1つと考えられる．細胞の浸透調節は，①溶質量そのものの増加，②細胞内の水分の減少，③これら両者のいずれかによって起こる．図Ⅴ-14のスギ苗の例でみると，生育期間（5〜10，11月）は，浸透ポテンシャルの低下と平行して細胞内の水分量が低下していることから，この時期の浸透調節は②の細胞内水分量の低下に依存していることがわかる．一方，冬季間（12〜3月）は，浸透ポテンシャルの低下や上昇などの変動があっても細胞内水分量が比較的一定なことから，この時期の浸透調節は①の細胞内溶質量の増減に依存していることがわかる．しかし，こうした浸透調節には，種による違いもあるので，それぞれの種について葉の水分特性の評価が重要である．

　細胞外の凍結は細胞から水分を強制的に脱水するので，冬季には細胞内凍結の回避とともに，細胞の圧ポテンシャルの維持も重要である．生育初期（5〜6月）の新葉は細胞内水分のおよそ10％を失うと圧ポテンシャルを維持できなく

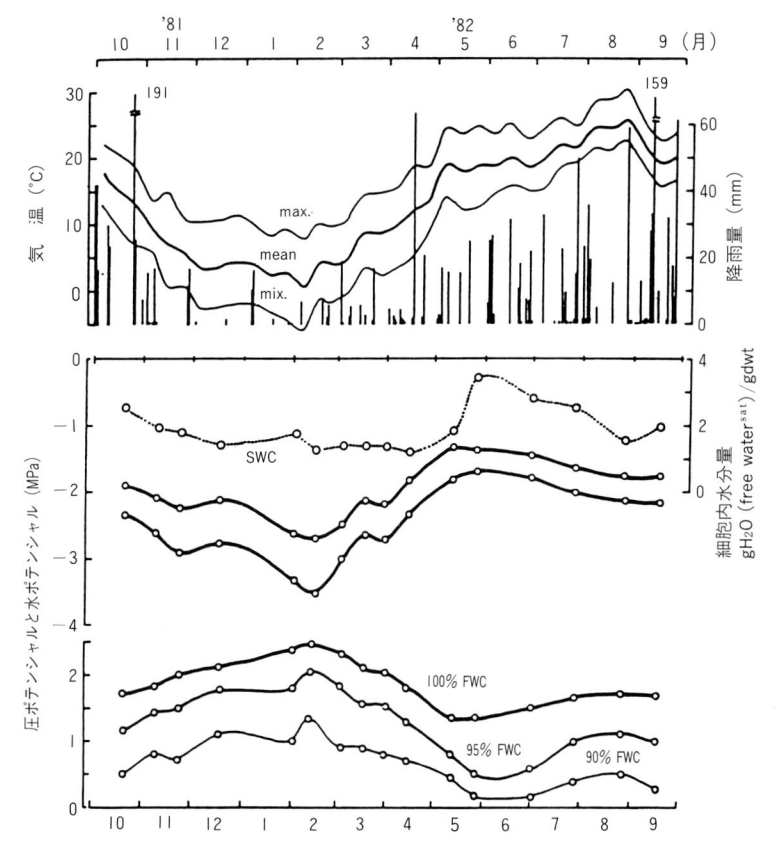

図V-15 3年生スギ苗の葉の水分特性の季節変化（Doi, K. et al., 1986）
ψ_s^{sat}：十分吸水したときの浸透ポテンシャル，ψ_w^{tip}：圧ポテンシャルを失うときの水ポテンシャル．

なるが，秋季〜冬季には10%を失っても十分な圧ポテンシャルを維持している（図V-15）．したがって，冬季間の浸透調節の重要性は，細胞の浸透ポテンシャル変化による凍結回避および圧ポテンシャルの維持にあるといえよう．こうした浸透調節機構の程度がまた，低温環境への適応を決めている．例えば，耐凍性の高いスギクローンでは，水ポテンシャルの低下に対して，浸透調節をより発達させることによって高い圧ポテンシャルを維持する機構を備えている（図

V. 水環境への適応

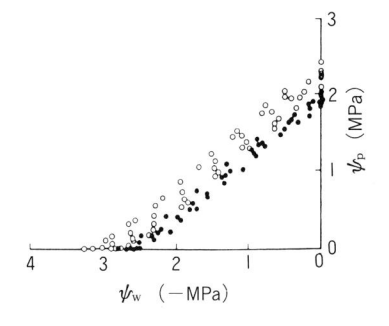

図 V-16 耐凍性の高いスギクローン（○）と低いクローン（●）の水ポテンシャルと圧ポテンシャルの関係（丸山 温ら，1988）

V-16)．

6．樹液の上昇

　生物学研究の重要な命題の1つは，生物の形態とその機能を解析することである．樹木はさまざまな細胞から組織，器官が形作られ，その器官が集まってそれぞれの種に特有な形を持った個体ができあがっている．これまでに，樹木についてもそれぞれの構造とそれらの機能に関する数多くの研究が行われてきた．

　あらゆる生物にとって水は欠くことのできない物質であり，樹木にとっても同様である．多年生植物である樹木の中には樹高が100 mを超えるものもあり，そのような高さまで水を運び上げるには，樹木の特有な構造とメカニズムが関わっているであろうことが想像できる．

　この節では特に，樹木を形作るさまざまな構造の中でも，その機能との関係が感覚的にも理解しやすい組織として，道管や仮道管といった水分通導組織を取りあげ，樹体内における水の上昇と水分通導組織との関係について述べる．

(1) 樹木の水分通導組織

a．維管束系の進化

　私たちが地球上で目にしているシダ植物や種子植物などの陸上植物は，すべ

て維管束系を持っている．維管束は木部と師部からなっている．水分の通導を司どる道管や仮道管は，木部の重要な構成要素であり，植物体の機械的支持に一部役割を果たし，師部は葉で作られた光合成産物や貯蔵された有機物の通路としての役割を果たしている．このような維管束系を持たなければ，細胞から細胞への水移動は拡散によるしかない．ところが，拡散による水の移動速度は非常に遅いため，陸上では植物の地上部からの蒸発による水の損失を，拡散による水輸送では十分補うことはできないのである．

　維管束系を持つということは，水分や有機物をより効率的に運ぶことができ，大型の植物体を支えることができることを意味し，維管束系の進化こそが植物の陸上への進出を可能にしたのである．

　水分通導の役割を果たす道管や仮道管は，形成層の細胞分裂によって生み出されるが，形成後まもなく死んで原形質を失い，中空のパイプ状になって，水分の輸送路となる特異な機能を持った細胞である．なお，この細胞死の過程は遺伝的にプログラムされていると考えられており，近年盛んに研究が進められている．

b．針葉樹の水分通導組織

　木部の大半を占める仮道管は，長さ1 mmから数mm，太さは数 μm から数十 μm の細長い紡錘形の細胞である．春に形成された仮道管は径が大きく水分通導に適しており，夏に形成された仮道管は径が小さく細胞壁が厚く，幹を支えるのに適した形態をしている．仮道管の両端はとがって閉じた構造になっているが，とがった領域には有縁壁孔対と呼ばれる孔が多数あいている．その孔を介して下端で接している仮道管から水が入り，上の仮道管に水が輸送される．この有縁壁孔対は，ミクロフィブリルが網目状になったマルゴと，弁の働きをするトールスからなっている（図V-17）．

c．広葉樹の水分通導組織

　広葉樹は針葉樹と異なり，組織は機能別に細かく分化している．道管は両端

V. 水環境への適応

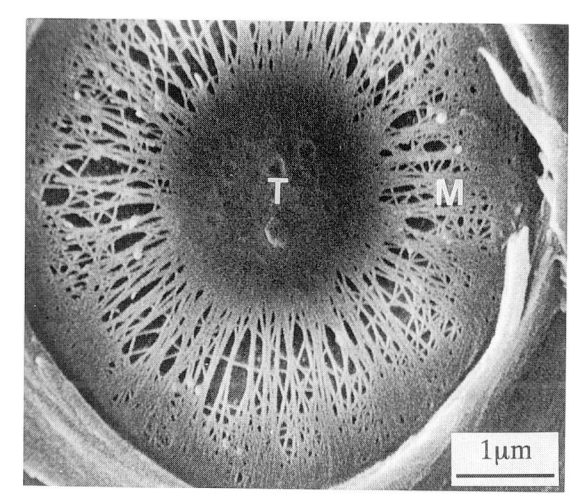

図 V-17 スギの有縁壁孔対
T：トールス，M：マルゴ．水はマルゴの網目を通る．

に孔のあいた細胞（道管要素）がせん孔を介して縦に連なったパイプになっており，仮道管に比べて水分通導機能は格段に向上している．道管の発達の程度や分布は樹種によりさまざまで，春に形成された大きな道管が年輪に沿って並んだもの（環孔材：クヌギ，ケヤキ，クリなど），年輪全体に小径の道管が散在するもの（散孔材：ホルトノキ，ブナ，タブノキなど），比較的大きな道管が放射方向に並んだもの（放射孔材：シラカシ，マテバシイ，アカガシなど）がある．

道管要素の大きさもまちまちで，直径は，イスノキやトチノキのように25 μm 以下の小さなものから，クリやハリギリのように 400 μm に達するものまでさまざまである．また，長さは，イヌエンジュのように 200 μm ほどのきわめて短いものから，カツラやイスノキのように 1.5 mm を越す非常に長い樹種まである．

(2) 樹体内における水の上昇機構

樹体内における水の上昇機構は，凝集力-張力理論（C-T 理論）によって理解

できる．道管や仮道管といった毛細管の中の水は，水それ自体の凝集力によって 30 MPa もの張力に耐えることができる．その水は，葉の蒸散表面から根の吸収面までの水の柱として連続した系を形作っている．

その系のどこかの部位，主には葉から蒸散が始まると，葉の中の水が大気中へ放出されるために，葉の水ポテンシャルが低下する．その結果，葉とそれより下の部位との間に水ポテンシャルの差が生じるため，水はポテンシャルの高い部位から低い部位に移動する．このような水ポテンシャルの落差が次々と下部へ伝わっていき，トータルとして樹体の中を水が下から上へと流れていく．

つまり，樹体内の水は葉からの蒸散を原動力として，道管や仮道管の中の水柱に上向きの張力が働き，下から上へと水が引き上げられているのである．この水柱が何らかの原因で途切れると，その部位での水の流れは停止して，その組織は水分通導機能を失う．

(3) 水の通りやすさ

a．水分通導抵抗

水が重力に逆らって下から上へ移動するには，高さ 1 m につき 0.01 MPa の引き上げる力が必要である．重力のほかに，水の流れに対しても樹体のさまざまな部位で抵抗がかかっているので，さらに引き上げる力が必要となる．つまり，水ポテンシャルの低下を招く．

草本植物の場合，水移動に対する植物体の抵抗そのものが小さく，また，植物体の全抵抗に占める葉と根での抵抗の割合が大きい．例えばヒマワリの場合，植物全体の水分通導抵抗に占める茎の抵抗の割合は 25% ほどである．しかしながら，木本植物の場合，樹体の地上部の木部水分通導抵抗が，全体の 50% あるいはそれ以上を占めており，樹木の水分状態は，幹の水分通導抵抗によって大きく影響されていると考えられる．

さらに，水分通導抵抗は樹体の各部位によって異なっている．特に幹から枝，枝から小枝が分岐する部位の抵抗がその分岐部位の上下に比べて格段に大きい（図V-18）．

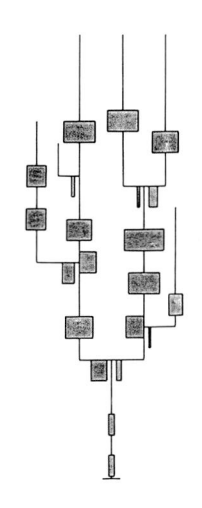

図V-18 アラカシの樹体各部の水分通導度
(Ikeda, T. and Suzaki, T., 1984)
縦軸は幹と枝，横軸は分枝部分．矩形の幅が水分通導度の大きさを示す．

日中，蒸散を行っている円錐形の1本の針葉樹の各部位における水ポテンシャルの値を比較してみると，幹の垂直方向では高さが高くなるにつれて水ポテンシャルは低下するが，樹冠の周縁部では差が認められない．これは，樹冠下部ほど枝張りが大きく，幹から枝の先端まで水が移動する間にかかる抵抗が大きい（移動距離が長い，移動の間に通過する分岐部が多い）ことによるものと理解できる．

b．水分通導と組織構造

樹体内における水の通りやすさは，水分通導度（水分通導抵抗の逆数）を測定することで定量的に評価することができる．幹木部の水分通導度は，針葉樹は広葉樹に比べて一般に小さく，広葉樹の中でも散孔材樹種は環孔材樹種より小さい．つまり，幹木部の水分通導度は，水分の通導と樹体の機械的支持の両機能を合わせ持つ仮道管より，水分通導を専門に行う道管を持つ樹種の方が大きく，それらの中でも内径の大きい道管を早材部に配置する樹種の方が大きい．

このような水分通導度の差を，木部構成要素に占める道管の通導面積比率と道管の内径との関係から考えてみる．これらを環孔材樹種と散孔材樹種とで比較すると，道管の通導面積比率は，両者が同じか後者が前者の半分であり，道

管径は前者が後者の2～5倍となっている．

Hagen-Poiseulle の法則によると，道管内の流水量は道管半径の4乗の関数として表すことができる．そこで，簡単なモデルを想定してみる（図Ⅴ-19）．一方は太い1本の道管で，もう一方は細い道管の束である．前者の横断面積を後者のそれの半分と仮定すると，前者は半径が2の1本の道管で，後者は半径が1の道管が8本束になったものとなる．このときの流水量は半径の4乗に比例するので，前者が16で後者が8となり，前者は後者の2倍の水を通導させることができるのである．

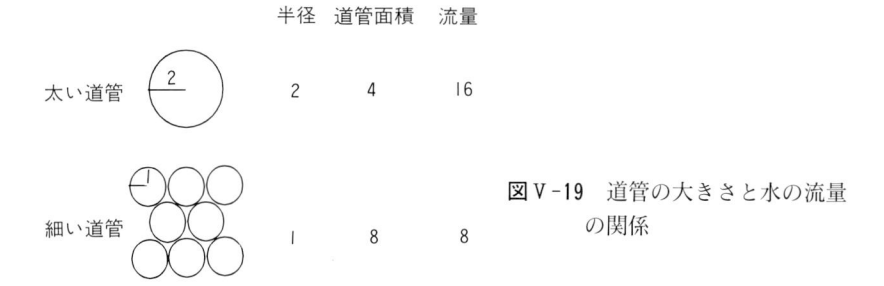

	半径	道管面積	流量
太い道管	2	4	16
細い道管	1	8	8

図Ⅴ-19　道管の大きさと水の流量の関係

つまり，環孔材樹種のように大きな道管を持つ樹種は，数少ない道管で効率よく水を運ぶことができるのである．

(4) 水 の 通 導 部 位

樹木が生長を続けてある樹齢に達すると，木部の中心には心材が形成される．この部分は水分通導機能を失い，柔細胞も含まれていない．この外周の柔細胞が生きている部分を辺材と呼び，水分通導が行われている．

辺材のすべての部分で均等に水分通導が行われているわけではなく，辺材のそれぞれの部位で水の移動速度（樹液流速度）は異なっている．スギの場合は形成層から数年輪目で最高速度になり，心材に近づくにつれて遅くなる（図Ⅴ-20）．

1年輪の中では早材部の仮道管でもっぱら水分通導が行われており，晩材部の仮道管ではあまり水分通導は行われていない．この理由として，晩材部仮道

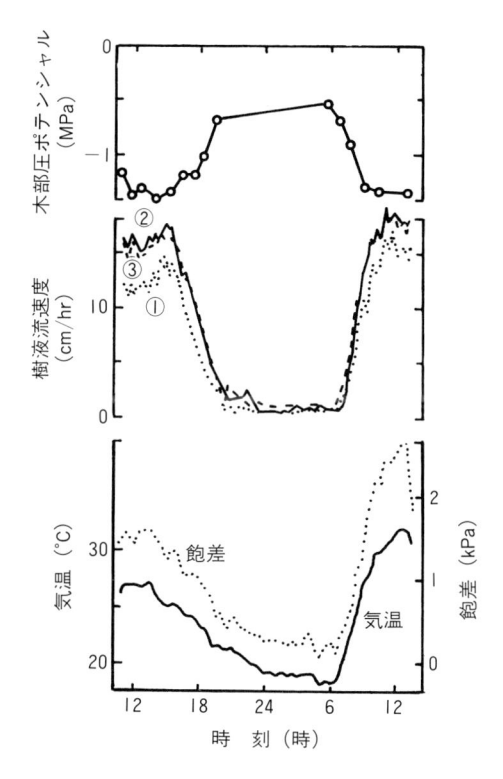

図V-20 クロマツの幹の深さに
よる樹液流速度の差
(Ikeda, T. and Suzuki, T., 1987)
①,②,③：それぞれ深さ8mm, 12.5mm, 18mmを示す．
樹液流速度はヒートパルス法により測定．

管の径が小さいことと，有縁壁孔対の数が少ないことが考えられる．

広葉樹の水分通導部位は，道管の形状によって異なる．ブナ科樹木のうち落葉性の環孔材樹種では，主に当年生年輪の早材部大径道管のすべてと，1ないし2年生年輪の早材部大径道管の一部で水分通導が行われている．水分通導の行われていない大径道管は，チロースが発生することによって塞がれている．なお，チロースとは，道管に接した放射柔細胞や軸方向柔細胞が，道管との間の壁孔を通って道管の内側に膨れ出た部分を指す（図V-21）．前年形成された道管内でのチロース発生のため，ニレ科やトネリコ属の樹種は，早材部大径道管での水分通導が当年生の年輪部分に限定されている．散孔材樹種と放射孔材樹種では，形成層にごく近い道管を除いたほとんどの部位の道管で水分通導が行われている．

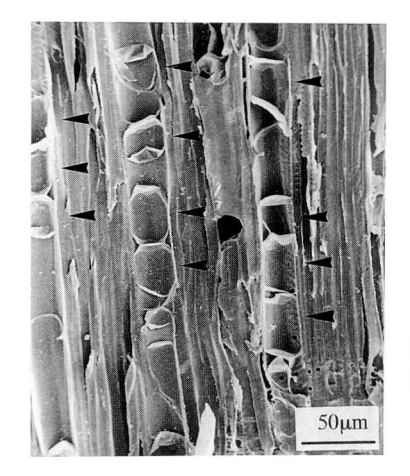

図V-21 ポプラの道管に発生したチロース
矢印はチロース発生部分.

(5) 水分通導機能の喪失

a．キャビテーションとエンボリズム

　樹木の水ストレス耐性や水ストレス回避のメカニズムに関する研究は植物生理生態学における重要な研究課題であり，数多くの研究成果が報告されている．しかし，それらのほとんどは葉や根に関する成果で，葉と根とをつなぐ水分通導組織は単なるパイプとしての役割だけで，なんら積極的な役割を果たしていないと永らく考えられてきた．

　ところが，ときとして水分通導組織がそのパイプ機能を失うことがある．それは，道管や仮道管の中の水柱に発生するキャビテーション(空洞形成)によって起こるエンボリズム（塞栓症）が大きな原因である．キャビテーションの発生メカニズムやエンボリズムの持つ生態学的意味が，10年ほど前から樹木の生理生態学分野でホットな話題となっている．

　エンボリズムは，次のような状況で発生することが知られている．その1つは水ストレスであり，もう1つは寒冷地で春先に起こるシュートの凍結，融解の繰返しである．今1つは，萎凋病の進展過程で発生するエンボリズムである．

b．水ストレスによって誘導されるエンボリズム

　樹木が蒸散を開始すると，道管や仮道管の水ポテンシャルが低下する．この値がある限界を下回ると，道管や仮道管の中の水柱に気泡が侵入して空洞が形成され（キャビテーション），道管や仮道管の内腔が塞がれる．その結果，水分通導組織にはエンボリズム（塞栓症）が起こり，水分通導機能が失われる．すると，樹体内での水輸送が部分的に制限されるので，樹木はより厳しい水不足に陥り，ひどい場合には枝枯れや根の枯損，ひいては個体が死に至ることもある．

　水ストレスによって引き起こされるキャビテーションの発生メカニズムについては，さまざまな説が提案されてきたが，現在は"air-seeding"理論によって説明できることが，理論的にも実験的にも確認されている．以下に，"air-seeding"理論に基づくキャビテーション発生のメカニズムについて説明を加える（図V-22）．

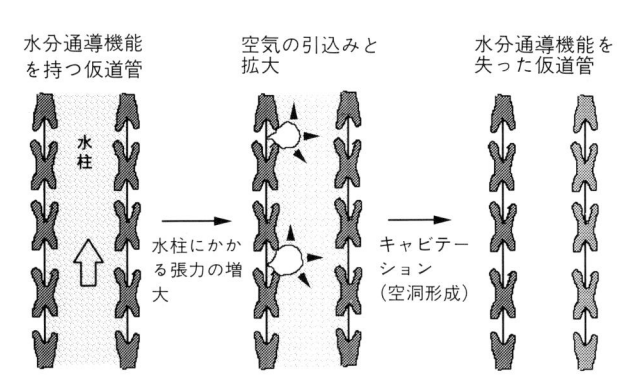

図V-22　エンボリズムの形成メカニズム

　樹木の水不足が厳しくなると，水ポテンシャルが低下する．このことは，道管や仮道管中の水柱を引き上げる力が大きくなることを意味する．木部水分通導組織には，さまざまな理由（傷，落葉など）ですでに空洞化した部位が存在する．すでに空洞化している道管や仮道管と，まだ水分通導機能が維持されて

いる道管や仮道管との間には，壁孔膜の微細な孔のところで空気-水のメニスカスが形成されている．引き上げる力がある限界以上（水ポテンシャルがある限界以下）になると，そのメニスカスを形成していた力関係が崩れて，すでに空洞化している道管や仮道管から壁孔膜の微細な孔を通って，気泡が水で満たされた道管や仮道管の方へ引き込まれる．引き込まれた気泡はそこで大きくなって道管や仮道管中に広がり，空洞が形成される（キャビテーション）．空洞部分は，はじめ水蒸気で満たされているが，その後徐々に空気と置きかわり，道管や仮道管には空気が詰まってエンボリズム（塞栓症）を起こし，水分通導機能を失う．

c．キャビテーションならびにエンボリズムの検出と評価

キャビテーションの発生そのものは，アコースティック・エミッションを測定することで定性的に知ることができる（(5) e.「アコースティック・エミッションとキャビテーション」参照）．

さらに，樹体各部の"vulnerability curve"（図V-23）を作成することで，エンボリズムによる水分通導機能の低下を定量的に知ることができる．"vulnerability curve"からは道管や仮道管の中の水柱にかかる張力（横軸），つまり，水

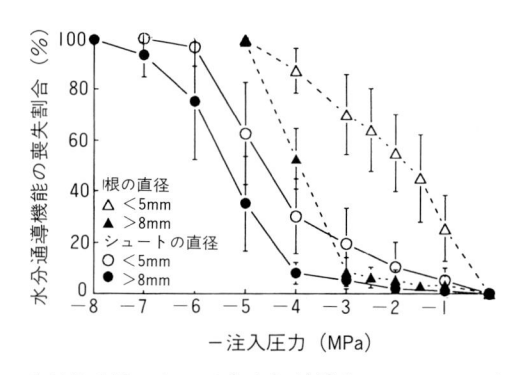

図V-23 空気注入法によって求めたダグラスファーのvulnerability curve（Sperry, J. and Ikeda, T., 1997）

－注入圧力は，木部圧ポテンシャルに相当する．

ストレスの程度と水分通導機能の喪失割合（縦軸）との関係が読み取れ，キャビテーションに対する各部位の感受性が定量的に評価できるのである．

"Vulnerability curve"の作成に当たっては，"空気注入法"や"遠心力法"といった興味深い測定方法を用いることで，希望する圧力あるいは張力下で人工的にキャビテーションを発生させることができる．ここで，それぞれの測定法について説明を加える．このことによって，キャビテーションの発生メカニズムがより深く理解できるだろう．

まず，"空気注入法"について説明する．先にも述べたように，道管や仮道管中の水柱には上向きの引張りの力が働いている．キャビテーションは，壁孔膜の微細な孔で形成されている空気-水のメニスカスが，ある限界以上の引張りの力によって崩され，水で満たされた道管や仮道管に空気が引き込まれて，水柱に空洞が形成される現象である．

この現象を逆に考えると，引張りの力がかかっていない状態の枝や根（樹木から切り出した試料）に，空気-水のメニスカスの力関係を崩す力を外から加えると，水で満たされた道管や仮道管へ空気を押し込んでキャビテーションを起こすことができるはずで，予想通り，この方法によって任意の圧力下でキャビテーションを起こすことが可能になった．

さらに，"遠心力法"では，遠心機に枝や根の切り出した試料を取り付けて遠心分離することによって，道管や仮道管中の水柱に引張りの力をかけることができる．これは，樹木が蒸散しているときの道管や仮道管の中の水柱と同様な状態を再現していることになる．この方法は，遠心力の大きさを変化させることにより任意の張力下でキャビテーションを起こさせることができるという手法である．これらは，非常にアイデアに富んだ手法である．

d．キャビテーションの持つ意味

"Vulnerability curve"を樹木のさまざまな部位について調べると，樹体各部のキャビテーションに対する感受性を知ることができる（図V-23）．

ここでは，ダグラスファーで得られた結果を示す．樹体全体を眺めてみると，

根は幹や枝より高い水ポテンシャル（軽度の水ストレス状態）でキャビテーションが発生し，根や枝の中では，より細い根や枝，つまりそれぞれの先端に近い部位ほどキャビテーションが発生しやすいことがわかる．これは，樹木の生存にとってどのような意味を持つのであろうか．1つのシナリオとして，次のようなことが考えられる．

　土壌が乾燥してくると，樹木に供給される水の量が減少する．そのため，樹木の水ポテンシャルは低下する．すると，初めに細い根でキャビテーションが発生してエンボリズムを起こし，それらの水分通導機能が失われる．このことによって，根からの水の吸収が減少する．そのために，葉に供給される水の量がさらに減少する．それを感知して葉の気孔が閉じ気味になる．そうすることで葉の水ポテンシャルが過度に低下することはなく，また気孔を閉じ気味にすることで逆に水ポテンシャルは少し上昇に転じる．

　さらに水不足が進展すると，シュートの先端部でもキャビテーションが発生し，葉への水供給が急速に低下するため，気孔は閉じてしまうか，部分的に葉を落とすことで樹木全体の蒸散量を抑制して，水ポテンシャルのいっそうの低下を防いでいる．

　ところが，根や幹，シュートでそれぞれキャビテーションの発生しやすさ，つまりキャビテーション感受性に差がなければ，水ポテンシャルの低下により幹でもキャビテーションが発生して水分通導機能が低下し，個体全体がダメージを受けることになる．このようなことを避けるために，細い根やシュート先端部のキャビテーションに対する安全性を小さくして，それらを切り離すことで本体を守るのであろうと考えられる．

　このとき，細い根は他の器官に比べて再生しやすい器官であることが前提となっている．つまり，根を切り離すことと，幹など樹木本体をキャビテーションから守ることとは，トレードオフ（trade-off）の関係にあるといえる．

　さらに興味深いことに，幹から枝が分かれる部分，枝から小枝が分かれる部分，小枝から葉の葉柄が分かれる部分といった分岐部分では，単位面積当たりの道管数が少なく，さらに平均道管内径も小さく，形態的にくびれた構造になっ

V. 水環境への適応

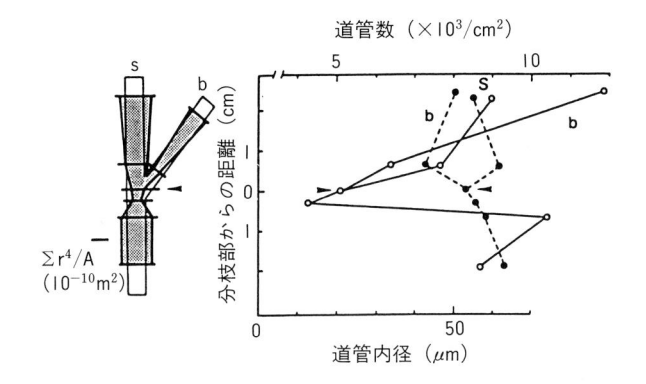

図V-24 ケヤキの枝分れ付近の水分通導度 (Ikeda, T. and Suzaki, T., 1984)
分枝付近の道管数と道管内径(右図)とこの値から計算した水分通導度の相対値(左図).
○：道管数, ●：道管内径.

ている(図V-24).つまり,樹体の各末端で生じたキャビテーションによって道管や仮道管に侵入した空気は,くびれ部分でそれ以上の進展をはばまれる.その結果,トカゲの尻尾切りのように先端部分は枯れて切り離しても,樹体にとって,より大切な大きな枝や幹まではエンボリズムが広がらないようにしているのである.

以上のことに関する研究は現在盛んに進行中で,今後目を離せないテーマである.

e. アコースティック・エミッションとキャビテーション

アコースティック・エミッション(AE)は,主に工学分野で構造物(ビル,橋梁,ロケット,原子炉など)の稼動時に物体の主破壊を予知するために,微少なレベルの破壊を検出する非破壊検査法として使われている.生物を対象とした利用法としては,木材(生きた生物ではないが)の破壊,関節や歯,血液循環系の診断といった医療用に,さらに,崖崩れや斜面崩壊の予知のために使われたりしている.

では，生きた樹木ではどのようなメカニズムでアコースティック・エミッションが起こり，どのようにアコースティック・エミッションが利用できるのであろうか．

樹木が盛んに蒸散しているとき，道管や仮道管中の水柱には引張り上げる力（張力）に相当するエネルギーが蓄えられている．キャビテーションが発生すると蓄えられていたエネルギーが解放されて，その一部が弾性波となって放出される．この現象が，樹木におけるアコースティック・エミッションである．

キャビテーション発生の結果，木部内で発生した高周波成分を持つ弾性波，いわゆるAE波は樹体内を伝播して，幹の表面に達し，AEセンサーで連続してほ

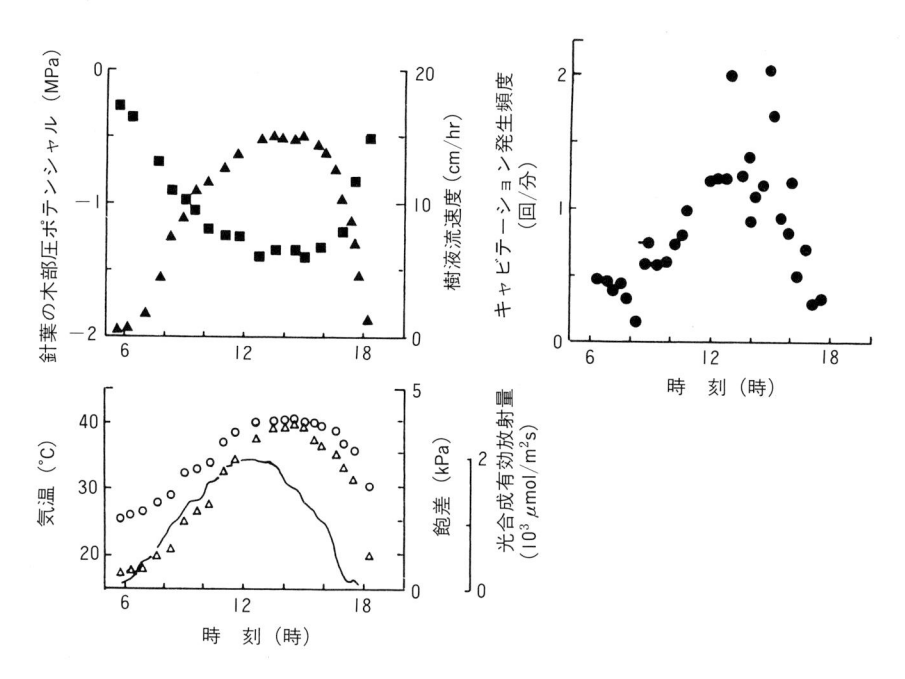

図V-25　クロマツのキャビテーション発生頻度と水分状態の日経過
(Ikeda, T. and Ohtsu, M., 1992)

樹液流速度はヒートパルス法による測定．
■：針葉の木部圧ポテンシャル，▲：樹液流速度，○：気温，△：飽差，——：光合成有効放射量．

ぼ非破壊的に検出できるという利点がある．しかしながら，AEセンサーの感知する範囲が狭いことや，AEは伝播する間に減衰するといったことなどにより，キャビテーションの発生数とAEの起こる回数とは必ずしも一致しない．しかしながら，キャビテーションの発生が多ければAEの発生も多いと考えられるので，水分生理に関する他のパラメータも同時に測定しながらAEの起こる回数をカウントすれば，キャビテーションの発生頻度を相対的に評価することができる．

　アコースティック・エミッションの発生頻度と樹木の水分状態との関係をみると，多くの樹種で木部圧ポテンシャルがほぼ-1.0 MPaに低下したときに，アコースティック・エミッションの発生が始まることが知られている（図V-25）．この値は，空気注入法や遠心力法で得られた"vulnerability curve"の結果ともよく一致している．

　私たちはAE波そのものを耳で聞き取ることはできないが，樹体内部から発せられるAEの情報は樹木が水不足を訴えているシグナルなのである．

f．凍結，融解の繰返しによって起こるエンボリズム

　凍結，融解の繰返しによって起こるエンボリズムは，次のような気象条件下で生育する樹木にみられる．それは，冬期，低温のために土壌凍結が起こっているが，樹体が雪に埋もれているので厳冬期の凍害は免れることができ，早春になるとシュートの先端が雪解けによって雪から出た状態になるような灌木類（広葉樹）である．

　このような樹木では，雪に埋もれている間は樹体の1日の温度変化は小さく，厳冬期の間は道管中の水や土壌の水は凍結して動かない．

　早春になると，雪解けのためにシュートの先端は雪から出て，日中はプラスの気温にさらされる．そのため，凍結していた道管中の氷が解ける．

　液体の水が凍ると，水の中に含まれていた空気の一部が気泡となって氷の中に取り残される．この状態で氷が解けると，解けた水の温度は低く，その気泡が直ちに水には溶けないので，残ったままの状態になる．

気温がプラスになると樹木は蒸散を開始するので，水ポテンシャルが低下する．つまり，道管の中の水柱には上向きの張力が働く．その結果，水の中の気泡は引張られて少し大きくなる．

夜になると再び気温は氷点下に下がるので，日中解けた水は再び凍結するが，気泡はそのまま取り残される．翌日になるとまた同じことが繰り返されて，気泡はさらに大きくなり，最終的には道管中に気泡が広がってエンボリズムを起こし，その道管は水分通導機能を失う．このとき，土壌はまだ凍結しているので，蒸散で失われた水は根から補給されない．そのために，雪から出た部分のシュートでは水不足が進行して枯れてしまう．

早春に雪から突き出たシュートの枯損（dieback）は，このようなエンボリズムが原因で起こると考えられる．

g．病気による水分通導の阻害

これまでに述べたようなキャビテーション発生やエンボリズム形成とは異なった場面でも，キャビテーションやエンボリズムが樹木の生存にとって重大な影響を及ぼしている．その代表が，萎凋病による樹木の衰弱および枯死である．世界的にみて樹木の萎凋病としては，ニレ立枯病（Dutch elm disease）やナラ萎凋病（oak wilt）が知られている．これらは，糸状菌によって引き起こされる病気で，個体が死に至ることもある．この病気にかかったニレやナラは，チロースやガム状物質で道管が塞がれて水分通導機能が低下し，厳しい水不足に陥ったり，さらには枯死したりする．

このような樹木の萎凋病におとらず，激しい被害をもたらす萎凋病がわが国にも蔓延している．それは，現在もなお日本のマツ林（クロマツ，アカマツ，リュウキュウマツ）に猛烈な被害を及ぼしている松くい虫被害である．この被害は，マツノマダラカミキリによって運ばれたマツノザイセンチュウがマツに侵入することで引き起こされる伝染病，つまりマツ材線虫病によるものである．この病気にかかると，大きなマツでもひと夏の間に枯れてしまう典型的な萎凋病である．

V. 水環境への適応

マツノザイセンチュウがマツに侵入したあとのマツの水分生理状態からマツ材線虫病の進行状況をみると、大きく2段階に分かれる（図V-26）。

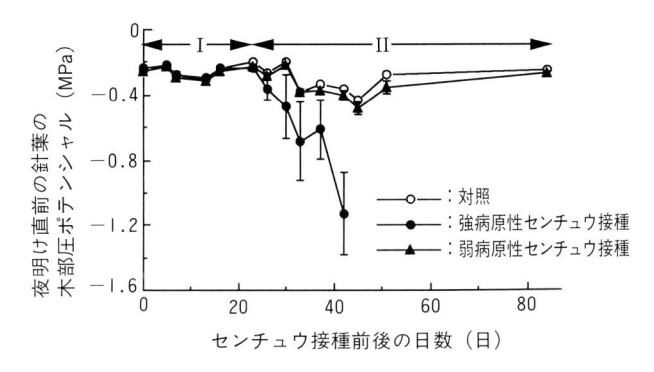

図V-26 マツノザイセンチュウ接種後のクロマツの水分状態
(Ikeda, T. and Kiyohara, T., 1995)

第1段階では、根や幹の水分通導度が徐々に低下していく。この原因は、低い頻度で起こるキャビテーション（図V-27）や樹脂による仮道管の部分的な閉塞、柔細胞から移動したと考えられる物質による仮道管内での蓄積によると考えられる。

第2段階になると、マツの水分状態は急激に低下し、萎凋、枯死する。この段階ではキャビテーションが高頻度で起こり、水分通導機能が急激に失われていく。キャビテーションの発生頻度がある限界を越えると、キャビテーションがとめどなく連続して発生し、次々とエンボリズムが起こる。この現象を"runaway embolism"と呼ぶ。マツ材線虫病の第2段階では、この"runaway embolism"のために、多くの仮道管で短時間のうちにエンボリズムが起こっているのである。

さらに、マツノザイセンチュウを接種したマツの vulnerability curve（(5)c.「キャビテーションならびにエンボリズムの検出と評価」参照）の変化を調べたところ、マツ材線虫病が進展するにつれて木部のキャビテーションに対する感受性が高まる、つまり、キャビテーションが発生しやすくなることがわかって

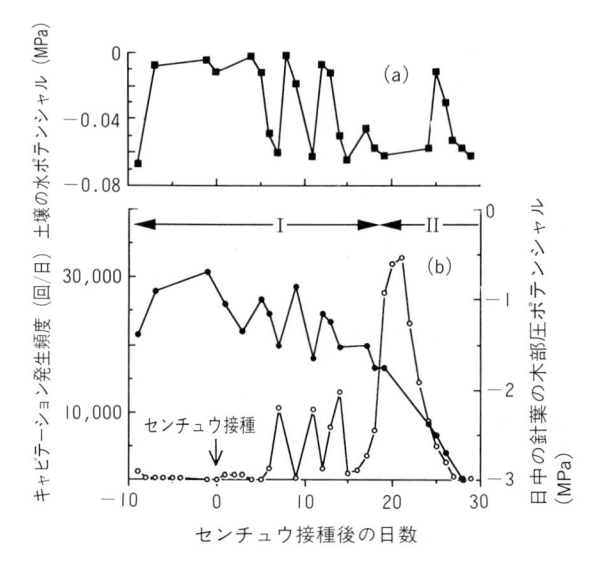

図V-27 マツノザイセンチュウ接種前後のクロマツの水分状態とキャビテーション発生（Ikeda, T., 1996）
■：土壌の水ポテンシャル，○：キャビテーション発生頻度，●：日中の針葉の木部圧ポテンシャル．

いる．このことは，マツ材線虫病にかかるとマツの木部の広い範囲でエンボリズムが起こりやすくなることを意味している．

h．エンボリズムの可視化

前述したように，樹木の木部でエンボリズムが起こると，その部分では水が通らなくなる．では，エンボリズムを起こした樹木の木部はどのようになっているのだろうか．その状態は，医療機器として使われているMRI（磁気共鳴画像法）装置を利用することで，試料にいっさい手を加えることなく伺い知ることができるのである．この装置を使ってマツ材線虫病にかかったマツの幹の内部を調べると（図V-28，右），マツの木部全体に散在している白い部分が確認できる．これがエンボリズムを起こして水が通らなくなった部分である．病気が進展していくと，白い部分が木部全体に広がっていくことがみて取れる．つ

まり，MRI 装置を使うことで，マツの水分通導機能が失われていく状況を可視的に確認できるのである．

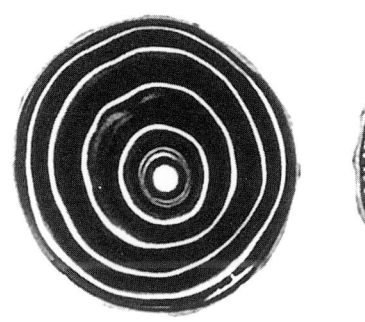

図 V-28 MRI 装置で検出したマツ木部のエンボリズム
左：健全なマツ，右：病気のマツ．

なお，マツノザイセンチュウによるマツの枯死は，水分通導機能の停止だけで起こるのではなく，水分通導機能の停止とともに柔細胞，とりわけ新しい仮道管を形成する形成層細胞の死が起こることも，マツ個体の完全な枯死に重要な役割を果たしている．つまり，仮道管の水分通導機能が停止しても，形成層で新しい仮道管が作られれば再び水分通導機能はよみがえるが，形成層細胞それ自身が死んでしまえば，それもかなわなくなってしまうのである．

　水分通導組織とは，水を通すパイプとしての機能を果たす組織であるとの考えから，水分通導機能の低下は，樹木にとって悪いことであるとされてきた．
　ところが，最近 10 年ほどの間に，キャビテーションの発生機構や，エンボリズムによる水分通導性低下と樹木の水分状態との関係に関する研究がかなり進展し，キャビテーションの発生が樹体全体の水分調節に積極的に関与していることが示唆されつつある．これは，樹木の形とその機能に関する研究に一石を投じる興味深い成果であり，今後の研究にいっそうの進展が期待される分野である．

VI. 熱帯林樹種の生理・生態的特性

1. 熱帯林の特徴

　熱帯林は，二酸化炭素の吸収源，種の多様性維持，水や土の保全，生物の生産性の維持など，地球規模の環境問題や地域的な環境維持に重要な役割を担っている．しかしながら，この重要な熱帯林が急速に減少し，人間を含め生物の生存に重大な影響を与えることが懸念され，熱帯林をいかに維持していくかが現代の大きな課題である．熱帯林の減少問題は人間の活動に深く関連し，社会・人文科学との共同研究によって初めて解決できるものである．特に大きな問題となっているのは，人口圧による過度の伐採と森林の農地化であり，さらに農地が不毛化し，放棄されていることである．

　このような問題を論議する前提として，まず，熱帯林がどのような形で維持されるかを明らかにし，熱帯林の重要性を認識することが大切である．特に重要な熱帯多雨林を中心に論議を進めることにする．

(1) さまざまな熱帯林の形態

　熱帯とは，北回帰線と南回帰線の内側に存在する地域であり，この地域に成立する森林を熱帯林という．しかし，緯度，標高，地形，地理的な特性などによって気候が大きく変化すると，森林の様相がかわってくる．このため，回帰線の内側でも，熱帯林を形成しない場所が存在する．一方，回帰線の外側でも，熱帯林が成立しているところもある．一般的には，温度，平均温度の高い地域から低い地域に向かって熱帯林は減少し，温帯林に変化する．また，熱帯地域の中で，水分条件の傾度，すなわち，湿潤から乾燥に向かって森林が変化し，極端な乾燥地では，サバンナから砂漠へと変化する（図VI-1）．

　熱帯林は森林帯の区分として1つにされているが，実際には，環境の変化に

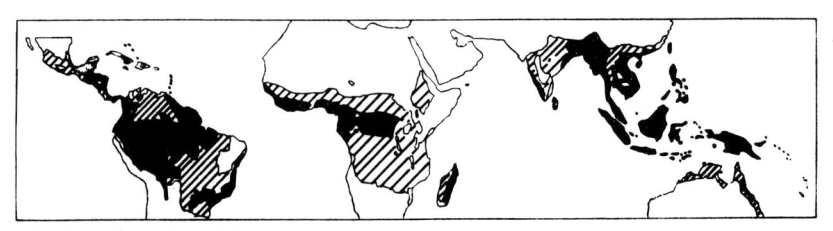

図Ⅵ-1　熱帯林の分布（ユネスコ資料より）
■：湿，広葉樹林(閉鎖林)，▨：乾性，一部落葉樹林(疎林).

よって明らかに特性の異なる森林が形成されるので，森林帯の区分をもっと細分化した方がよい．

a. 亜熱帯林

熱帯の中でも，比較的温度の低い地域では，亜熱帯林を形成する．一般に亜熱帯林といわれる森林は，季節的な乾燥の程度によって，さらに細分化される．

1) 亜熱帯雨林

亜熱帯雨林は，冬季でも凍結温度まで気温が低下することがなく，水分条件のよいところに成立する森林で，常緑のカシ類が多く，木生シダが生育する．一般的には，暖温帯林への移行型である．モリシマアカシアなどの温度に対する反応をみると，この森林の構成樹の生存限界は氷結温度であり，凍結すると障害を起こして枯死するが，低温でも凍結温度以上では生存可能な種で構成されていると推定される．したがって，熱帯多雨林の典型的な構成樹と比べると，亜熱帯雨林に生育する樹種は比較的低温に耐え，熱帯多雨林の樹種が低温障害を起こす15°C程度の温度域では枯死することがない．

2) 熱帯季節林

熱帯地域の乾季の明確なところでは熱帯季節林が成立し，乾季に落葉する樹種が多い．チーク（*Techtona grandis*）などは季節林の樹種であり，乾季には落葉する．この地域では，季節によって最低温度が低くなり，低温障害を起こす15°C以下になることがある．

3) 熱帯有刺林

熱帯季節林がさらに乾燥すると，葉の少ないトゲ植物が多くなり，有刺林を形成する．特に，マメ科の樹木の中には，アカシア類など，乾燥地に適応し，トゲを発達させたものが多い．もっと乾燥すると砂漠になる．この地域の最低温度も熱帯季節林同様，一時的に低い温度になる．インドのタール砂漠には，葉が退化して，枝にトゲだけが着生するマメ科樹種がみられる．

b. 熱帯多雨林

熱帯林の中で，最も重要なのは熱帯多雨林（熱帯雨林または熱帯降雨林ともいう）である．大部分は北回帰線と南回帰線の間に分布する常緑広葉樹森林帯であり，特に，高温，多雨多湿な地域に雄大な森林が発達する．この森林帯の気温は，年平均気温20°C以上といわれ，海抜高の低い平地に多くの熱帯多雨林がみられる．しかし，年平均気温よりも最低気温が重要な制限因子であり，最低気温が15°Cより高いところに分布すると考えてよい．また，この森林帯の形成には水分環境が重要であり，極度に乾燥しないことが条件になる．一般には，年間2,000 mm以上の降雨があり，年間平均的に降雨があるところに熱帯多雨林は成立している．地域的には，東南アジア，アフリカの中西部，アマゾン，ニューギニア，ソロモン，オーストラリアの東海岸の北部などにみられる．オーストラリアでは，南緯30°以南まで熱帯多雨林が分布する．東南アジアにおいては，ミャンマー，中国南部の北緯25°以上のところまで熱帯多雨林が分布している．

熱帯多雨林の主要な樹木は常緑広葉樹であり，東南アジアの熱帯多雨林では，フタバガキ科が優占するが，南米やアフリカでは，マメ科やその他の樹種が混在し，特に優先する樹種は認められない．一方，熱帯産の針葉樹も存在し，*Agathis*, *Araucaria*, *Dacrydium*, *Podocarpus* などがみられる．

熱帯多雨林においては，海岸の汽水域にはマングローブ林ができる．砂丘や隆起台地で低地が海面から分断され，海水の侵入がなくなると淡水の湿地が発達し，そこに湿地林が形成される．熱帯地域においては，湿地林の面積はきわ

めて大きく，森林は陸地にだけ発達するものではないことを認識する必要がある．ボルネオでは，樹高 50 m 以上の雄大なアラン（*Shorea albida*）が優先する湿地林が存在する(図VI-2)．さらに，平地から丘陵地にかけては典型的な熱帯多雨林があり，平地林や丘陵林を形成する．その上部の 1,300 m 以上では亜熱帯雨林，さらに上部では，温帯林に似た様相を示す．熱帯多雨林地域においては，標高 3,000〜3,500 m 程度で森林限界が認められる．一般的に，標高が 100 m 高くなると 0.6°C 気温が低くなるといわれている．したがって，湿潤な熱帯地域に存在する熱帯多雨林地域においても，標高が高くなるにつれて森林の様相が変化する．この変化は，標高による気温の低下と水分環境の違いによるものである．

図VI-2 *Shorea albida*（アラン）の林
林内は淡水の池になっている．水の中には魚も住んでいる．樹高 70 m の巨木が一斉林を形成する．ブルネイの湿地.

マレー半島では，海抜 800 m あたりから木生シダがみられ，標高 1,300 m 程度でフタバガキ科樹種はほとんどなくなり，標高 1,600 m になると熱帯多雨林からカシ林となる．アマゾンのアンデス山脈の東側山麓では，海抜 300〜400 m 程度で木生シダが出現し，比較的低い標高で熱帯多雨林から亜熱帯性の植生に

VI. 熱帯林樹種の生理・生態的特性

変化する.

　熱帯多雨林は，地球上の森林生態系の中で最も蓄積が多く，樹高 50 m 以上の巨木が優占する森林である．1 年中高温高湿であり，しかも階層構造が発達しているため，いろいろな植物が生育している．生育する植物の形態も多様であり，ラフレシアのような巨大な花を地表に咲かせるもの，ジャックフルーツのように木の幹に直接花を咲かせ，果実を作るものがある．また，葉が壺に変形し，水を蓄えているウツボカズラなどがあり，壺の中に落ちた昆虫を栄養にしている（図VI-3）．このように，熱帯多雨林では，植物のいろいろな生活形をみることができる．

図VI-3　林に生育するウツボカズラ
葉の先端がこのように変化したもの．ふたができているばかりでなく，ふたの下に刺があり，動物が手を入れることができないようになっている．

　植物が多様であると同時に，哺乳類，鳥類，爬虫類，昆虫類など，植物の生産する有機物に依存する動物層も多様である．特に，落葉落枝を分解するシロアリの種数と数は非常に多く，熱帯多雨林の特徴となっている．シロアリの活動が，落葉落枝の分解速度を促進しているといわれている．また，チョウ類の種類の多いのも熱帯多雨林の特徴であり，色とりどりの大型のチョウ類が生息

している．特に，雨上がりの林道には，チョウが群をなして，お花畑のような状態になることがある（図VI-4）．

図VI-4 雨あがりの道路に群がるチョウ
ときには，いろいろなチョウが群がり，お花畑のようになる．

　熱帯多雨林のもう1つの特徴として，光が強いことがあげられる．太陽高度が高く，常に頭上から強い太陽光が降り注ぐ．しかし，光が強いのは裸地の状態においてのみ起こる現象である．熱帯では常時太陽高度が高いため，頭上に何か障害物があると光は遮られ，その下は日陰になり暗くなる．温帯においてみられるように，横とか斜めから光が入射する時間帯が少ない．このため，熱帯多雨林の特徴は厚い樹冠層に太陽光が遮られ，林床に光が侵入しにくく，非常に暗く，下草が少ないことである．また，温帯のように，南斜面，北斜面の特徴はなく，むしろ東斜面と西斜面に違いが現れるのも熱帯多雨林の大きな特徴である．

(2) 熱帯多雨林樹種の分布限界

　熱帯多雨林地域では1年中高温多湿であるため，熱帯多雨林の植物は温帯の植物のように冬の低温期に成長を停止し，休眠して越冬することがない．この

ため，熱帯多雨林では植物が1年中成長を続け，温帯では一年生の草本植物の中にも，熱帯地域では永年生の樹木となるものがある．永年生の植物になるためには，植物体に分裂組織が常に存在し，成長を持続できる機構が存在していなければならない．このためには，頂芽が常に分裂活性を維持し，幹には2次分裂組織である形成層が存在し，植物体が分裂組織によって包まれた状態になっていなければならない．例えば，ナス科植物のトウガラシなどは，熱帯では永年生の灌木となる．ナス科植物には形成層が存在するうえ，花芽は腋芽に着き，頂芽が常に分裂組織として残っている．しかも，茎には形成層が存在するので幹の内部が木化するが，形成層の分裂組織は常に木部を包むように幹の表面近くに存在する．このように，頂芽から形成層につながる分裂組織によって常に包まれていることによって，植物は永年生となることができる．

一方，ヤシとかタケなどの単子葉永年生植物には，形成層が存在しない．しかし，木本の単子葉植物では，分裂活性を持つ頂芽と稈の中心部に分裂活性のある柔細胞を持ち，頂芽で葉原基が分化すると，維管束を形成する初生形成層が柔細胞に挿入され，柔細胞は維管束を分化する．したがって，単子葉では，外側から中心部に向かって成熟が進行し，中心部が常に分裂活性を持っていることになる．タケなどでは，一斉に開花すると枯死するが，これは成長点が花芽に変化することによって，分裂活性を失うためである．木本の単子葉植物には暖地性のものが多く，極度の低温になり，柔細胞が凍害を起こすと枯死することになる．熱帯産のタケやヤシ類ばかりでなく，温帯性のタケ類などでも，低温に対する耐性に限界があり，東北が北限になっている．

生育範囲が熱帯多雨林に限られる樹木は，低温に対する耐性がなく，最低気温が15℃以上でないと生存できないものが多い．こうした樹種は温帯では冬季に枯死してしまうため，温帯には分布できない．例えば，トウガラシは低温に対する耐性がないため，温帯では樹木となることができない．熱帯多雨林の樹木やヤシ類なども，温帯地域では越冬することができない．このように，低温に対する生理的な特性によって，熱帯多雨林の樹種の分布限界が規定されている．フタバガキ科，センダン科のセドレラ，マホガニー，マメ科のインシア，パー

キア，プテロカルプス，モクマオウなどは低温に対する耐性がなく，15℃以下の温度で低温傷害を起こし，葉が白化（chlorosis）したり，壊死（necrosis）したりする（図VI-5）．同じように，熱帯産のマメ科の *Leucaena leucocephala* は10℃で低温障害を起こし，光合成を停止して4℃で完全に枯死する．

図VI-5 温度14℃で生育した *Cedorella* の苗木の葉
低温障害を起こし，*Cedorella* の葉，白化したあと褐変して壊死する．

このように，温度の変化に対する適応の違いが，その樹種の分布を規定する大きな要因になっている．熱帯地域のみに生育する樹種，ここでは"真正熱帯多雨林樹種"ということにするが，こうした樹種は生存限界が15℃程度であり，最低気温が15℃以下になるような地域や標高では分布していない．標高1,600 m以上でフタバガキ科樹種のような真正熱帯多雨林樹種が分布しない理由は，こうした低温に対する感受性による．

亜熱帯地域まで分布する樹種は，さらに低温域まで生存が可能であるが，0℃で凍結すると枯死するものが多い．熱帯に生育するマメ科植物の中から，*Acacia* 類は *Leucaena* よりも低温に対する耐性があり，*Acacia mearnsii* などは，凍結しなければ0℃程度までは生存可能である．ユーカリの一部も同様な性質を示す．このように，熱帯から亜熱帯まで広く分布する樹種は，真正熱帯多雨

林樹種とは異なって比較的低温耐性があり，0〜4℃程度の低温にも耐性を示す．わが国に分布する樹種の中でも，イチジク科のアコウ，ガジュマルなどは低温に弱く，気候の温暖な限られた地域にのみ生育しているが，これらの樹種も本来的には亜熱帯から熱帯に適応した種と考えてよい．

熱帯産のフタバガキ科樹種は，真正熱帯多雨林樹種のようにいわれているが，種によって，低温に対する特性が異なることが明らかになってきた．なかでも，乾季雨季の季節のある大陸部に分布する種は，ある程度の低温耐性があることに注目したい．フタバガキ科の分布，生理生態的な特性については，あとで詳細に検討する．

このように，植物が生育地域の冬の最低温度を十分に耐える特性を持つことが，その地域に分布できる条件となる．特に，樹木は永年生であり，長年月にわたる気候の変化を経験することになるため，数十年に一度の異常低温にも影響を受けることになる．したがって，熱帯産の樹木の分布限界は，低温側の限界温度によって定まることが多い．温帯性の樹木では，さらに限界最低温度が低くなる．一方，亜寒帯性の植物などでは，夏の生育期における高温が成長限界となることがあり，高温側の成長限界が分布を規定することがある．

(3) 熱帯多雨林種の更新維持

持続的に後継樹が更新，生育することによって，森林は維持される．したがって，繁殖源となる種子の特性，芽生えの成立，稚樹の成長，幼樹の成長などの更新のための条件を明らかにすることが大切である．熱帯多雨林の植物は，多様な生活形を維持していると述べたが，種子の形態，生理的な特性などにも多様性があり，温帯の植物とは異なっている．

a．種子の形成，散布，発芽

熱帯多雨林にはマメ科の樹木が多い．マメ科樹種の花は比較的定期的に咲き，結実するため，更新の原点である種子生産は十分に行われている．マメ科の種子の特徴は，子葉に養分を貯蔵していることである．一般にマメ科の種子では，

胚乳が消失し，子葉が養分を吸収して肥大化している．しかし，熱帯産のマメ科樹種の一部の種子では，子葉の発達が完全ではなく，子葉と胚乳の両方を持つものがある．例えば，*Dialium* では，薄い子葉の外側に透明な胚乳が存在する．このように，子葉に養分が完全に移行せず，中途段階の状態で種子となるものもある．

熱帯の種子には，休眠現象がないといわれているが，休眠現象に似た現象を持つものがある．例えば，マメ科の硬粒種子は，種子成熟の最終段階において種子の含水率が5～10%にまで低下する．水分の消失に適応する生理的な変化が必要であり，含水率がほとんど0の状態で細胞の機能を保存しているわけである．この状態では，種子の生理反応は完全に停止しているが，吸水によって，細胞の機能を再び活性化できる特性を持っている．このような生理現象は，休眠と休眠打破の過程と考えてもよい．

マメ科の種子には，種皮の堅い硬粒種子と皮の柔らかい種子がある．例えば，*Intsia*, *Sindora*, *Dialium*, *Pterocarpus* などは硬粒種子であり，成熟すると母樹の周囲に落下する．堅い種皮は水を通さないため，地表ですぐには発芽できない．したがって，自然条件では土中に埋蔵され，発芽する機会を待つことになり，ときには，数年以上の長期間土中に種子が待機している．こうしたマメ科の樹種が生育するところでは，林床に多量の種子が埋蔵され，潜在的な繁殖源となっている．

しかし，発芽させるためには，種皮から水が浸透できるようになることが必要である．このため，極端な温度変化とか動物の食害などによって，種皮に傷が付くことが発芽するきっかけになる．*Intsia* の場合には，種皮に小さな突起があり，この部分は弱く，ヤスリなどで擦るとすぐに穴があく（図VI-6）．この穴から水が浸入し，数分のうちに堅い種皮がバラバラに剥がれてくる（図VI-6）．一晩水に漬けておくと，種子は水を吸って大きくなり発芽する（図VI-6）．この突起の中に空気が入っていて，高温になると空気が膨張して種皮を破り，小さな穴をあける．自然界では，山火事のあとなどに，熱のために突起内の空気が膨張して突起に穴があき，吸水が可能になって次の世代が更新するようになっ

VI. 熱帯林樹種の生理・生態的特性

ている.また,高い木から種子が落下するときに,種皮に傷が付くことなども,発芽のきっかけになる.

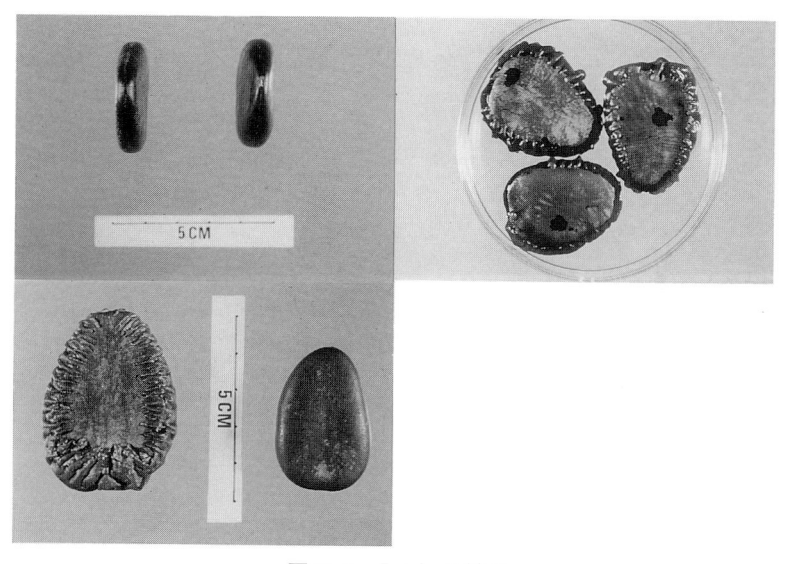

図VI-6 *Intsia* の種子

左上:先端の突起に注意.片方の種子の突起は取り除いてある.ここから水が入る.右上:水に漬けて15分後.突起を取り除いてできた穴から水が入り,種子の縁から種皮が剝げ出している.左下:1晩水に漬け,膨潤した種子と最初の種子.

一方,*Koompassia*, *Cedrelinga* などは,柔らかい種子を持つ.*Koompassia* の種子はリボンのような種皮を持ち,回転しながら落下するため,遠くまで散布される(図VI-7).散布されると,吸水してすぐに発芽する.成熟したマメ科の種子の特徴は,水分含有率が低く,乾いても生存できることである.したがって,落下した林床が乾いていても,水が供給されるまで生存することができる.

マメ科の種子のように,乾燥する種子とは異なり,熱帯では水分を失うと枯死する種子が多い.しかし,水分の多い種子の中にも,みかけ上,休眠しているような種子がある.吸水してから数十日間発芽しない種子があり,こうした現象を持つ種子は比較的多い.その典型はヤシ科の種子であり,発芽するまでに数十日を必要とする.母樹からヤシの実が落下したときには,胚が未熟であ

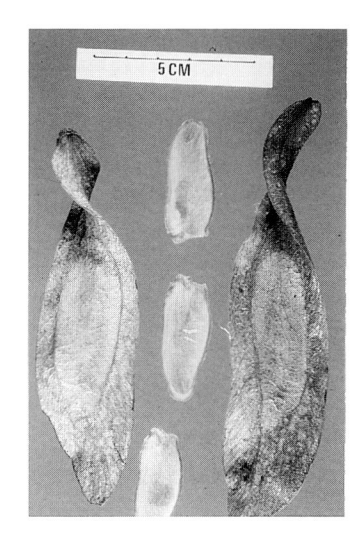

図VI-7 *Koompassia* の種子
同じマメ科であるが，軟らかい種皮を持ち，すぐに発芽する．リボンのような種皮は遠くに散布されるのに有効．種子は横になって，くるくるとリボンのように回りながら飛んで行く．

り，きわめて小さい．発芽の初期に胚は吸根を発達させ，胚乳から養分を吸収して大きくなる．ヤシ科以外でも，胚乳を持つ種子は似たような傾向を持ち，発芽の初期にまず胚を発達させるものが多い．こうした種子では，温帯産の種子の休眠と似て発芽に時間がかかり，休眠しているような状態になる．しかし，実際には発芽過程が進行している．これは，温帯の種子の後熟現象と非常に似た現象である．パパイヤ，ウリンなどではこのような現象を持ち，種子発芽に時間がかかる．また，フタバガキ科の種子も未熟な段階で採取すると，貯蔵中に胚が発達して，発芽率が改善されることがある．一方，マングローブなどでは，鞘で保護された種子の幼根を樹上で成長させ，発芽過程の初期が母樹上で行われている．

　種子の形成から発芽まで連続的に成長しているものは比較的多く，フタバガキ科の種子などでも，母樹上で発芽するものがある(図VI-8)．このように，熱帯の種子は未熟なままで散布されることもあれば，十分に成長して，個体としての成長を始めてから散布されるものまで，いろいろな成長段階で種子が散布されていることになる．

　種子の発芽から芽生えまで，成長に連続性を持った樹種では，種子の水分含

図VI-8 フタバガキ科の *Dryobalanops aromatica* の種子
母樹に着生したまま，発芽している．種子の先端に注意．白い幼根が突出している．

有率が高く，種子は高い生理活性を維持しているため，20％以上の水分を維持しないと死んでしまう．胚が未熟のまま種子が散布されることが，熱帯の環境にどう調和しているかは不明であるが，林内の高温，湿潤な条件が未熟な胚を生存させ，成長させる好条件になっていることは確かである．特に，高温で，しかも湿度の高い林床が，胚の発達を容易にしている．熱帯産のマメ科の樹種の一部では，子葉の外側に胚乳を残しているものがあるが，こうした現象も，胚乳種子の未熟胚と似たものであり，熱帯の植物の特徴ということができる．

湿潤で，季節変化の少ないマレー半島やボルネオでは，フタバガキ科の花は5～7年に一度，不定期にしか咲かない．しかし，アジア大陸の乾・雨季がはっきりとした地域に生育するフタバガキ科の樹種は，定期的に雨季の終わりに花を着ける．しかも，アジア大陸産のフタバガキ科は低温や乾燥に比較的耐性を持つが，湿潤な熱帯多雨林の種は低温や乾燥に弱い．このように，マレー－ボルネオの種は熱帯多雨林の環境に適合し，アジア大陸産の種は季節林の環境に適合している．

フタバガキ科の樹種では，花から種子ができるためには，数本以上の木が花

を着けることが必要である．1本の木だけが着花すると，ゾウムシなどの昆虫の食害によって，種子が形成途中で落下してしまうのが普通である．不定期に咲く湿潤な地域では，多数の木が花を着ける豊作のときには，虫害が少なく，健全な種子を形成する．

　フタバガキ科の種子には羽根があり，追い羽根のようにくるくると回りながら落下する（図Ⅵ-9）．種子が小さい場合には，上昇気流に乗って，母樹からかなり離れた場所まで散布される．しかし，フタバガキ科の種子は，含水率が20％以下になると枯死するため，落ちる場所が裸地であると乾燥が早く，生存することができない．落下したところが木の葉の下とか草の陰など，水分を保持できることが発芽の条件になる．このような条件の場所に偶然に落下する確立は低い．しかし，母樹が多量の種子を散布するため，発芽できる条件に定着する種子の数が多くなる．

図Ⅵ-9　フタバガキ科の種子
一般的に，フタバガキ科の種子には羽がある．これは，*Parashorea* の種子で，5枚の羽を持つ．このほかに，属によって，2枚羽，3枚羽などがある．例外的に羽を退化させた種もある．

　フタバガキ科の種子はマメ科の種子に比べて含水率が高く，種子は生理的に活性があるため，地表に落下すると，すぐに発芽する．場合によっては，母樹上で発芽することもある．しかし，マメ科の種子のように，林床で環境条件が

よくなるまで，待機することはできない．したがって，フタバガキ科の場合には，林床の状態が発芽に適していることが更新の条件となる．このように，湿潤熱帯産のフタバガキ科は熱帯多雨林の環境にしか生存できない特性を持っていると同時に，好適な環境条件では，すぐに発芽できる特性ともなっている．他の樹種の中にも，乾燥すると枯死する種子は多く，湿潤な熱帯における林床の条件に適した発芽特性を持っていると考えることができる．

b．芽生えの成長

種子が発芽して芽生えとなるまでは，種子の養分で成長する．マメ科やフタバガキ科は子葉に養分を貯蔵しているので，子葉は芽生えの定着に重要な役割を持つ．例えば，子葉が動物に食われたりしてなくなると，生存率が低下する．

また，子葉が展開するものと (epigeal，図VI-10)，展開しないものがあり (hypogeal，図VI-11)，この違いによって成長の特性がかわってくる．

子葉が展開しない種子では，特殊な種を除いて，子葉は白く，光合成機能を持っていない．しかし，貯蔵養分の供給と同時に水分の供給機能を持っていて，比較的乾燥状態に耐性を持つ．フタバガキ科では，子葉が展開するものの中で，

図VI-10 発芽した *Intsia palembanica* の種子
種の部分は子葉であり，展開する．子葉が展開する発芽を epigeal という．

図VI-11　子葉が展開しない *Shorea talura* の種子
日本のコナラ，ミズナラなども同じ hypogeal な発芽をする．フタバガキ科には，epigeal と hypogeal の両方の発芽様式がある．

　子葉が緑色をして光合成をするものと，白色で養分の供給だけを役割とするものがある．子葉に光合成機能を持つものは，子葉の光合成が芽生えの成長に寄与している．

　さらに，最初の葉が展開すると，葉の光合成によって成長が行われ，葉の枚数が増加するにつれて成長が促進される．光は非常に重要であり，葉の量が増し，光合成量が増大することによって，芽生えは加速度的に成長する．したがって，一般にいわれているように，熱帯の天然林は薄暗い環境に適し，そこに生育する植物は弱い光に順応しているというのは神話にすぎない．一般的には，倒木とか大きな落枝などがあり，樹冠層が破壊されて林床に光が侵入し，稚樹が成長する現象が熱帯多雨林で起こっている．

c．熱帯多雨林の光条件

　光が成長の限定要因となることに注目しなければならないが，まず，裸地における光，森林内の光の特性を明らかにしておきたい．

VI. 熱帯林樹種の生理・生態的特性

　晴天の日の光は青空の散乱光と太陽の直接の光が複合したもので，全天光といい，青い光が1番強く，波長の長い赤色光域に向かって肩下がりにエネルギーが低下する．何も遮るもののない開放地では，10万lux以上になる．

　一方，樹冠層に覆われた森林の中では，光は直達光と散光からなっている．直接，木の葉の間から侵入する光を直達光といい，光斑とか，ちらちら光ともいわれ，林の中の木漏れ日はこの特性を持っている．この光は，日食のときには半月状になり，針穴写真の光と似た性質を持っている．光の波長特性をみると，直達光は青色光から赤色光まで同じ強さのエネルギーを持っている．

　一方，林の中の散光はいわゆる日陰の光であり，その林の光状態を表すものである．明るい林では散光が多く，暗い林では散光が少ない．散光の光組成は，青空と樹冠層からの反射光と樹冠の葉の透過光からなっている．葉を透過する光は緑のフィルターを通して，太陽光が通過するのと似たような状態になっている．樹冠層の葉は緑の光を透過し，赤い光を吸収して光合成を行っている．さらに，葉は長い波長域にある遠赤色光を透過するため，林の中の散光は光合成に効率的な赤い光が少ない．厚い樹冠層に覆われた熱帯多雨林の天然林では，樹幹層によって光が遮られるので非常に暗く，暗くなるほど，赤い光が特に減少する．したがって，薄暗い林床では光合成は極端に低下する．こうした状態になると，一部の植物は適応して，光合成に青から緑の光を利用するようになるが，光合成の効率はきわめて悪く，展開する葉の数も少なく，成長は期待できない．こうした光の質が，光合成ばかりでなく，稚樹の形態形成に影響する．例えば，遠赤色光は種子発芽を抑え，林内での更新を抑制していると同時に，稚樹の節間を徒長させ，陰葉を形成させる．したがって，暗い林に生育する値樹は後継樹として適していない．

　熱帯多雨林の樹種は光によって成長が支配されていて，薄暗い環境では次世代の後継樹を維持できない．林内の稚樹が成長するためには，光の質ばかりでなく，光の強さも必要である．厚い樹冠層に覆われた林床では，散光が1,000 luxに満たないことがある．このような暗い林床では芽生えが次第に消失し，林床には林床植物がほとんど存在しなくなる．林内に生育する稚樹が生存できるた

図VI-12 林内の様子

左上：上層の樹冠層を開けるために，上木を伐採しているところ．左中：伐採2カ月後の苗木．左から無伐採，中程度の伐採，かなり樹冠層を疎開．左下：伐採1年後．稚樹が光に反応して生育し，全体がマメ畑のようになっている．右上：林内で発芽したトルニーヨ（*Cedrelinga*）の芽生え．林内は暗く，葉の展開も少ない．右下：伐採3年後．密度が高いために，間伐した直後の状態．

めには，最低 1,500 lux 以上の散光が必要である．さらに十分な成長ができるためには，散光が少なくとも 9,000 lux 必要である．

　実際に，天然林ではどのような光条件で更新しているかをみると，倒木や伐採によって樹冠層に穴があき，光が十分に林床に侵入することが前提になっている．こうした条件を満たすために樹冠層を開けると，天然更新を促進することができる．

　図VI-12 は，樹冠層を開けて，林床の稚樹の成長を促進させる天然更新実験を行った結果である．天然更新を成功させるためには，芽生えの定着する時期に林内に光を導入することが重要である．この実験はすでに 12 年が経過し，胸高直径 25 cm 以上の一斉林となっている．特に，太陽高度の高い熱帯多雨林では，林床の光条件が更新の重要な要因となる．

(4) 特殊な条件に成立する森林の維持機構

a．汽水域のマングローブ林

　熱帯から亜熱帯にかけて，河口の有機物と泥が集積する場所にマングローブ林が発達する（図VI-13）．マングローブ林の土壌には落葉落枝が堆積し，これらの有機物が分解するために，いっそうの還元状態になっている．しかも，海水の中には，硫酸塩が 2,000～3,000 ppm 存在するため，硫酸塩が還元され，金属イオン，特に鉄イオンと結合してパイライト（FeS_2）を形成している．このパイライトは，酸素に触れて酸化されると硫酸となり，土壌を極度に酸性化し，pH 2～3 の強酸性にする．マングローブ林の下はきわめて還元的な土壌となっているが，還元的であるために，土壌の pH を高い状態に維持していることに注目しなければならない．したがって，マングローブ林の状態に維持し，還元的な状態にしておくことによって，生物の生息を可能にしておくことが重要である．マングローブは，こうした還元的な状態に適応するために気根を発達させている．気根の組織には孔隙の多い通気組織が発達し，この組織によって酸素を吸収している．このような環境に適応する樹種は少ないため，マングローブ林は少数の適応種によって構成されている．

図VI-13　海岸のマングローブ
海の中までマングローブが侵入している．

　種子は胎生であり，母樹に着いたまま発芽するが，幼根は鞘で保護されているため，成長しても乾燥することはない．母樹から種子が落下すると，そのまま泥にもぐり，成長を開始する．また，潮に流されても，漂着した場所で定着することが可能である．塩分の多い海水から水を吸収するために，葉の浸透ポテンシャルはきわめて高くなっている．しかし，マングローブには，塩水に生育するものから淡水に生育するものまでいろいろな種があり，種によって，塩に対する耐性が異なる．

b．淡水湿地林

　熱帯には淡水湿地が広く分布し，湿地林を形成する．こうした淡水湿地林は，もともとマングローブ林であったところが多い．しかし，隆起や砂丘などによって，海から切り離されて淡水が溜まり，淡水化したものである．こうした湿地では，落葉落枝が水中で還元状態のまま泥炭化し，厚い層となって蓄積している．もともと，汽水域の海水の影響を受けていたため，海水中の硫酸基が還元され，パイライト（黄鉄鉱）を形成している．このため，泥炭層の下にはパイ

ライト層があり，還元状態のままに維持しないといけない．そうでないと，パイライトが酸化され硫酸が生成し，土壌は強烈な酸性となり，湿地林としては維持できない．最も壮大な湿地林は *Shorea albida*（マレーシアではアランという）の純林であり，樹高70mに達する巨木が湿地の中に生育する．このような極相林はボルネオの湿地にみられるが，その他の地域では，*Vatica*, *Euginia* などの混合した林となる．

一方，人為によって極相に近い形で維持されているのが，フトモモ科の1属，*Melaleuca* の林である．この *Melaleuca* 林は，ベトナムからタイ，インドネシア，マレーシア，オーストラリアに至るまで，広く湿地にみられる林であり，火災により常時湿地林が破壊されることによって維持されている林型であり，一斉林となっていることが多い．マレーシアではカユプテとかギアムともいわれ，湿地に火が入ったあとに一斉に発生する．現在，東京大学の造林学研究室において，*Melaleuca* の湿地適応性を研究中であるが，高温に耐え，種子が発芽したり，水中で発芽するなど，湿地や火災に適した特性を持つ．また，マングローブに似た通気機構や湿地における根の適応機構が認めている．

c．乾燥地（熱帯ヒース林）

湿地林周辺には，冠水しない砂地の高台があり，乾燥した特殊な林を形成する．一般に，白い硅砂が表層を覆い，貧栄養な乾燥地となっている．マレーシアでは，熱帯ヒース林とかケランガスといわれている．メラルーカやアランは，湿地に生育すると同時に乾燥した砂地にも生育することができる．湿地に耐性のある樹種は，乾燥耐性の機構を備えていることが多い．一般に，湿地条件では酸素の補給が少なくなり，しかも有機物の分解が起こっているため，還元的な状態になっている．このような場合，根の活性が低下し，吸水が難しくなり，水があっても乾燥状態になることが多い．このため，葉や樹皮が水分保持できる組織となっていて，乾燥条件においても生育することができる．

また，最近，乾燥した砂地における森林の更新および維持について植栽実験を行っているが，*Anthoshorea*, *Dipterocarpus*, *Anisoptera*, *Vatica*, *Parashorea*

などのフタバガキ科の中に乾燥耐性のあるものが認められる．特に，*Shorea talura* や *Dipterocarpus alatus* は子葉を展開しない種子を持ち，種子が水分を貯蔵し，水分を維持できるようになっている．また，苗木にも乾燥耐性があるため，乾燥地に更新する（図VI-14）．

図VI-14 乾燥した貧栄養の砂地に生存するフタバガキ科の種 *Shorea talura*

熱帯における乾燥条件は，乾燥に加えて，高温障害に対する耐性も必要である．乾燥した裸地では，地表は40℃以上になるため，地際の幹の形成層が高温耐性を持っている必要がある．

d．高海抜の樹林帯

熱帯多雨林地域においても，標高1,600～1,800 m以上になると，典型的な熱帯多雨林樹種から *Quercus*，*Dacrydium*，*Podocarpus* などの林に変化する．典型的な熱帯多雨林樹種は低温に弱く，15℃以下の温度になると低温障害を起こし，生存できない．標高が100 m高くなるにつれて気温が平均0.6℃低下すると仮定すれば，標高1,600 mあたりでフタバガキ科の樹種は消失し，低温に耐性のある樹種にかわることになるが，実際，マレー半島では，標高1,500～1,600 m付近でフタバガキ科の樹種は高度限界になる．一方，標高1,600 m以上に存

在する種は，標高 1,000～700 m が下限となっている．中静ら (1992) の測定によると，1日の最低温度は標高とともにかわり，非常に安定している．しかし，最高気温は測定の場所や日によって変化し，標高との関係が最低気温ほど安定していない．低温障害を起こし，植物の生存を左右するのは最低温度であり，最低温度と標高との安定した関係からみても，1日の最低気温は熱帯多雨林の植物の分布に大きな影響を与えている．

また，高い標高では，雲霧による光量の不足と日中の温度低下も，植物の分布をかえる要因の1つとして考えられている．熱帯においては，標高 1,000 m 以上の場所では霧が発生し，コケ林を形成している．

e．その他の特殊条件

このほか，極度に pH が低い酸性硫酸塩土壌や石灰岩などのアルカリ土壌，蛇紋岩などの超塩基性岩土壌，乾燥地における塩類集積土壌などもみられ，それぞれの条件に適応した樹種が成立し，特徴のある樹林を形成している．

酸性硫酸塩土壌では，pH が3以下になり，裸地化することもまれではない．こうした土壌に生育するものでは，早生樹として各地に植栽されている *Acacia mangium* がある．この樹種は，酸性の土壌に適応する生理的な耐性を持っている．また，灌木ではあるが，*Melastoma* も酸耐性を持っている．また，最近の植栽試験によって，*Shorea talura* が酸性土壌に生育可能であることがわかってきた．

石灰岩，蛇紋岩などの超塩基性岩にも，特殊な植生が発達する．フタバガキ科の *Pentacme siminsis* (*Shorea siminsis*) は石灰岩に生育する．このような特殊な土壌条件において適応する樹種は，今後の熱帯林の再生に役立つものであり，基礎的な適応機構の研究を進めていかなければならない．

このように，熱帯林は，温度，水分，光，土壌などの環境条件によって影響を受け，その環境に適した樹種が生育する．

2. フタバガキ科樹種の分布と生理・生態的特性

　この節においては，東南アジアに広く分布するフタバガキ科樹種の特性を考えてみたい．フタバガキ科樹種は，東南アジアの熱帯多雨林を中心に広く分布し，マレー半島やボルネオ島ではうっそうとした天然林の大半がこの科の樹種で占められている．熱帯材の主要樹種であり，南洋材のラワン，メランティ，カプール，クルイン，メルサワなどはすべてフタバガキ科に属する．樹高50 m，幹の直径1 m以上の巨木となり，枝を張り，大きな樹冠を形成する．このような巨木が密生する林では，上層に連続した樹冠層が作られ，林は樹冠層で閉鎖されるため，林の中は暗くなる．実際，フタバガキ科の原始林に入ると，昼でも薄暗く，写真を撮るのも難しい．しかし，種々の開発圧力のため，こうした林が減少している．フタバガキの林を維持，再生するためにも，また，持続的な木材生産を行うためにも，フタバガキ科樹種の基礎的な特性を知ることが必要である．フタバガキ科は，東南アジアの熱帯多雨林の典型的な樹種として知られているが，その分布は広くアフリカにも存在し，さらに最近では，南米にも異なった亜科が存在するといわれ，種の起源や分化についても，興味深いものがある．ここでは，定説となっているアフリカ産の亜科とアジア・太平洋産の亜科について論議を進めることにする．

(1) フタバガキ科樹種の分類と分布

a. *Monotoideae*

　フタバガキ科（*Dipterocarpaceae*）には2つの亜科があるといわれてきたが，最近，南アメリカでもフタバガキ科樹種が同定され，3つの亜科に分ける場合もある．しかし，南アメリカの種をアフリカの亜科 *Monotoideas* に含ませて分類することもある．ここでは，アフリカ，南アメリカの樹種をまとめて分類することにした．*Monotoideae* はアフリカ独特のフタバガキ科亜科であり，アフリカ東部から中央部，さらにナイジェリアまで広い範囲に分布する(表VI-1)．この

VI. 熱帯林樹種の生理・生態的特性

表VI-1　フタバガキ科の属の分布

属	アフリカ	スリランカ	インド	ミャンマー	タイ	ラオス カンボジア ベトナム	マレーシア	スマトラ	ボルネオ	ジャワ	フィリピン	スラベシ	マルク	ニューギニア	種数
Marquesia	4														4
Monotes	35														35
Anisoptera				2	4	2	7	4	5	1	4		1	1*	13
Balanocarpus							1								1
Cotylelobium		1			1	1	2	2	3						5
Dipterocarpus			5	11	17	11	32	22	40	5	11				75
Doona		12													12
Dryobalanops							2	2	6						7
Hopea		4	7	6	12	7	30	11	40	1	9	3	2	7*	114
Parashorea				2	1	1	3	3	4		1				10
Pentacme				1	1	1	1								3
Anthoshorea			1	6	5	4	10	6	10	1	2	1	2		25
Richetia					1		10	5	24		1				39
Rubroshorea					4		23	12	55		5				70
Eushorea			2	3	5	3	15	4	21		8		1	1	45
Stemonoporos		14													14
Upuna									1						1
Vateria		3	2												5
Vateriopsis	1**														1
Vatica		3	1	5	6	5	25	10	35	3	8	3	1		85
属/種	3/40	18/47	6/15	8/36	11/57	9/35	13/162	11/81	12/244	5/11	10/51	4/8	5/8	3/9	20/563

*: *Anisoptera* と *Hopea* の1種ずつがパプアニューギニアのルイセイド諸島に存在、**: *Vateriopsis* 1種がセイシェル諸島に分布。

亜科には，*Monotes* と *Marquesia* の 2 属 39 種があり，ほとんどがサバンナに生育する小さな木であるが，*Marquesia* の一種は熱帯多雨林で高木になる．また，*Monotoideae* はアフリカに分布が限定され，東南アジアの亜科，*Dipterocarpoideae* とは全く分離されていると考えられていたが，最近，この亜科の *Monotes* 属 1 種がマダガスカルに存在するといわれている．もし，マダガスカルにフタバガキ科の樹種が存在すると，東南アジアの樹種との関係をより深いものにし，進化と分布を探るうえで重要な発見である．また，*Monotoideae* の南アメリカ種には，*Pakaraimaea* と *Pseudomonotes* があるといわれている．これら南アメリカの種がどのように分布したのかも興味ある問題である．

b．Dipterocarpoideae

アジア，太平洋，インド洋に分布するフタバガキ科樹種は，すべてもう 1 つの亜科，*Dipterocarpoideae* に属する．*Dipterocarpoideae* 亜科には高木性のものが多く，熱帯アジアの有用材のほとんどがこの亜科の樹種である．この亜科の分布範囲は広く，その分布はインド洋のセイシェル島からインド，スリランカ，ミャンマー，ラオス，ベトナム，海南島，フィリピン，マレーシア，インドネシア，パプアニューギニア，さらにその東のルイシェード群島まで及んでいる．このように，広範囲に分布するため，生育地域特有の分化が進んだものと考えられる．

この亜科には，*Anisoptera*, *Balanocarpus*, *Cotylelobium*, *Dipterocarpus*, *Doona*, *Dryobalanops*, *Hopea*, *Parashorea*, *Pentacme*, *Shorea*, *Stemonoporus*, *Upuna*, *Vateria*, *Vateriopsis*, *Vatica* の 15 属，524 種程度あるといわれている．きわめて特異的な分布をするものとして，スリランカに分布する *Doona* と *Vateria*，ボルネオにのみ存在する *Upuna*，マレー半島特有の種 *Balanocarpus*（現在，*Neobalanocarpus* と属名が変更されている），セイシェル島にのみ存在する *Vateriopsis* などがある．前述したように，マダガスカルの近くのセイシェル島に，*Vateriopsis* 属 1 種が分布していることにも注目したい．

一方，広く分布するものとして，*Anisoptera*, *Hopea*, *Vatica* の 3 属があり，

インドシナ半島からニューギニアまで存在する.特に,*Hopea* と *Vatica* は海南島と中国南部にまで分布する.また,*Dipterocarpus* も広い分布を示し,アンダマン諸島を含めインドからボルネオまで生育するが,スラベシ,ニューギニアにはみられない.*Parashorea* は,ミャンマー,タイ,スマトラ,ボルネオ,フィリピンに分布するが,スラベシ,ジャワなどのウォーレス線より東には分布していない.

一方,*Shorea* 属は種の数が多く,1属で180種近くが同定され,*Shorea* 属全体としてみると,*Diptercarpus* と似た分布をする.しかし,*Shorea* 属には違った性質のグループが含まれているため,さらに詳細な分類が必要である.花,種子,材などの特性から *Shorea* は,*Anthoshorea*, *Richetia*, *Rubroshorea*, *Eushorea* の4つの亜属に分けられている.この亜属の中で,*Dipterocarpus* と似た分布を示すのは,*Anthoshorea* と *Eushorea* である.この2つのグループは,インド,ネパールにも分布し,乾燥,低温にも耐性を持つ.一方,*Richetia* と *Rubroshorea* は限られた分布を示し,マレー半島,ボルネオ島,スマトラ島,フィリピンにしかみられない.分布の中心は,マレーシア半島部とボルネオ島である.この2つの亜属は,ジャワには全く存在していない.

フタバガキ科の分布の中心はボルネオ島であり,*Shorea* を4属とすると,全体で12属244種が存在し,次いでマレーシア半島部の13属161種となり,スマトラ島は11属81種と際だって減少する.フィリピン,タイ,ビルマ,インドではさらに数が少なくなる.最も注目すべきはジャワ島で,5属11種しか存在しない.また,ウォーレス線の東側,スラベシでは4属8種,ニューギニアでは3属9種と極度に種数が減少する.

こうした分布の特徴について,Symington が推測している.それによると,中世代の終わりから第三紀の初めにフタバガキ科の樹種が出現し,第三紀の終わりにかけて現在の分布地域に種として確立した.樹種の特性として,種子が発芽しやすいこと,塩水条件では枯死することなどから,フタバガキ科樹種が分布を拡大するためには,陸地続きであることが必要で,海を渡って分布域を広げることは難しい.したがって,分布している場所は過去において陸続きであっ

たことが必要である．フタバガキ科の樹種が発達した時代，今から約7千万年前には，ボルネオ，スマトラ，ジャワなどが陸続きであり，スンダ大陸としてアジア大陸の一部であったといわれている．その東には，ニューギニアを含むオーストラリア大陸棚があり，この2つの大陸の間には不安定な地殻変動を起こす地域があり，フィリピン，スラベシ，チモールなどがそれである．フタバガキ科は，スンダ大陸が存在した時期に，特にボルネオの西側で発生したものと Symington は推測している．スンダ大陸とその他の地域は早い時期から海で隔てられていたため，地殻の不安定な地域やウォーレス線の東側には樹種が少なくなる．フィリピンやその東側へのフタバガキ科の分布拡大は，フィリピンがパラワン島やスール群島を通じてボルネオと陸続きになったときに起こったものと思われる．一方，フタバガキ科の樹種がジャワ島に少ないことに関しては，ジャワ島がアジア大陸から早い時期に分離したことと，また，ジャワ島の開発が進み，フタバガキ科の生育できる標高1,200 m 以下の土地には，森林がほとんどないことがあげられる．その証拠として，ジャワ島にはフタバガキ科の化石が出現することをあげている．

　同じ時期に，フタバガキ科は北と西にも分布を広げ，タイ，ラオス，カンボジア，ベトナム，海南島，さらに，ミャンマーを経てインド，セイロン，セイシェルに至っている．しかし，タイと半島マレーシアでは，属と樹種の数が著しく異なるだけでなく，分布する種も異なっている．この違いは種の環境耐性の獲得のためだけではなく，何らかの隔離がタイと半島マレーシアの間に存在したことを意味している．現在の植生をみると，半島マレーシアのケダ州，アロースタから真北にタイのハジャイ，ソンクラに至るラインで明らかに植生が異なっている．このラインの南東側，マレーシアには *Rubroshorea*, *Richetia* が存在するが，北西側のタイ，ミャンマーには *Rubroshorea*, *Richetia* は存在しない．北西側では，乾燥に強い *Anthoshorea* が多くなる．この変化は，半島マレーシアが第四紀の間氷期に海面の上昇のために島になり，大陸と分断されたことによるといわれている．実際，ハジャイ周辺は低地帯であり，第四紀の堆積物が多く，その下には海面下で形成するパイライトが存在している．Symington

が行った主として分類学からの見方を説明したが，あとで，形態学，生理学，遺伝学の研究成果を加えて，論議を進めてみたい．その前に，フタバガキ科の生理・生態的特性を明らかにしておく必要がある．

(2) フタバガキ科樹種の染色体数

これまでのフタバガキ科の *Dipterocarpoideae* の染色体数の研究から判断して，フタバガキ科の樹種の染色体数は 2n=14 と 2n=20（または 2n=22）の2つの基本型がある．さらに，4倍体の種（2n=28）*Shorea ovalis* と *Hopea nutans* が発見されている．

この表VI-2 から，分布域の広い属 *Anisoptera*, *Dipterocarpus*, *Vatica* は，2n=20 の染色体数を持っていることがわかる．

Eushorea のうち，インド，ミャンマー，インドシナに分布する *Shorea obtusa* が 2n=20 のグループに入るが，そのほかの *Eushorea* は 2n=14 と同定されている．同様に，*Hopea* の一部が 2n=20 であり，分布の広い *H.odorata* と 1,200 m の高標高にも生育する *H.Beccariana*，そのほか，*H.subalata* が 2n=20 となっている．一方，*Anthoshorea* も分布域が広く，インド，ミャンマーまで分布する *S.Talura*, *S.assamica*, *S.hypochra*，いずれも 2n=14 と同定され，基本型の染色体数を示した．

一方，*Rubroshorea* は，マレー半島産の樹種もボルネオ産の樹種も，すべての樹種が 2n=14 の安定した染色体数を示した．

Rubroshorea の中から，*Shorea Curticii*, *S.leprosula*, *S.platyclados* の核型分析を行った結果，3本の長い染色体と2本の付随体を持つ中型の染色体と2本の小型の染色体からなることを染郷が明らかにした．また，彼は 2n=20 のグループには大型の染色体がみられず，大型の3本が切断したものと推測している．この説をとると，n=14 の種から，n=20 の種が進化したことになる．

表VI-2　フタバガキ科の属および種による染色体数の違い

2倍体 2n=14 のグループ	4倍体 2n=28 のグループ	2n=20(または2n=22)のグループ
Richetia		
S. multiflora		
Rubroshorea		
S. acuminata		
S. Curtisii		
S. leprosula		
S. macroptera		
S. parvifolia		
S. paucifolia		
S. platyclados		
S. palembanica		
S. argentiflora		
S. mecistopteryx	*Shorea ovalis*	
Authoshorea		
S. assamica		
S. bracteolata		
S. hypochra		
S. Talura		
Eushorea		*Eushorea*
S. glauca		*S. obtusa*
S. Guiso		
S. Maxwelliana		
Parashore		
P. densiflora		
Balanocarpus		
B. Heimii		
Dryobalanops		
D. aromatica		
D. oblongifolia		
		Anisoptera
		A. laevis
		A. scaphula
		Dipterocarpus
		D. cornutus
		D. oblongifolius
		Vatica
		V. cinerea
		V. odorata
Hopea		*Hopea*
H. nervosa		*H. Beccariana*
H. Sangal		*H. odorata*
	H. nutans	*H. subalata*
		Upuna
		U. Borneensis

(3) フタバガキ科の生理的特性

a. 開花, 結実

一般に，フタバガキ科の樹木は5～6年に一度，開花，結実するといわれている．しかも，開花，結実の時期は地域および樹種によって異なり，その間隔は非常に不定期であり，開花を予測することが難しい．開花する年には，大量に花が着く．特に，*Rubroshorea* はその傾向が強い．この現象は，ボルネオ，マレー半島南部，ミンダナオ島に生育する樹種で起こる．こうした大量の着花を，gregorious flowering とか must flowering と呼んでいる．一方，フタバガキ科の中でも，*Anthoshorea*, *Hopea*, *Dryobalanops*, *Dipterocarpus* などは比較的開花しやすい．*Shorea talura*, *H. odorata* は隔年または毎年，開花，結実する．*Dryobalanops* 以外の樹種は大陸まで分布し，アジア大陸に分布する樹種の特性を持っている．着花 *Rubroshorea*, *Hopea*, *Dryobalanops*, *Balanocarpus*, *Dipterocarpus* の中には，開花，結実しやすい特定の個体が存在する．前項で説明したように，フタバガキ科の樹種でも，タイ，ミャンマーなどの乾季，雨季の明確な大陸では，ほぼ毎年，花が咲く．

b. 種子の特徴と発芽特性

フタバガキ科の種子は羽根を持ったものが多く，追い羽根のように回転しながら飛ぶので，上昇気流に乗るとかなりの距離を飛散することができる．この羽根は花のがくから発達したもので，5弁のがくすべてが羽根になり5枚の羽根を持つ *Dryobalanops*，3つのがくが発達して3枚羽根になるものに *Shorea*, *Parashorea*, *Pentacme* があり，2つのがくが2枚羽根になるものとして *Hopea*, *Dipterocarpus*, *Anisoptera*, *Upuna*, *Vatica*, *Cotylelobium* がある．しかし，それぞれの属の中には，羽根を発達させない種が存在する．

種子の貯蔵養分として，デンプン粒を蓄えるものと，油脂体を蓄えるものがある（表VI-3）．特に興味深いのは *Shorea* 属で，*Anthoshorea* では種子にデンプン粒を蓄えるが，その他のグループ，*Eushorea*, *Rubroshorea*, *Richetia* は油

脂体を貯蔵養分としている．このように，*Shorea* 属では同じ属でありながら，貯蔵養分の形態が異なっている．同じように，*Hopea* の中にも，種子にデンプンを貯蔵するものと，油脂体を貯蔵するものがある．例えば，*Hopea nutans* はデ

表VI-3 フタバガキ科における形態および生理的な種特性

属/亜属/種	貯蔵養分	子葉の特性		最初に展開する葉の展開特性/托葉の特性	
Anthoshore					
S. talura	デンプン	展開せず種皮の中に残る	子葉に葉緑素なし	1対の対生葉	托葉は長期間残る
S. assamica	デンプン	子葉は地上で展開	子葉に葉緑素なし？	1対の対生葉	托葉は長期間残る
S. hypochra	デンプン	子葉は地上で展開	子葉に葉緑素なし	1対の対生葉	托葉は長期間残る
S. sericeiflora	デンプン	子葉は地上で展開	子葉に葉緑素なし	1対の対生葉	托葉は長期間残る
S. resinosa	デンプン	子葉は地上で展開	子葉に葉緑素なし	1対の対生葉	托葉は長期間残る
S. bracteolata	デンプン	子葉は地上で展開	子葉に葉緑素なし？	1対の対生葉	托葉は落花しやすい
Eushore					
S. robusta	?	展開でず種皮の中に残る	?	1対の対生葉	?
S. obtusa	?	?	?	?	?
S. glauca	油脂	子葉は地上で展開	子葉に葉緑素あり	1対の対生葉	托葉は落下しやすい
S. Guiso	油脂	子葉は地上で展開	子葉に葉緑素あり	1対の対生葉	托葉は落下しやすい
S. laevis	油脂	子葉は地上で展開	子葉に葉緑素あり	1対の対生葉	托葉は落下しやすい
Richetia					
S. Faguetiana	油脂	子葉は地上で展開	子葉に葉緑素あり	1対の対生葉	托葉は落下しやすい
S. multiflora	油脂	子葉は地上で展開	子葉に葉緑素あり	1対の対生葉	托葉は落下しやすい
S. resina-nigra	油脂	子葉は地上で展開	子葉に葉緑素あり	1対の対生葉	托葉は落下しやすい
Rubroshore					
S. acuminata	油脂	子葉は地上で展開	子葉に葉緑素あり	1対の対生葉	托葉は長期間残る
S. Curtisii	油脂	子葉は地上で展開	子葉に葉緑素あり	1対の対生葉	托葉は長期間残る
S. dasyphylla	油脂	子葉は地上で展開	子葉に葉緑素あり	1対の対生葉	托葉は長期間残る
S. leprosula	油脂	子葉は地上で展開	子葉に葉緑素あり	1対の対生葉	托葉は落下しやすい
S. ovalis	油脂	子葉は地上で展開	子葉に葉緑素あり	1対の対生葉	托葉は長期間残る
Parashorea					
P. densiflora	油脂	子葉は地上で展開	子葉に葉緑素あり	本葉が展開する前に鱗片葉状の低出葉が発達	
P. lucida	油脂	子葉は地上で展開	子葉に葉緑素あり	本葉が展開する前に鱗片葉状の低出葉が発達	
Hopea					
H. nervosa	デンプン？	子葉は地上で展開	?	3枚の本葉が輪生する	
H. odorata	油脂	子葉は地上で展開	子葉に葉緑素あり	3枚の本葉が輪生する	
H. nutas	デンプン？	子葉は地上で展開	?	3枚の本葉が輪生する	
Dipterocarpus					
D. oblongifolius	デンプン	子葉は展開せずに種皮内に残る	子葉に葉緑素なし	1対の対生葉	托葉は長期間残る
Dryobalanops					
D. aromatica	油脂	子葉は地上で展開	子葉に葉緑素あり	2対の本葉が直角に交差して展開	
D. oblongifolia	油脂	子葉は地上で展開	子葉に葉緑素あり	2対の本葉が直角に交差して展開	
Balanocarpus					
B. heimii	油脂	子葉は地上で展開	子葉に葉緑素あり	2対の本葉が直角に交差して展開	
Vatica					
V. cinerea	デンプン？	子葉は展開せずに種皮の中に残る	子葉に葉緑素なし？		
V. Wallichii	デンプン？	子葉は展開せずに種皮の中に残る	子葉に葉緑素なし？		
Anisoptera					
	デンプン？	子葉は展開したり，種皮の中に残る		2対または1対の本葉が展開？	

ンプン貯蔵種子であるが,油脂を貯蔵するものもある.*Hopea* は分類上の定説がなく,染色体数も 2n=14 と 2n=20 という異質なものが混在している.*Hopea* はさらに区分が必要であり,性質の違ったものが混在するのも当然かもしれない.デンプン貯蔵種子には,このほか *Diptercarpus* がある.また,*Vatica* もデンプン種子の可能性がある.油脂体を貯蔵するものとして,*Rubroshorea*,*Eushorea* のほか,*Parashorea*,*Dryobalanops* と *Hopea* の一部がある.

Dipterocarpaceae には,発芽時の子葉の状態によって,hypogeal(ミズナラ,コナラのように子葉が展開しないもの),epigeal(発芽するときに子葉が展開するダイズやブナのようなもの)がある(表VI-3).Hypogeal な性質を持つ樹種として,*Shorea* 属には *S. Talura*,*S. robusta* とがあり,この両者ともインドに分布する.Hypogeal な種子を持つものには,このほか *Diptercarpus* 属,*Vatica* 属,*Anisoptera* 属の一部などがある.一方,epigeal な子葉を持つ樹種として,前記の2種以外の *Shorea* 属,*Hopea* 属,*Dryobalanops* 属,*Neobalanocarps*,*Upuna* などがある.Hypogeal な性質を持つ種では,子葉に葉緑体が発達せずに子葉が白化している.

Dipterocarpaceae の中でも,*Parashorea* は特異的な発芽形態を示す.子葉(cotyledon)は展開するが,地上すれすれのところで土の中に半分埋まったような状態になっている.このような状態の子葉の展開を,semi-hypogeal という.発芽直後の芽生えの軸に小さな葉片(cataphyll,托葉が針葉状にかわったものと思う)が多数発達し,針葉樹の苗木のような様相をする(表VI-3).したがって,苗木が大きくなると,第1葉(対生葉)と子葉の間の節間には小さな葉痕が数多くみられる.

フタバガキ科の種子は,含水率が20％以下になると発芽力を失う.したがって,種子を貯蔵するためには,種子の水分を維持することが重要である.この点では,ブナ科の種子と似ているが,低温に対する耐性が著しく異なっている.フタバガキ科の種子の貯蔵温度と生存の関係をみると,各樹種の特性,さらに属または亜属によって,顕著に違いがあることがわかる.*Rubroshorea* の種子はすべて低温障害を起こし,15℃以下の温度では貯蔵できない.冷蔵庫の中では,

表VI-4 異なった温度条件で貯蔵したフタバガキ科 *Shorea* 属の種子発芽力（低温性の違いに注意）

種	種子採取直後 発芽率(%)	種子採取直後 含水率(%)	25°C 貯蔵日数(日)	25°C 発芽率(%)	25°C 含水率(%)	21°C 貯蔵日数(日)	21°C 発芽率(%)	21°C 含水率(%)	17°C 貯蔵日数(日)	17°C 発芽率(%)	17°C 含水率(%)	4°C 貯蔵日数(日)	4°C 発芽率(%)	4°C 含水率(%)
Rubroshorea														
S. platyclados	86	59.0				40	20	46.3	40	10	36.2			
S. Curtisii	90	64.1	35	5	21.6	30	78	72.7	14	15	73.1			
						67	83	70.8						
	100	54.8				(60)	13	38.1						
	95	52.8	75	13	31.6	75	7	44.2						
	100	59.1	30	17	54.3	67	14	54.5						
			37	67	56.4									
S. accuminata	95	75.3				30	70	61.6	14	24	92.9			
S. pacifolia	100	103.6	45	67	61.8	45	55	76.5	30	25	91.8			
S. argentifolia	100	84.0	51	30	50.2	45	60	64.1	45	10	68.9			
S. parvifolia	100	40.1				21	43	34.5						
	95	94.3				30	24	70.8						
	100	66.7	21	14	60.1	45	53	51.5	45	14	46.0			
	100	83.0				30	35	56.7	27	5	64.3			
S. dasyphilla	65	166.6	18	0	126.6	35	0		14	35	93.8	2	63	118.7
	83	125.5	14	0	88.8	14	0		14	20	68.0	3	15	
	97	86.9	8	48	55.3	14	24	68.0	8	48	30.3			
	100	44.5	21	20	30.4				21	5				
S. leprosula	100	49.5				30	47		27	17	31.4	4時間で枯死		
	100	53.2				30	45	40.4						
S. ovalis	100	138.7	18	53	150.6									
	100	144.9	44	95	174.6									
	100	55.2	25	37	40.9	42	80	58.6						
	100	53.2	30	50	34.4	120	10							

VI. 熱帯林樹種の生理・生態的特性

				発芽			7			発芽不能
Eushorea										
S.sumatrana**	100	50~60	15	発芽						
Richetia										
S. resina-nigra								発芽したが, 低温障害が		
S. multiflora								ゆっくりと発現した。		
S. faguetiana								1カ月後には, 発芽は認		
S. hopeifolia								められない。		
S. maxima**	100	50.0	14	50~100						
Authoshorea										
S. Talura	93	56.7	90	64	29.5	220	90	45.9	150***	58	55.7
	100	55.0							120***	79	46.8
	95	68.1							180	69	68.5
S. assamica	86	38.1							100	50	
	100**	70~80							70	50?	70~80
S. hypochra									60	10?	
S. bracteolata	50	48.2							60	2	

*: すべてのRubroshoreaの種子は4℃で枯死。種子はビニール袋に入れ, 口を閉め, 種子の水分が20%(種子の乾物量当たり)以下にならないようにした。**: Mori, T., 1982のデータによる。***: 冷凍機械の故障により, 実験を終了した。したがって, 貯蔵期間がもっと長くなる可能性が大きい。

4時間で死滅する種子もある。*Eushorea* は *Rubroshorea* と同様，低温に対する耐性がなく，15℃以下の温度では発芽力を失う（表VI-4）。しかし，*Eushorea* の *Shorea robusta* はインドに分布し，低温にも耐性があるといわれているので，さらに詳細な研究が必要である（表VI-4）。

Anthoshorea の *Shorea Talura* の種子はきわめて低温に強く，4℃の冷蔵庫の中で少なくとも8カ月以上生存する。しかも，低温貯蔵中に発芽速度が早くなり，低温湿層処理効果が現れる。その他の *Anthoshorea* も比較的低温に耐え，冷蔵庫の中で数カ月生存する（表VI-4）。

Hopea の一部も比較的低温に強く，*H. odorata* は4℃で2カ月は生存する。*Anisoptera*，*Vatica*，*Dipterocarpus* も低温耐性を示したが，さらに詳細な実験が必要である（表VI-5）。

表VI-5 いろいろな温度条件下における *Hopea* およびその他のフタバガキ科種子の貯蔵（低温耐性の違いに注意）

属・種	採取時		貯蔵温度					
			25℃		21℃		4℃	
	発芽率(%)	含水率(%)	貯蔵日数(日)	発芽率(%)	貯蔵日数(日)	発芽率(%)	貯蔵日数(日)	発芽率(%)	含水率(%)
H. latifolia							80	10	32.6
H. odorata	81	113.0					45	5	114.0
			30*	50%またはそれ以上			30	50%またはそれ以上	
H. wightiana	100						60	5	100.5
H. subalata	100	77.4					50	40	46.8
H. ferrea	90	54.7					60	2	49.2
H. nervosa	100	95.0			300	生存	20	15	76.0
H. Beccariana	95	58.7						生存	
H. helferi			30*	50%またはそれ以上			30	50%またはそれ以上	

その他のフタバガキ科種子
Dipterocarpus oblongifolia：2カ月以上4℃で生存し，発芽可能。
Dipterocarp spp.：2カ月以上4℃で生存し，発芽可能。
Vatica lowii：2カ月以上4℃で生存し，発芽可能。
Vatica cinerea：2カ月以上4℃で生存し，発芽可能。
Vatica umbonata：約2週間，種子は生存し，発芽可能。

他のフタバガキ科の種子で，4℃で低温障害を受けるもの
Balanocarpus heimii：約1カ月，種子は生存したが，低温障害がゆっくりと起こり，種子は枯死した。
Dryobalanops aromatica：種子は2週間以内に低温障害の徴候を示し，枯死した。
Dryobalanops oblongifolia：*D. aromatica* の種子よりも早く，低温障害を起こした。
Parashorea sp.：1，2週間以内に，低温障害が起こった。
*：Mori, T.のデータによる。

c. 苗木の低温障害と低温耐性

フタバガキ科樹種の苗木も，低温に対して鋭敏に反応する（表Ⅵ-6）．乾燥しないようにビニールの袋に苗木を入れ，4°Cの低温条件に5日間置くと，*Rubroshorea*の苗木はすべて死滅した．*Eushorea*の*Shorea glauca*や*Parashorea densiflora*も同様に生存できなかった．

表Ⅵ-6 低温条件におけるフタバガキ科の苗木の生存

種	苗木の生育段階	生存率(%)	備 考
Rubroshorea			
Shorea accuminata	最初の対生葉が展開	0	
Shorea macroptera	最初の対生葉が展開	0	
Shorea parvifolia	最初の対生葉が展開	0	
Shorea Curtisii	最初の対生葉が展開	0	
Eushorea			
Shorea glauca	最初の対生葉が展開	0	
Richtea			
Shorea multiflora	最初の対生葉が展開	0	
Authoshorea			
Shorea Talura	最初の対生葉が展開	85	葉に低温障害が発現
Shorea bracteolata	5～6葉展開（節間が5～6）	40	
Shorea hypochra	節間2	5	
Hopea (2 n=20)			
Hopea Beccariana	最初の対生葉が展開	100	
Hopea nervosa(2 n=14)	最初の対生葉が展開	0	
Parashorea			
Parashorea densiflora	鱗片葉状の低出葉	0	
Vatica			
Vatica cinerea	最初の対生葉が展開	10	

苗木は4°Cの冷蔵庫に5日間貯蔵，その後，苗畑に植栽し，生死を判定した．

しかし，*Anthoshrea*のグループは種子同様に低温耐性を示し，*Shorea Talura*は85％，*S. bracteolata*は40％，*S. hypochra*は5％の生存率を示した．そのほか，標高1,300 mの高地に分布する*Hopea beccariana*は100％生存したが，分布が限られ，しかも低地帯に存在する*H. nervosa*は4°Cで全部死滅した．また，*Vatica cinerea*は10％生存した．この結果をみても，Symingtonが述べている

ように，*Hopea* には再分類が必要である．

d．乾燥耐性と湿地耐性

フタバガキ科の樹種は，乾燥に対しても種によって異なった反応を示すことが明らかである．*Shorea Talura* と *S. robusta* は，地域的な分布の特徴によって古くから乾燥に強いといわれてきた．特に，*S. Talura* は乾季には落葉し，石灰岩のような乾燥地形にも生育する．苗木の樹皮に皮目が少なく，乾燥しても水分の蒸散が少ない．このため，形成層が乾燥に強い．ジャワ島に分布する唯一の *Anthoshorea* の樹種 *S. javanica* も，*S. talura* によく似た性質を持っている．

Shorea albida は湿地に生育する樹種であるが，葉の厚さやクチクラ層など，この樹種の形態をみると，乾燥に対する耐性がありそうである．過湿状態は逆に生理的に水分欠乏状態を招きやすい．実際，この樹種は湿地ばかりでなく，砂地のケランガスにも生育する．分類学的にみると，*S. albida* は乾燥に強い *Anthoshorea* のグループに属するといわれている．同様に，湿地に生育する *Vatica*，*Dryobalanops*，*Diptercarpus* の数樹種は，乾燥地にも生育することが知られている．このように，極度の乾燥条件に生育可能な樹種は，湿地に対する耐性を持つことが多い．乾燥条件に適応するものには，*Anthoshorea*，*Hopea*，*Vatica*，*Anisoptera*，*Dipterocarpus*，*Parashorea*，*Dryobalanops* の樹種がある．

e．挿　し　木

最近，挿し木の可能な樹種が増加し，一部の *Rubroshorea* でも成功しているが，一般的にみて，樹体内に貯蔵養分の蓄積がある樹種が挿し木に適している．フタバガキ科の樹種の中でも，インドシナ，インド，海南島などに分布する北方系の *Anthoshorea*，*Vatica*，*Anisoptera*，*Hopea* の幹にはデンプン粒が蓄積されており，挿し木が容易である．特に，*Shorea talura*，*S. javanica* は挿し木が容易である．

f．光に対する反応

　子葉が，hypogeal, semi-hypogeal, epigeal と違うことによって，光に対する芽生えの成長反応が異なってくる．特に，下胚軸，子葉と第1葉との間の節間の伸長反応が光条件によって異なる．Hypogeal, semi-hypogeal の場合には，子葉と第1葉の間の節間が光の条件によって影響を受け，暗いほど節間が伸長する．Epigeal の場合，暗い林では，主に下胚軸が徒長するが，ときには第1葉までの節間が徒長する．明るい条件では，下胚軸，第1葉までの節間が短くなる．

　一般に，フタバガキ科の樹種は陰樹であり，強光条件では生育できないとされているが，生理的な研究成果からみると，フタバガキ科の樹種は強光条件下でよい成長をする．乾燥に強い *Anthoshorea*, *Vatica*, *Anisoptera*, *Dryobalanops*, *Hopea* などは，強光下でも十分生育が可能であり，裸地でも植栽できる．しかし，強光条件では水分欠乏になることが多く，このために *Rubroshorea* は成長阻害を受けやすい．乾燥に弱い樹種でも，苗木を順化させ，乾燥に強い形態にすることによって強光下で育てることができる．このためには，初めから強光条件で育て，根系の発達を促して幹を太くし，葉を陽葉化してクチクラ層の厚い葉にすることが大切である．さらに，肥料を十分に与えることによって，日焼けを防ぐことが必要になる．日焼け現象は一種の栄養障害であり，無機養分の供給がよいほど日焼けしない．このため，光要求量と土壌の肥沃度は密接な関係にあり，日に当てるほど肥料が必要になる．*Rubroshorea* の中でも，*Shorea leprosula*, *S. parvifolia* は比較的乾燥に強く，よい苗木を作れば，裸地でよい成長を示す．

　悪い土壌でも，弱光条件で成長させると，あまり栄養障害を示さないため，苗畑では経験的に強度の庇陰を行ってきた．庇陰の強い苗畑で育てた苗木の形態は弱光条件に適応し，細く徒長した柔らかい幹，クチクラ層の少ない薄く大きな葉を形成する．しかも，根が発達せず，地上部と地下部のバランスが悪い．特に，フタバガキ科の樹種は光条件に鋭敏に反応し，弱光条件では節間成長が異

常に促進され，*Dryobalanops* などでは葉と葉の間の節間が 30 cm にも徒長し，つる植物のようになることがある．このような苗木では，蒸散量が大きく，根からの水の供給が少なくなるため，水分欠乏になりやすい．さらに，陰葉化した葉は強光条件に移すと，極度の日焼け現象によって枯死する．したがって，庇陰下で作られた苗木を人工植栽すると活着率が悪くなる．

(4) フタバガキ科の分化，分布と樹種特性

これまで，フタバガキ科の樹種の分布，染色体数，種子の貯蔵養分，発芽特性，低温耐性，乾燥耐性，過湿耐性，耐酸性などの特性について論議してきたが，染色体数，低温や乾燥に対する耐性，種子の貯蔵養分などの特性と分布範囲には関連があることが推測される．ここで，フタバガキ科植物の発達と分布について考察してみたい．多くの研究者は，フタバガキ科植物はボルネオの西部でマレー半島に近いところが起源であると考えている．その主な理由として，進化の中心地には属や種の数が最も多く分化している必要があり，この地域には 12 属，244 種存在することを根拠としている．しかし，ボルネオおよびマレー半島南部には，*Shorea* の中の亜属 *Rubroshorea*, *Richetia*, *Eushorea* が圧倒的に多く，他の属の比率が少ない．しかも，*Eushorea* 亜属を生理的にみると，全く異なったグループが混在していることが明らかである．分類学的には，*Eushorea* をさらに 3 つのサブグループ *Isoptera*, *Barbata*, *Ciliata* に分けることもある．特に，*Barbata* サブグループに属する *S. glauca* は低温に対する耐性が低く，貯蔵養分の形態は油脂体であり，種子発芽のときに子葉は epigeal である．種としての特性は，*Richetia* や *Rubroshorea* に似ている．*Eushorea* の全体像を明確にするためには，インドのヒマラヤ地方まで分布し，低温や乾燥に対する耐性があるといわれる *S. robusta* の生理的特性と染色体数を知ることが重要である．*S. robusta* はインドの聖木(sal)沙羅樹としても知られている．一方，*S. robusta* は hypogeal な発芽をし，低温耐性を持つといわれ，*Eushorea* の一般的な特性と異なり，むしろ，*S. Talura* と似た性質を持っている．さらに，関連樹種として，2 n＝20 である *S. obtusa* の生理特性を明らかにすることが重要であ

る. *S. robusta* と *S. obtusa* は，同じサブグループ *Ciliata* に入れられている. *S. obtusa* は，タイ，ミャンマーなどの乾燥地に生育する種であり，樹皮が厚く，葉が堅く，乾燥に耐える形態を持っている．したがって，ボルネオ，マレーシア半島南部などに分布するバラオグループ(インドネシアではバンキライ，サバ，サラワクではセレンガンバツーともいう)とは，生理的特性が異なっている．*S. robusta* は $2n=14$ であるのか，それとも *S. obtusa* と同じように $2n=20$ であるのか，きわめて興味ある問題である．*S. robusta* の生理的特性と染色体数が解明されれば，フタバガキ科の発生起源，染色体数の進化について新たな発展を期待できる．分布の広い $2n=20$ のグループは何が起源なのか，どう発達したのかなど，これからの研究に期待したい．

　フタバガキ科の発達について，スンダ大陸の存在という地史的な観点を重視しなければならない．ジャワ島は最も早い段階でスンダ大陸から分離されたといわれている．一方，ジャワ島には *Rubroshorea*, *Richetia*, *Eushorea* が分布していない．したがって，もし，大陸の分離説が正しいとすると，*Rubroshorea*, *Richetia*, *Eushorea* が分化する前に，ジャワ島は分離したことになる．同様に，半島マレーシアとタイとの国境における植物の区系の違いに注目しなければならない．第四紀の間氷期には，タイ-ミャンマーとマレーシアとは海で分離されていたことが明らかであり，マレーシア側には *Rubroshorea*, *Richetia* が存在するが，タイ-ミャンマー側には存在しない．この境界線による分離は，きわめて明瞭である．このようなことから，これらの亜属は第四紀の間氷期以前の大陸とマレー半島，さらにジャワ島が陸続きであったときには分化，発達していなかったことを示唆している．換言すると，*Rubroshorea* と *Richetia* は，ボルネオとマレー半島南部を中心に第四紀にかなり遅く発達した新しいグループであると推測される．

　フタバガキ科の起源は，7千万年前の第3紀にさかのぼると考えられている．したがって，ジャワ島とアジア大陸に存在する属に注目しなければならない．また，基本的な染色体数を考慮する必要がある．染色体数 $2n=20$ の種は，$2n=14$ から染色体の変化によって進化したものと考えられるため，フタバガキ科の

起源は *Rubroshorea*，*Richetia* 以外の樹種で，染色体数が $2n=14$ のもので，ジャワ島と現在のアジア大陸に広く分布する属が有力である．*Anthoshorea* と *Hopea*，いずれもアジア大陸とジャワ島に存在するが，現在存在する種は *Shorea javanica* と *Hopea sangal* 2 種だけである．*H.sangal* は，半島マレーシア，ジャワ，ボルネオに分布する．この種の近縁種である *H.odorata* は，乾燥耐性，低温耐性を持ち，広くアジア大陸に分布するが，$2n=20$ である．*H.sangal* の乾燥耐性，低温耐性などの生理的特性については不明であり，さらに研究を進める必要がある．また，*Hopea* は分類学上きわめて未整理であり，今後の再分類が必要とされている．再分類によって分布域もかわるため，サブグループの生理的特性との整合性を検討しなければならない．一方，*Anthoshorea* はきわめて安定した均一な亜属であり，インドからマルク諸島まで分布する．このうち，*S.talura* は，半島マレーシアとタイ-ミャンマーの両域にわたって分布する．例えば，タイのハジャイ，トランはタイ-ミャンマー側に位置する地域であるが，*S.talura* が存在し，マレー半島側に位置するナラチワにも，同様に *S.talurua* は分布している．*S.talura* は半島部だけではなく，インド南部まで分布している．しかも，環境ストレス耐性があり，過酷な環境にも適応し，生育することができる．同様に，*Anthoshorea* の *S.assamica*，*S.hypochra* も，マレーシア植物区系とタイ-ミャンマー区系の両方に分布している．したがって，これらの種は半島マレーシアが海によって隔離される前から両区系に存在していたものと考えられる．さらに，ジャワ島に唯一分布する *S.javanica* は生理的にきわめて *S.talura* に似ていて，栄養繁殖が可能であり，環境ストレスに対する耐性を持っている．ジャワ，スマトラ，アンダマン諸島，ミャンマー，インドに *Anthoshorea* の種数および分布が多く，フタバガキ科の進化上，きわめて興味深い属である．さらに，*S.talura* は，この亜属の中で 1 種だけ hypogeal な種子発芽をするが，その他の樹種は展開する子葉に葉緑体を持っていないものが多い．一般に，種子発芽が hypogeal である場合には，子葉は白化していて葉緑体を持たない．*S.talura* の子葉も白化している．したがって，その他の白化した子葉を持つ種は epigeal と hypogeal の中間型であり，進化の過程を示唆している．

環境ストレス耐性などの生理的特性は獲得形質と考えられ，フタバガキ科樹種が北に分布を広げながら環境ストレス耐性を得たものと説明されてきた．しかしながら，フタバガキ科樹種は初めから環境ストレス耐性を持ったものが起源であると考えた方が自然であり，環境ストレス耐性の少ない *Rubroshorea* や *Richetia* は，湿潤地における進化の過程で耐性を失ったとみるべきである．しかも，フタバガキ科の起源はボルネオ西部ではなく，アジア大陸のどこかと考えたい．

Anthoshorea と *Hopea* のほか，ネパール，ヒマラヤに分布する *Shorea robusta* の染色体数や環境ストレス耐性などの生理的特性を研究することによって，フタバガキ科全体の進化，発達，分布の広がりが理解できるようになることを期待している．いずれにしても，*S. talura*，*S. javanica* を中心にした *Anthoshorea* は古いグループであり，起源に最も近い属と考えている．

(5) 分布と生理的特性からみた植栽適種

これまで，フタバガキ科の樹種は湿潤な，しかも薄暗い天然林に生育し，環境の急変に弱く，庇陰をしないと生育できないといわれてきた．このような論理に基づき，苗畑を庇陰するとか大きな立木を残して林間苗畑を作るなどして，弱光条件で苗木を育て，弱い苗木を植栽してきた．さらに，植栽地も日陰を多くし，苗木の成長を抑制する手法をとってきた．このため，実際に人工造林した結果をみると，苗木の活着率が非常に悪く，人工造林は難しくみえる．しかし，これまでの研究成果をみると，明らかに水分欠乏に対する反応，さらには低温耐性には樹種間に違いがあり，こうした違いが強光に対する反応と関連がある．特に，インド，インドシナに分布する *Anthoshorea*，*Hopea*，*Vatica* や比較的分布の広い *Anisoptera*，*Parashorea*，*Dipterocarpus* は，環境の急変に対する耐性があり，強光条件下でも生育でき，植栽樹種として適している．こうした樹種の中でも，*Shorea Talura*，*S. hypochra*，*S. assamica*，*Hopea odorata*，*Dipterocarpus alatus* は，裸地の人工植栽にも適している．一部には成功例もあり，FRIM（マレーシア森林研究所）では，*Dryobalanops aromatica*，*S. hypochra*，

S. leprosula, *S. platyclados*, *S. macroptera* など,すでに天然林のような状態になっている.このような人工林の成功からみて,造林の適性樹種を選択することも重要であるが,*Rubroshorea* でも強光条件に強い苗木に育成することによって,植栽地の条件によっては植栽が成功すると思われる.

参 考 文 献

和　　書

1）井上　浩：植物学入門講座 3 植物の体制，加島書店，1981．
2）今川一志・石田茂雄：北大演報 27:373-394，1970．
3）岩坪五郎（編）：森林生態学，文永堂出版，1996．
4）栄花　茂：林木育種研究 2:61-107，1984．
5）大石正道：入門ビジュアルエコロジー 生態系と地球環境のしくみ，日本実業出版社，1999．
6）沖津　進：北海道の植生，北大図書刊行会，1987．
7）大沢雅彦：科学 63:664-672，岩波書店，1993．
8）大沢雅彦：現代生態学とその周辺，東海大学出版会，1995．
9）梶本卓也：日生態会誌 45:57-72，1995．
10）樫村利道：吉岡邦二 植物生態論集，東北大理学部，450-465，1978．
11）勝見允行：植物のホルモン，裳華房，1984．
12）菊沢喜八郎：新・生態学への招待 森林の生態，共立出版，1999．
13）気象庁（編）：生物季節観測 30 年報（気象庁技術報告，第 110 号），気象庁，1988．
14）気象庁（編）：日本気候表，気象庁，1991．
15）気象庁観測部（編）：そめいよしのの開花予想資料（解説資料第 10 号），気象庁，1983．
16）北野至亮：フタバガキ科 熱帯農業技術叢書第 16 号:1-87，熱帯の有用広葉樹種，農林省熱帯農業研究センター，1978．
17）吉良竜夫：生態学の窓から，河出書房，1975．
18）工藤　岳（編）：高山植物の自然史，北海道大学図書刊行会，2000．
19）熊崎　実ら（訳）：トーマス，P.A.・樹木学，築地書館，2001．
20）倉橋昭夫：天然林の生態遺伝と管理技術の研究，北方林業会，1983．
21）小池孝良：北方林業 49:59-62，1997．
22）小池孝良ら：森の木の 100 不思議，日林協，1996．
23）小池孝良：林業技術 663:15-18，1997．
24）小谷圭司：材料 24:816-821，1975．

25) 小西通夫（訳）：ダウンズ，R.J.，ヘルマース，H.・環境と植物の生長制御，学会出版センター，1978.
26) 小林萬壽男：植物生理学入門，共立出版，1982.
27) 近藤民雄：日林誌 70:182-189，1988.
28) 酒井　昭：植物の分布と環境適応，朝倉書店，1995.
29) 酒井　昭・吉田静夫：植物と低温，東京大学出版会，1983.
30) 佐々木惠彦：熱帯林をめぐって，農業構造問題研究 177:66-92，食糧・農業政策研究センター，1993.
31) 佐々木惠彦：森林立地 21:8-18，1979.
32) 佐藤大七郎・堤　利夫：樹木－形態と機能－，文永堂，1985.
33) 四手井綱英・斎藤新一郎：落葉広葉樹図譜 冬の樹木学，共立出版，1978.
34) 柴田　治（編）：高地生物学，内田老鶴圃，1995.
35) 柴田　治：高地植物学，内田老鶴圃，1985.
36) 島地　謙ら：木材の組織，森北出版，1976.
37) 須藤彰司：南洋材，地球社，1970.
38) 田崎忠良（編）：環境植物学，朝倉書店，1978.
39) 竹内裕一：北方林業 43:107-110，1991.
40) 寺島一郎：遺伝 46:29-35，1992.
41) 中野秀章ら：森と水のサイエンス，日林協，1989.
42) 中村輝子：化学と生物 33:447-449，1995.
43) 西山嘉彦ら：バイオマス変換計画研究報告 16:2-25，1989.
44) 日林協（編）：熱帯林の 100 不思議，日林協，1993.
45) 農林水産省熱帯農業研究センター：熱帯農研集報 No.43 熱帯農業プロジェクト研究成果特集号 熱帯地域における育林技術に関する研究－熱帯林における更新技術の開発－，農林水産省熱帯農業研究センター，1982.
46) 畑野健一・佐々木惠彦（編）：樹木の生長と環境，養賢堂，1987.
47) 原　　譲：植物のかたち，培風館，1981.
48) 原田　浩ら：木材の構造，文永堂出版，1985.
49) 牧野　周：植物の環境応答，秀潤社，1999.
50) 丸田恵美子・中野隆志：日生態会誌 49:293-300，1999.
51) 増沢武弘：高山植物の生態学，東京大学出版会，1997.

52) 増田芳雄：植物生理学 [改訂版]，培風館，1988．
53) 増田芳雄ら：絵とき植物生理学入門，オーム社，1989．
54) 三輪知雄（監修）：植物の生理・生化学（現代生物学大系），中山書店，1968．
55) 山本福壽：日林九支研論 37:83-84, 1984．
56) 吉川 賢ら：日緑工誌 19:113-122, 1993．
57) 和辻哲郎：風土－人間学的考察－，岩波書店，1994．

洋　書

1) Appanah, S. and Turnbull, J.M. (eds.) : A Review of Dipterocarps. Taxonomy, Ecology and Silviculture, CIFOR, 1998.
2) Barnett, J.R. (ed) : Xylem Cell Development, Castle House Publications LTD., 1981.
3) Berg, E.E. and Chapin III, F.S. : Can.J.For.Res., 24:1144-1148, 1994.
4) Bolkhovsih, Z. et al. : Chromosome Number of Flowering Plants, 1969.
5) Chin, H.F. et al. (eds.) : Seed Technology in The Tropics, University Pertanian Malaysia, 1977.
6) Digby, J. and Wareing, P.F. : Ann.Bot.30:539-548, 1966.
7) Doley, D. and Leyton, L. : New Phytol.579-594, 1967.
8) Downs, R.J. and Borthwick, H.A. : Bot.Gaz.117:310-326, 1956.
9) Eklund, L and Little, C.H.A. : Tree Physiol.16:509-513, 1996.
10) Foster, A.S. and Gifford Jr.E.M. : Comparative Morphology of Vascular Plants, W.H.Freeman and Co., 1974.
11) Funada, R. et al. : Holzforschung.44:331-334, 1990.
12) Funada, R. et al. : Holzforschung.55:128-134, 2001.
13) Gartner, B.L.(ed.) : Plant Stems, Physiology and Functional Morphology, Academic Press, 1995.
14) Gobbett, D.J. and Hutchison, C.S.(eds.) : Geology of The Malay Peninsula, Wiley-Interscience, A Division of John Wiley & Sons, Inc., 1973.
15) Hardwood, C.E. : Aus.J.Bot.28:587-589, 1980.
16) Holtmeier, F.K. : Eidg.Anst.Forstl.Versuchswes., Ber., 270:31-40, 1984.
17) Ikeda, T. : Ann.Phytopathol.Soc.Jpn 62:554-558, 1996.

参考文献

18) Ikeda, T. and Kiyohara, T. : J.Exp.Bot.46:441-449, 1995.
19) Ikeda, T. and Ohtsu, M. : Ecol.Res.7:391-395, 1992.
20) Ikeda, T. and Suzaki, T. : J.Jpn.For.Soc.66:229-236, 1984.
21) Jaccard, P. : Ber Schweiz Bot.Ges.48:491-537, 1938.
22) Jiang, S. et al. : J.Wood Sci.44:385-391, 1998.
23) Koike, T. : Human Impacts and Management of Mountain Forests, IUFRO Workshop, FFPRI, 189-200, 1987.
24) Koike, T. : Vegetation Science in Forestry, Kluwer Acad.Pub.402-422, 1995.
25) Körner, Ch. : Alpine Plant Life, Springer-Verlag, 1999.
26) Körner, Ch. : Ecol.St., 113 ; 45-62, 1995.
27) Kozlowski, T.T. (ed.) : Tree Growth, Ronald Press, 1962.
28) Kozlowski, T.T. : Tree Growth and Environmental Stresses, University of Washington Press, 1979.
29) Kozlowski, T.T. and Pallardy, S.G. : Physiology of Woody Plants (2 nd ed.), Academic Press, 1997.
30) Kozlowski, T.T. et al. : The Physiological Ecology of Woody Plants, Academic Press, 1991.
31) Kramer, P.J. : Water Relations of Plants, Academic Press, 1983.
32) Kramer, P.J. and Boyer, J.S. : Water Relations of Plants and Soils, Academic Press, 1995.
33) Kudo, G. : Arctic and Alpine Res.23:436-443, 1991.
34) Lambers, H. et al. (eds.) : Plant Physiological Ecology, Springer-Verlag, 1998.
35) Larson, P.R. : Wood Formation and The Concept of Wood Quality, Bull. Yale Univ.Sch.For.74, 1969.
36) Larson, P.R. : The Vascular Cambium (Development and Structure), Springer-Verlag, 1994.
37) Li, P.H. and Sakai, A. (eds.) : Plant Cold Hardiness and Freezing Stress II, Academic Press, 1982.
38) Little, C.H.A. and Wareing, P.F. : Can.J.Bot.59:1480-1493, 1981.
39) Mori, T. : Physiological Studies on Some Dipterocarp Species of Peninsular

参 考 文 献

Malaysia as a Basis for Artificial Regeneration, Res.Pamph.78, Forestry Dept., Malaysia, 1980.
40) Mori, T. et al. : J.Trop.For.Sci.3:44-57, 1990.
41) Nakashizuka, T. et al. : J.Trop.For.Sci.4:233-244, 1992.
42) Ohsawa, M. : Vegetation 121:3-10, 1995.
43) Pockman, W.T. et al. : Nature 378:715-716, 1995.
44) Raven, P.H. et al. : Biology of Plants, Worth Publishers, INC., 1986.
45) Richards, P.W. : The Tropical Rain Forest An Ecological Study, Cambridge at The University Press, 1952.
46) Rook, D.A. : NZ J.Bot.7:43-55, 1969.
47) Sasaki, S. : Ecology and Physiology of Dipterocarpaceae. Proc. of Tsukba-Workshop:38-54, Bio-Refor., 1993.
48) Sasaki, S. : Malaysian Forester 43:290-308, 1980.
49) Sasaki, S. : Physiological Studies on Seedlings of Dipterocarps with Particular Reference to Shorea ovalis (Red Meranti) and Shorea Talura (White Meranti), Res.Pamph.92, For.Dept., Malaysia, 1983.
50) Sasaki, S. and Mori, T. : Malaysian Forester 44:319-345, 1981.
51) Sasaki, S. et al. : Physiological Study on Malaysian Tropical Rain Forest Species, Tropical Agriculture Research Center, Min.of Agri.For.and Fish. Japan, 1978.
52) Sakata, T. and Yokoi, Y. : Plant Cell Environ.25:65-74, 2002.
53) Salisbury, F.B. and Ross, C.W. : Plant Physiology, Wadsworth Publishing Company, Inc., 1978.
54) Sobrado, M.A. : Funct.Ecol., 5:608-616, 1991.
55) Somego, M. : Malaysian Forester 41:358-365, 1978.
56) Sperry, J.S. and Ikeda, T. : Tree Physiol.17:275-280, 1997.
57) Sundberg, B. et al. : Physiol.Plant.71:163-170, 1987.
58) Tabata, H. : Tree Sap II, Hokkaido Univ.Press, 2000.
59) Timell, T.E. : Compression Wood in Gymnosperms 2, Springer-Verlag, 1986.
60) Tranquillini, W. : Physiological Ecology of The Alpine Timberline Ecol.

St.31:1-131, Springer-Verlag, 1979.
61) Villiers, T.A. : Studies in Biology No.57, Dormancy and The Survival of Plants, Edward Arnold, 1975.
62) Yamamoto, F. and Kozlowski, T.T. : Scand.J.For.Res.2:141-156, 1987.
63) Yamamoto, F. et al. : Tree Physiol.15:713-719, 1995.
64) Vegis, A. : Ann.Rev.Plant Physiol.15:185-224, 1964.
65) Wareing, P.F. : Ann.Rev.Plant Physiol.7:191-214, 1956.
66) Zimmermann, M.H. : Xylem Structure and The Asecnt of Sap, Springer-Verlag, 1983.

索　引

あ

IAA　128
アコースティック・エミッション　190
圧縮あて材　140
圧ポテンシャル　170
あて材　140
亜熱帯雨林　202
亜熱帯林　202
アブシジン酸　129
アミノシクロプロパンカルボン酸　144
アラン　204
RuBP 再生能力　108
暗呼吸速度　110

い

異圧葉　108
維管束　125
維管束系　181
異形葉　95
一次師部　125
一次成長　124
一次壁　127
一次木部　125
萎凋病　196
遺伝的多様性　119
インドール酢酸　128
陰　葉　165
陰葉化　240

う

ウォーレス線　228
ウニコナゾール P　147

え

air-seeding 理論　189
A-Ci 曲線　108
ACC　144
枝垂れ性　146
エチレン　129
越冬体制　42
NPA　144
epigeal　215
MRI　198
遠心力法　191
エンボリズム　188

お

黄鉄鉱　219, 220
オーキシン　128
オゾン層　113
温周性　14, 17
温暖化　47, 68, 69, 70, 72
温量示数　84

か

開　花　231
開芽可能温度　6, 17, 43, 45, 53, 56
開花前線　48

索引

開花日気温　55
開花抑制日　61, 63
外樹皮　126
化学ポテンシャル　168
拡散圧不足　167, 170
拡散コンダクタンス　109
拡散抵抗　159
過形成型肥大　149
仮道管　126, 181
CAM　109
カルボキシレーション効率　108, 109
環境ストレス　138
マングローブ　176
環孔材　126, 183
冠　水　148
含水量　165
含水量表示　165
乾燥形態　178
乾燥耐性　227, 238
乾燥適応　176

き

偽横分裂　126
偽高山帯　117
気孔制御　164
気孔抵抗　162
気候変動　47
汽水域　219
季節変化　1, 43
偽年輪　153
cataphyll　233
キャビテーション　174, 188
吸　根　212
休眠解除　53, 56, 58
休眠解除期　6, 27, 134, 137

休眠体制　42
休眠導入期　6, 27
境界層抵抗　160, 161
凝集力-張力理論　183
極性移動　133

く

空気注入法　191
釧路湿原　151
クチクラ抵抗　162
グリコール酸酸化　110
狂い咲き　53, 80

け

形成期　27, 31
形成層　123
形成層始原細胞　126
結　実　231
欠乏ストレス　153
ケランガス　221
限界日長　12, 43
厳　冬　10

こ

光開芽段階　13
後継樹　217
光合成適温　104
光周性　11, 13, 15, 17
後熟現象　212
光中断　12
広葉樹　123
硬粒種子　210
後休眠期　6
固定成長　23, 97
固定成長型　3

個葉の寿命　103

さ

最大開花日較差　65
サイトカイニン　129
細胞間隙　142
細胞内凍結　179
柵状組織　101
挿し木　238
寒さの示数　84
山塊現象　84
散　光　217
散孔材　126, 183
散光成分　85
酸性硫酸塩土壌　223
残存冬芽　98

し

紫外線　102
自家受粉　120
自生植物　72
自然環境周期　10
G　層　145
膝　根　149
湿地耐性　238
湿地林　203
師部母細胞　126
ジベレリン　128
シマリ雪　117
自由エネルギー　167
終　霜　10, 72
周　皮　125
重　力　139
重力屈性　139
重力ポテンシャル　172, 177

樹液流速度　186
樹冠層　217
種　子
　皮の柔らかい——　210
　胚乳を持つ——　212
　——の特徴　231
種数の多さ　114
種の多様性　113
種　皮　210
樹木限界　87
樹木限界移行帯　88
春　葉　95
子　葉　210
蒸散速度　160
蒸散量　161
植物ホルモン　128
心　材　186
真性休眠期　6
真正熱帯多雨林樹種　208
伸長期　24, 26, 31
伸長成長　123
浸透圧　167, 170
浸透圧計　172
浸透調節　172
浸透調節機構　176
浸透ポテンシャル　170
針葉樹　123
　熱帯産の——　203
森林限界　87
森林内の光　216

す

水蒸気圧差　159
水蒸気拡散コンダクタンス　162
水蒸気拡散速度　159

水蒸気拡散抵抗　160，162
水蒸気分圧　160
水蒸気密度　160
水蒸気密度差　159
垂層分裂　126
水分欠乏　152
水分通導組織　181
水分通導抵抗　184
水分通導度　185
ステライル　24，31
ストロマ　105
SPAC　157，173

せ

成長期　4
成長輪　126
節間成長　239
接線面分裂　126
semi-hypogeal　233
ゼラチン繊維　145
ゼラチン層　145
セルロース　141
前形成層　124
染色体数
　　フタバガキ科樹種の――　229，230
全天光　217

そ

霜穴地形　100
相互抑制　31
早　材　130，186
相対含水率　166
相対休眠　37，38，40，41
相対湿度　160
総抵抗 $\gamma_{soil\ to\ leaf}$　174

束間形成層　125
束内形成層　125
側方分裂　126

た

耐乾性　166
対乾量含水量　165
大気密度　81
滞　水　149
胎　生　220
耐凍性　7，96，179，180
ダイバック　148
対葉面積含水量　165
短日条件　118
短日植物　11
淡水湿地林　220
$^{13}C/^{12}C$　110
断続成長型　4
炭素固定効率　108
炭素同位体比　110

ち

遅　霜　97
中性植物　11
超塩基性岩土壌　223
鳥散布　85
長日植物　11
頂端分裂組織　124
直達光　217
チロース　187

て

TIBA　143
低温感応性　17，20，27
低温指数　55，56，57

索　引

低温障害　202
低温耐性　227, 233, 237
低温適応　179
低温日　55, 57, 67
低下率　81
逓減率　81
Dipterocarpoideae　226
天然更新　219
デンプン貯蔵種子　232

と

道　管　126, 181
土壌-植物-大気連続系　157
土用芽　28
トリヨード安息香酸　143
トールス　182
トレードオフ　192

な

内樹皮　126
内的成長　7, 8, 27, 43, 45, 54, 57, 58, 63
内的成長積算温度　56, 57
夏　葉　95
ナフチルフタラミン酸　143

に

二次師部　125
二次成長　125
二次壁　127
二次木部　125
日照時間　50, 59
日長感応性　26
日長感応部位　27

ね

熱　帯　201
熱帯雨林　203
熱帯季節林　202
熱帯降雨林　203
熱帯産の針葉樹　203
熱帯多雨林　203
熱帯多雨林樹種の分布限界　206
熱帯ヒース林　221
熱帯有刺林　203
熱帯林の形態　201
年成長サイクル　4, 10, 23
年　輪　126

は

胚　乳　210
パイライト　219, 220
Hagen-Poiseulle の法則　186
発芽特性　231
初　霜　10, 43
花芽形成　52
vulnerability curve　190
晩　材　130, 186

ひ

光
　森林内の―― 　216
光条件　239
皮　層　125
肥大成長　123
引張あて材　140
非破壊検査法　193
hypogeal　215
日焼け　239

表皮細胞　111

ふ

フォックステイル　30, 31, 32
フタバガキ科樹種の染色体数　229230
不断ザクラ　80
不定根　150
不飽和脂肪酸　104
冬休眠　52
冬休眠期　6, 27, 134, 137
冬芽形成　5, 11, 23, 43
フラボノイド　112, 113
フロン　82
分布限界
　　熱帯多雨林樹種の——　206

へ

壁圧　169
PEPC　110
辺材　186

ほ

膨圧　167, 170
放射孔材　126, 183
放射面分裂　126
放射冷却　81
膨潤型肥大　149
飽和脂肪酸　104
ホスホエノールピルビン酸カルボキシラーゼ　110

ま

前休眠期　6
マツ材線虫病　196
マトリックポテンシャル　172

真冬日　63, 71
摩耗効果　116
マルゴ　182
マングローブ林　219

み

ミカエリス定数　106
みかけの比重　178
ミクロフィブリル傾角　145
未熟胚　213
水経済　164
水欠差　166
水ストレス　153, 164, 189
水フラックス　173
水ポテンシャル　167, 169, 170, 184
水利用効率　164

も

木化　140
木生シダ　202
木部繊維　126
木部母細胞　126
Monotoideae　224
モルファクチン　143

ゆ

有縁壁孔対　182
油脂貯蔵　233
UV-C　82
UV-B　82, 112, 113

よ

葉原基形成　26
溶質量　179
葉内二酸化炭素濃度　107

葉肉抵抗　162
葉肉面積比　101
葉　片　233
葉面積重　165
陽　葉　165
陽葉化　239

ら

らせん状の裂け目　142
runaway-embolism　197

り

リグニン　141
量子収量　101
林内の稚樹　217

る

RubisCO　105

れ

連続成長　23，30
連続成長型　3

現代の林学・13
樹木環境生理学　　　　　　　　　定価（本体 4,000 円＋税）

2002 年 11 月 20 日　初版第 1 刷発行　　　　　　　　　　＜検印省略＞

編集者	永田　　洋
発行者	佐々木　惠彦
	永井　富久
印　刷	(株) 平河工業社
製　本	(株) 関山製本社

発　行　**文永堂出版株式会社**
東京都文京区本郷2丁目27番3号
電　話　03(3814)3321（代表）
ＦＡＸ　03(3814)9407
振　替　00100-8-114601番

© 2002　永田　洋

ISBN 4-8300-4103-X C3061

文永堂出版の農学書

書名	著者編者	価格	〒
植物生産学概論	星川清親 編	¥4,000＋税	〒400
植物生産学（Ⅱ）-土環境技術編-	松本・三枝 編	¥4,000＋税	〒400
作物学（Ⅰ）-食用作物編-	石井龍一 他著	¥4,000＋税	〒400
作物学（Ⅱ）-工芸・飼料作物編-	石井龍一 他著	¥4,000＋税	〒400
作物の生態生理	佐藤・及川 他著	¥4,800＋税	〒440
緑地環境学	小林・福山 編	¥4,000＋税	〒400
草地学	大久保・高崎 他著	¥3,980＋税	〒400
植物育種学 第3版	日向・西尾 他著	¥4,000＋税	〒400
植物感染生理学	西村・大内 編	¥4,660＋税	〒400
園芸学概論	斎藤・大川・白石・茶珍 共著		
果樹の栽培と生理	高橋・渡部・山木・新居・兵浦・奥瀬・中村・原田・杉浦 共訳	¥7,800＋税	〒510
果樹園芸 第2版	志村・池田 他著	¥4,000＋税	〒440
新版 蔬菜園芸	斎藤隆 編	¥4,000＋税	〒400
花卉園芸	今西英雄 他著	¥4,000＋税	〒440
"家畜"のサイエンス	森田・酒井・唐澤・近藤 共著	¥3,400＋税	〒370
新版 畜産学 第2版	森田・清水 編	¥4,800＋税	〒440
畜産施設 -計画・設計-	長島・相原 他著	¥3,500＋税	〒400
畜産経営学	島津・小沢・渋谷 編	¥3,200＋税	〒400
動物生産学概論	大久保・豊田・会田 編	¥4,000＋税	〒440
動物資源利用学	伊藤・渡邊・伊藤 編	¥4,000＋税	〒440
動物生産生命工学	村松達夫 編	¥4,000＋税	〒440
家畜の生体機構	石橋武彦 編	¥7,000＋税	〒510
動物の栄養	唐澤豊 編	¥4,000＋税	〒440
動物の衛生	鎌田・清水・永幡 編	¥4,000＋税	〒440
家畜の管理	野附・山本 編	¥6,600＋税	〒510
風害と防風施設	真木太一 著	¥4,900＋税	〒400
農地工学 第3版	安富・多田・山路 編	¥4,000＋税	〒400
農業水利学	緒形・片岡 他著	¥3,200＋税	〒400
新版 農業機械学	川村・山崎・田中・並河・山下・池田 共著	¥4,000＋税	〒400
新版 農産機械学	山下律也 他著	¥3,980＋税	〒400
化学生態学	高橋・深海 共訳	¥3,800＋税	〒400
植物栄養学	森・前・米山 編	¥4,000＋税	〒400
新版 農薬の科学	山下・水谷・藤田・丸茂・江藤・高橋 共著	¥4,500＋税	〒440
応用微生物学	高尾・栃倉・鵜高 編	¥4,800＋税	〒440
農産食品 -科学と利用-	坂村・小林 他著	¥3,680＋税	〒400
木質科学実験マニュアル	日本木材学会 編	¥4,000＋税	〒440
木材切削加工用語辞典	社団法人 日本木材加工技術協会 製材・機械加工部会 編	¥3,200＋税	〒370

食品の科学シリーズ

書名	編者	価格	〒
食品分析学	中村・川岸 編	¥4,000＋税	〒400
食品化学	鬼頭・佐々木 編	¥4,000＋税	〒400
食品栄養学	木村・吉田 編	¥4,000＋税	〒400
食品物理化学	松野・矢野 編	¥4,000＋税	〒400
食品微生物学	児玉・熊谷 編	¥4,000＋税	〒400
食品保蔵学	加藤・倉田 編	¥4,000＋税	〒400

木材の科学・利用シリーズ

書名	編者	価格	〒
木材の構造	原田・佐伯 他著	¥3,800＋税	〒400
木材の物理	伏谷・岡野 他著	¥3,780＋税	〒400
木材の化学	原口・諸星 他著	¥3,800＋税	〒400
木材の加工	日本木材学会 編	¥3,980＋税	〒400
木材の工学	日本木材学会 編	¥3,980＋税	〒400
パルプおよび紙	日本木材学会 編	¥3,980＋税	〒400
木質バイオマスの利用技術	日本木材学会 編	¥3,980＋税	〒400

木質生命科学シリーズ

書名	編者	価格	〒
木質生化学	樋口隆昌 著	¥4,000＋税	〒400
木質分子生物学	樋口隆昌 編	¥4,000＋税	〒400

現代の林学シリーズ

書名	編者	価格	〒
林政学	半田良一 編	¥4,300＋税	〒400
森林作業システム学	上飯坂・神崎 編	¥3,980＋税	〒400
森林風致計画学	伊藤精晤 編	¥3,980＋税	〒400
林業機械学	大河原昭二 編	¥4,000＋税	〒400
林木育種学	大庭・勝田 編	¥4,300＋税	〒400
森林水文学	塚本良則 編	¥4,300＋税	〒400
森林保護学	真宮靖治 編	¥4,300＋税	〒400
山地保全学	小橋澄治 編	¥4,200＋税	〒400
砂防工学	武居有恒 編	¥4,200＋税	〒400
造林	堤利夫 編	¥4,000＋税	〒400
林産経済学	森田学 編	¥4,000＋税	〒400
森林生態学	岩坪五郎 編	¥4,000＋税	〒400
樹木環境生理学	永田・佐々木 編	¥4,000＋税	〒400

文永堂出版　〒113-0033　東京都文京区本郷 2-27-3　TEL 03-3814-3321
URL http://www.buneido-syuppan.com　FAX 03-3814-9407